内容简介

　　《动物解剖生理》（中高职贯通）教材共分为五个项目、十九个任务、二十三个子任务，其中五个项目分别为：认识畜体的基本结构、牛（羊）解剖生理结构识别、家禽解剖生理结构识别、猪解剖生理结构识别、犬、猫解剖生理结构识别，在每个项目下又分若干个任务，每个任务下又分若干子任务。内容上，本教材在介绍畜禽体基本结构之前，添加了部分高中的生物知识；着重介绍牛（羊）各个系统的解剖构造和生理机能，而对猪、禽和经济动物，则只介绍其解剖特征；学生应知应会的解剖图谱需课堂教师讲解彻底，学生掌握之后自行填补完整；实验实习和技能训练作为教学内容的重要组成部分。

　　本教材既可作为高等职业教育（中高职贯通）的教材，亦可作为基层畜牧兽医工作人员的自学教材和参考书。

动物 （中高职贯通）

解剖生理

钟登科　魏建超　主编

中国农业出版社

北　京

序

    农业职业教育是培养现代农业发展所需技术人才、流通人才、经营人才和管理人才的重要途径，教材作为课程内容设计和实施的核心要素，是实现人才培养目标与职业能力有机对接的载体，教材的编写已然成为教学改革中的重要一环，是发展农业职业教育的基本建设。

    上海农林职业技术学院是上海市教委确定的"上海市特色高等职业院校建设单位"，学院秉承"为农服务特色立校"的办学宗旨，提出了具有学院特点的"学校育人与三农需求一体化、理论传授与实践操作一体化、教学过程与生产过程一体化、第一课堂与第二课堂一体化、实景训练与虚拟训练一体化、在校教育与在职教育一体化"的办学形态和"中高贯通、农非贯通、种养贯通、双证贯通、基专贯通"的专业形态，以此推动专业建设和课程教学改革，提高人才培养质量。经过三年的建设，学院在教学模式改革、实训基地建设、精品课程开发、校园文化建设等方面取得了一系列的成果。特别是在教材开发上，注重需求调研，加强与行业（企业）专家的研讨和合作，重新修订人才培养方案，强化课程体系与职业岗位对接，修订了一批课程标准，优化了教学内容，编写了一批适应现代农业职业教育的系列教材，是"上海市特色高等职业院校建设项目"的重要成果。

    本系列教材在设计理念上，以培养"职业道德＋职业能力"为设计目标，强化职业素质培养，以岗位典型工作任务为主线，融入职业岗位能力需求，引入行业、企业核心技术标准和职业资格证书要求；内涵上突出文化育人，在大学语文等公共基础课程中融入农耕文明发展、农业专业知识等；内容上注重发挥行业、企业、院校合作和上海现代农业职教集团优势，结合"双主体"人才培养办学模式，引入企业文化、生产培训等内容，由校企双方共同开发专业课程教材；编排上符合学生从简单到复杂的循序渐进认知过程、从简单工作任务到复杂工作任务的实践操作能力发展过程和要求；对接农业产业发展的特点和生产流程，通过任务驱动、项目导向、专题学习情境等模式，序化教材结构；教材图文对照清晰、翔实，易于学生阅读和使用。

　　本系列教材充分反映了学院教师对农业职业教育专业改革和高等职业教育的研究成果，对现代都市农业产业发展与高职农业人才培养具有启示作用，适用于农业高等职业院校教学使用，也可作为新型职业农民等相关培训的教学材料。

　　特别感谢上海市教委、上海市农委等相关部门和上海现代农业职业教育集团、光明食品集团等企业在教材建设过程中给予的大力支持，感谢行业、企业、兄弟院校的专家学者和学院教师付出的辛勤劳动。教材中的不足之处恳请使用者不吝赐教。

上海农林职业技术学院院长：

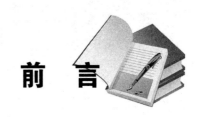

前　言

　　动物解剖生理项目化教材建设是上海市特色院校建设项目之一，是以生产实践为主线的项目化教材建设。本教材以教育部《关于加强高职高专教育人才培养工作的意见》为依据，围绕高等职业院校面向基层培养高素质技能型专门人才的目标，参照相关的职业资格标准，邀请行业、企业专家共同参与编写而成。

　　动物解剖生理是动物医学专业（中高职贯通）的一门专业基础课。编写中始终遵循中高职贯通学生的特点和认知规律、遵循职业教育"以能力为本位，以岗位为目标"的原则，淡化学科体系，重视能力培养。在内容上共分为五个项目、十九个任务、二十三个子任务，其中部分项目又添加了知识拓展，来扩大学生的知识面。通过本教材的学习，学生将获得宠物医院与诊所兽医助理、宠物美容保健护理员、医学研究单位的实验动物饲养管理员、与动物养殖企业相关的单位从事动物生产与饲养管理、动物疾病防治、兽药经营、兽医卫生检验等岗位工作人员应具备的解剖生理方面的基本知识和基本技能。

　　本教材是在对我校中高职贯通学生学情充分调研、对动物解剖生理（中高职贯通）教学标准充分领会的基础上，经过认真讨论，制定出编写提纲，分别编写。参加编写的人员是（以姓名笔画为序）：上海光明荷斯坦牧业有限公司乔国奕、松江动物疫控中心沈卫强、上海农林职业技术学院陈菊红、上海申生宠物医院张元、海南医学院张明明、上海农林职业技术学院钟登科、上海农林职业技术学院顾剑新、上海农林职业技术学院黄辉、上海农林职业技术学院曾晖、中国农业科学院上海兽医研究所魏建超。在编写过程中，上海交通大学顾金辉老师提出了许多宝贵的意见，并对初稿进行了审阅，在此一并表示感谢！

　　限于编者的学术水平和编写能力，教材中的缺点、错误在所难免，恳请读者提出宝贵意见。

编　者

2016 年 6 月

目　录

项目一

认识畜体的基本结构

 学习目标

◆ **知识目标：**

熟知细胞、器官、系统的概念；掌握细胞的结构和基本机能；了解细胞的形态和大小。

掌握组织的分类、形态、分布；了解组织的功能、神经元的基本结构。

掌握有机体的能动调节。

了解器官、系统的组成。

了解家畜、家禽各部名称。

◆ **技能要求：**

具备显微镜的使用、保养技能。

具备较熟练地在活体上指出畜体各主要部位的技能。

任务一　细胞及细胞形态的观察

子任务　掌握显微镜的构造、使用和保养方法

【目的要求】

1. 掌握显微镜的构造，初步学会使用方法。

2. 了解细胞形态、结构和特点。

【材料及设备】显微镜、组织切片。

【方法步骤】

1. 显微镜的一般构造　生物显微镜的种类很多，但其构造均分以下两大部分：

（1）机械部分。

镜座——直接与实验台接触。

镜体——又称镜柱，在斜型显微镜的镜体内有细调节器的齿轮，称为齿轮箱。

镜臂——中部稍弯，握持移动显微镜用。

镜筒——为接目镜与转换器之间的金属筒，可聚光。镜筒上端装有目镜。

抽筒——有些显微镜在镜筒内装有抽筒，上有刻度，上提抽筒时，可扩大倍数。

活动关节——可使镜臂倾斜。

粗调节器——旋转它，可使物镜与标本间距离迅速拉开或接近。

细调节器——旋转一周，可使镜筒升降0.1mm。

载物台——为放组织标本的平台，分圆形和长方形两种，载物台中央都有一个圆形的通光孔。

推动器——可前后、左右移动标本。

压片夹——可固定组织标本。

转换器——位于镜筒下部，上装放大各种倍数的物镜。可转换物镜用。

集光器升降螺旋——可使集光器升降以调节光线之强弱。

（2）光学部分。

接目镜——简称目镜，安装在镜筒的上端，目镜上的数字是表示放大倍数的，有5×、8×、10×、15×、16×及25×等。

接物镜——简称物镜，是显微镜最贵重的光学部分。物镜安装在转换器上，可分低倍、高倍和油镜3种。

低倍镜——有8×、10×、20×、25×。

高倍镜——有40×、45×。

油镜——在镜头上一般有一红色、黄色或黑色横线作为标志，一般为100×。

显微镜的放大倍数等于目镜的放大倍数乘以物镜的放大倍数。例如目镜是10×，物镜是45×，显微镜的放大倍数为10×45＝450×。

反光镜——镜有两面，一面为平面，一面为凹面。有的无反光镜，直接安有灯泡作为光源。

集光器——位于载物台下，内装有虹彩（光圈），虹彩是由许多重叠的铜片组成，旁边有一条扁柄，左右移动可以使虹彩的开孔扩大或缩小，以调节光线的强弱。

2. 显微镜的使用方法

（1）搬动显微镜时，必须用右手握镜臂，左手托镜座。

（2）将镜轻放于实验台上，并避免阳光直射。

（3）先用低倍镜对光，直至获得清晰明亮、均匀一致的视野为止。

反光镜应用方法：

①平行光线（如阳光）。原则上用平面镜，但若因此映入外界景物（如窗格、树叶）妨碍观察时，可改用凹面镜。

②点状光线（如灯光）。原则上用凹面镜，因其可聚集光线，增加亮度。

除日光灯外，一般电灯光下看镜时，应在集光器下插入蓝玻璃滤片，以吸收黄色光线部分。

（4）置标本于载物台上，将欲观察的组织细胞对准圆孔正中央，用推进器或压片夹固定，注意标本若有盖玻片，一定使盖玻片一面朝上。

（5）转动粗调节器，使镜筒徐徐向下，此时应将头偏向一侧注视接物镜下降程度，以防物镜与标本片互相碰撞，特别当转换高倍镜或油镜观察时更要当心。原则上使物镜与标本片之间的距离缩到最小。

（6）观察切片时，先用低倍镜，身体坐端正，胸部挺直，用左眼自目镜观察（右眼同时睁开），同时转动粗调节器，使镜筒上升至一定程度时，就会出现物像。但有些显微镜在转换高倍镜前，必须先转动粗调节器，使镜筒向上，然后再转动细调节器，使物镜下降至接近标本片时，进行观察。

组织学标本多半在高倍镜下即可辨认。如需采用油镜观察时，应先用高倍镜检查，把欲观察处，置于视野中央，然后移开高倍镜，把香柏油（或檀香油）滴于标本上，转换油镜，使油镜头与标本上油液相接触，轻轻转动细调节器，直到获得最清晰的物像为止。

（7）调节光线时，可扩大或缩小虹彩（光圈）的开孔，也可使集光器上升或下降。有的还可直接调节灯光的强弱。

3. 显微镜的保养方法

（1）显微镜使用后，取下组织标本，将转换器稍微旋转，使物镜叉开（呈八字形），并转动粗调节器，使镜筒稍微下移，然后用绸布盖好，装显微镜箱内。

（2）不论目镜或物镜，若有灰尘，严禁用口吹或用手抹，应用擦镜纸擦净。

（3）勿用暴力转动粗、细调节器，并保持该部齿轮之清洁。

（4）显微镜勿置于日光下或靠近热源处。

（5）活动关节，不要任意弯曲，以防机件由于磨损而失灵。

（6）显微镜的部件，不应随意拆下，箱内所装之附件，也不应随便取出，以免损坏或丢失。

（7）在使用过程中，切勿用酒精或其他药品污染显微镜。显微镜一定要保存在干燥的地方，不能使其受潮，否则会使透镜发霉或机械部分生锈，特别在多雨地区和多雨季节更应注意。最好用精制的显微镜专用柜保存。

（8）应用油镜后，立即以擦镜纸蘸少量二甲苯（半滴已够）将镜头上及标本上的油擦去，再用干擦镜纸擦净之。对于无盖玻片的标本，可采用"拉纸法"，即把小张擦镜纸盖在玻片上的香柏油处，加数滴二甲苯，趁湿向外拉擦镜纸，拉出后丢掉，如此连续 3～4 次即可将标本上的油去净。

【技能考核】熟记显微镜的各部结构，并根据体会写出显微镜的使用方法及应注意的问题。绘出高倍镜下观察到的平滑肌组织切片图像。

知识准备

一、细胞的结构基础

（一）生物体结构和功能的基本单位——细胞

细胞是一切生命活动的基本结构和功能单位，一切有机体均由细胞构成，病毒只是具有生命活动的生物大分子，只有寄生在宿主细胞中才能表现出生命活动。一般认为：①细胞是由膜包围的原生质团，通过质膜与周围环境进行物质和信息交流；②细胞是构成有机体的基本单位，具有自我复制的能力，是有机体生长发育的基础；③细胞是代谢与功能的基本单位，具有一套完整的代谢和调节体系；④细胞是遗传的基本单位，具有发育的全能性。

单细胞有机体仅由一个细胞构成；多细胞生物有机体一般由数以万计的细胞组成。一些低级的多细胞生物体，如蓝藻由 4 个、8 个或十几个分化程度基本相同的细胞组成，高等动植物机体却由无数功能与形态结构不同的细胞构成。细胞不仅是有机体的基本形态结构单位，而且是有机体的基本功能单位，有机体的生长、发育、遗传、变异、繁殖、进化都是以细胞为基础的。一般来说，细菌等绝大部分微生物以及原生动物由一个细胞组成，即单细胞生物；高等植物与高等动物则是多细胞生物。细胞可分为两类：原核细胞、真核细胞。但也有人提出应分为三类，即把原属于原核细胞的古核细胞独立出来作为与之并列的一类。

（二）组成细胞的分子

组成细胞的基本元素：O、C、H、N、Si、K、Ca、P、Mg，其中 O、C、H、N 四种元素占 90% 以上。细胞化学物质可分为两大类：无机物和有机物。在无机物中水是最主要的成分，占细胞物质总含量的 75%～80%（表 1-1）。

表 1-1 细胞中化合物所占百分比

化合物	质量分数/%
水	85%～90%
无机盐	1%～1.5%
蛋白质	7%～10%
脂质	1%～2%
糖类和核酸	1%～1.5%

1. 水与无机盐

（1）水是原生质最基本的物质。水在细胞中不仅含量最大，而且它特有的物理化学属性，使其在生命起源和形成细胞有序结构方面起着关键的作用。可以说，没有水，就不会有生命。水在细胞中以两种形式存在：一种是游离水，约占 95%；另一种是结合水，通过氢键或其他键同蛋白质结合，占 4%～5%。动物种类不同含水量不同；同一动物在生长发育的不同时期，含水量不同；在同一动物的不同的组织、器官中，水的含量也不相同。随着细胞的生长和衰老，细胞的含水量逐渐下降，但是活细胞的含水量不会低于 75%。

水在细胞中的主要作用包括溶解无机物、调节温度、参加酶反应、参与物质代谢和形成细胞有序结构。由于水分子具有极性，产生静电作用，因而它是一些离子物质（如无机盐）的良好溶剂（表 1-2）。

表 1-2 水的存在形式及生理功能

形 式	定 义	含 量	功 能
自由水	细胞中游离态的水，可以自由流动	95%以上	①是细胞内的良好溶剂 ②参与细胞内的生化反应 ③运送养料和代谢废物
结合水	细胞中与其他化合物结合的水	4%～5%	是细胞的组成成分

（2）无机盐。细胞中无机盐的含量很少，约占细胞总重的 1%。无机盐在细胞中解离为离子，离子除了具有调节渗透压和维持酸碱平衡的作用外，还有许多重要的作用。

主要的阴离子有 Cl^-、PO_4^{3-} 和 HCO_3^-，其中 PO_4^{3-} 在细胞代谢活动中最为重要：①在各类细胞的能量代谢中起着关键作用；②PO_4^{3-} 是核苷酸、磷脂、磷蛋白和磷酸化糖的组成成分；③调节酸碱平衡，对血液和组织液 pH 起缓冲作用。

主要的阳离子有 Na^+、K^+、Ca^{2+}、Mg^{2+}、Fe^{2+}、Fe^{3+}、Mn^{2+}、Cu^{2+}、Co^{2+}、Mo^{2+}。

2. 细胞的有机分子 细胞中有机物多达几千种，它们主要由 C、H、O、N 等元素组成。有机物中主要由四大类分子所组成，即蛋白质、核酸、脂类和糖，这些分子占细胞干重的 90% 以上。

（1）生命活动的主要承担者——蛋白质。在生命活动中，蛋白质是一类极为重要的大分子，几乎各种生命活动无不与蛋白质的存在有关。蛋白质不仅是细胞的主要结构成分，而且更重要的是，大多数酶（生物专有的催化剂）是蛋白质，因此细胞的代谢活动离不开蛋白质。一个细胞中约含有 10^4 种蛋白质，分子的数量达 10^{11} 个。

蛋白质主要由 C、H、O、N 4 种化学元素组成，很多还含有 S、P 等元素，主要是由多种氨基酸按照不同的方式结合形成的，氨基酸是组成蛋白质的基本单位。

氨基酸的结构通式：

$$NH_2-\underset{\underset{H}{|}}{\overset{\overset{R}{|}}{C}}-COOH$$

每种氨基酸分子至少都含有一个氨基（—NH_2）和一个羧基（—COOH），还有一个氢原子和一个特有的 R 基团，它们都连在同一个碳原子上。R 基不同，氨基酸就不同。

连接两个氨基酸分子的化学键（—CO—NH—）称为肽键。由两分子氨基酸分子缩合而成的化合物，称为二肽。由多个氨基酸分子缩合而成的，含有多个肽键的化合物，称为多肽。多肽所呈的链状结构称为肽链。多肽链具备一定的空间结构后即为蛋白质。因此蛋白质与多肽的差别在于有无空间结构。

（2）遗传信息的携带者——核酸。核酸是生物遗传信息的载体分子，在生物体的遗传、变异和蛋白质的生物合成中具有极其重要的作用，所有生物均含有核酸。

核酸是由核苷酸单体聚合而成的大分子。核酸可分为核糖核酸（RNA）和脱氧核糖核酸（DNA）两大类。

（3）动物机体主要的能源物质——糖类。细胞中的糖类既有单糖，也有多糖。细胞中的单糖是作为能源以及与糖有关的化合物的原料存在。重要的单糖为五碳糖（戊糖）和六碳糖（己糖），其中最重要的五碳糖为核糖，最重要的六碳糖为葡萄糖。葡萄糖不仅是能量代谢的关键单糖，而且是构成多糖的主要单体。

多糖在细胞结构成分中占有主要的地位。细胞中的多糖基本上分为两类：一类是营养储备多糖；另一类是结构多糖。作为食物储备的多糖主要有两种，在植物细胞中为淀粉，在动物细胞中为糖原。在真核细胞中结构多糖主要有纤维素和几丁质。

（4）脂类。细胞中的脂类包括脂肪酸、中性脂肪、类固醇、蜡、磷酸甘油酯、鞘脂、糖脂、类胡萝卜素等。脂类化合物难溶于水，而易溶于非极性有机溶剂。

3. 酶与生物催化剂

（1）酶。酶是蛋白质性的催化剂，主要作用是降低化学反应的活化能，增加了反应物分子越过活化能屏障和完成反应的概率。酶的作用机制是，在反应中酶与底物暂时结合，形成了酶-底物活化复合物。这种复合物对活化能的需求量低，因而在单位时间内复合物分子越过活化能屏障的数量就比单纯分子要多。反应完成后，酶分子迅速从酶-底物复合物中解脱出来。

酶的主要特点：具有高效催化能力、高度特异性和可调性；要求适宜的 pH 和温度；只催化热力学允许的反应，对正负反应均具有催化能力，实质上是能加速反应达到平衡的速度。

（2）RNA 催化剂。T. Cech 在 1982 年发现四膜虫 rRNA 的前体物能在没有任何蛋白质参与下进行自我加工，产生成熟的 rRNA 产物。这种加工方式称为自我剪接（self splicing）。后来又发现，这种剪下来的 RNA 内含子序列像酶一样，也具有催化活性。此 RNA 序列长约 400 个核苷酸，可折叠成表面复杂的结构。它也能与另一 RNA 分子结合，将其在一定位点切割开，因而将这种具有催化活性的 RNA 序列称为核酶（ribozyme）。后来陆续发现，具有催化活性的 RNA 不只存在于四膜虫，而是普遍存在于原核和真核生物中。

 **思考题**

1. 同一草场上的牛和羊吃了同样的草，可牛肉和羊肉的口味却有差异，这是由于（　　）。

    A. 同种植物对不同生物的影响不同 　　B. 牛和羊的消化功能强弱有差异

    C. 牛和羊的蛋白质结构存在差异 　　D. 牛和羊的亲缘关系比较远

2. 蛋白质和多肽的主要区别在于蛋白质（　　）。

    A. 含有的氨基酸更多 　　B. 空间结构更复杂

    C. 相对分子质量更大 　　D. 能水解成多种氨基酸

3. DNA 分子完全水解后，得到的化学物质是（　　）。

    A. 核苷酸、五碳糖、碱基 　　B. 核苷酸、磷酸、碱基

    C. 核糖、五碳糖、碱基 　　D. 脱氧核糖、磷酸、碱基

4. 所有的酶都是蛋白质吗？为什么？

 **知识链接**

核酸的发现之旅

核酸的发现，现在已被人称之为 20 世纪的重大科学事件。但它的发现者米歇尔也受到同孟德尔相似的遭遇：100 多年前就制备出"核素"（后来发现核素呈酸性，便改称为核酸）而无人问津。

米歇尔于 1868 年获得医学博士学位以后，来到图宾根学习生理化学。他首先从事脓细胞化学的研究，脓细胞是从外科病人使用过的硼带上洗脱下来获得的。在试图制取纯细

胞核的过程中，米歇尔先用酒精把脓细胞中的脂肪物质去掉，再用猪胃黏膜的酸性提取液处理。米歇尔发现，在处理后的核中留存一种含磷很高而含硫很低的强有机酸。这种有机酸的溶解度以及它对胃蛋白酶的耐受性，暗示着它是一种新的细胞成分。他称这种新物质为"核素"。

1871—1873年，米歇尔继续对莱茵河鲟鱼精子中的核素进行研究。鱼的精子头部基本上都是细胞核，是研究核素很好的材料。核素不能通过羊皮纸滤膜，被认为是一种胶体物质。它十分不稳定，提取时必须非常小心，在低温下进行，速度要快。为了制备核素，米歇尔从清晨5时开始，就在一个低温室内紧张地工作。最后的制备物可以保存在纯酒精中。

在这之后，其他的科学家相继开始了对核酸的研究。德国生化学家科赛尔首先研究了核酸的分子结构。他将核酸水解，发现它由糖、磷酸、有机碱三种物质构成。其中有机碱又包括四种成分，他按其结构的不同，分别命名为胸腺嘧啶(T)、胞嘧啶（C）、腺嘌呤（A）、鸟嘌呤（G）。接着，科赛尔的学生俄裔美国化学家莱文发现，核酸里的糖比普通糖少一个碳原子，为了区别，他称核酸里的糖为核糖。他还发现有些核糖里少一个氧原子，于是就把它们称为脱氧核糖。这样，就证明存在两种核酸：核糖核酸（RNA）和脱氧核糖核酸（DNA）。1934年，莱文又发现了一个磷酸的片断，并推断这是核酸的一个基本组分，把它称为核苷酸。

但上述重大的发现在当时并没有引起人们的注意。直到1967年，人们才真正认识到生命的遗传基因就是核酸，并破译了全部的DNA密码。

二、细胞的形态和大小

细胞的形态是多种多样的，都是与其所处环境及执行的生理机能相适应的。如具有收缩机能的肌细胞，外形呈长梭形或圆柱形；在血液中执行运输机能的红细胞呈圆形；具有传递神经冲动机能的神经细胞有许多细长的突起等。

细胞的大小也极不一致，除禽的卵细胞直径可达数厘米外，畜体其他部位的细胞，一般都必须在显微镜下才能看到。体内最小的细胞，如小脑内的颗粒细胞，直径约为 $4\mu m$；最大的细胞是成熟的卵细胞，直径可达 $200\mu m$；最长的是神经细胞，可长达 $1m$ 左右。但不同动物同一种细胞的大小差别不大，如几吨重的大象和几十克重的小鼠，它们肝细胞的大小基本一样。一般说来，真核细胞的体积大于原核细胞，卵细胞大于体细胞。大多数动植物细胞直径一般为 $20\sim30\mu m$（图1-1）。

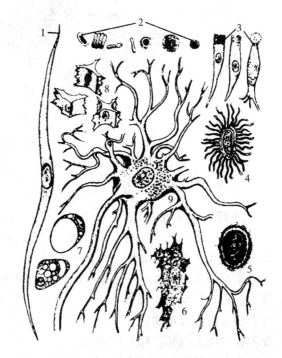

图1-1　细胞的形态

1. 平滑肌细胞　2. 血细胞　3. 上皮细胞　4. 骨细胞　5. 软骨细胞　6. 成纤维细胞　7. 脂肪细胞　8. 腱细胞　9. 神经细胞
[马仲华，2002. 家畜解剖学及组织胚胎学（第三版）.]

三、细胞的结构与功能

（一）细胞的基本结构

细胞的形态和大小虽然千差万别，但都是由细胞膜、细胞质和细胞核三部分构成（图1-2）。

细胞 {
　细胞膜
　细胞质 {
　　基质：液态水、无机离子、蛋白质、糖、脂等
　　细胞器 {
　　　膜性细胞器：线粒体、内质网、高尔基复合体、溶酶体、微体、环孔板
　　　非膜性细胞器：核糖体、中心粒、微管、微丝、中间丝、微梁网
　　内含物：具有一定形态的营养物质或代谢产物，如糖原、脂滴、色素颗粒等
　}
　细胞核
}

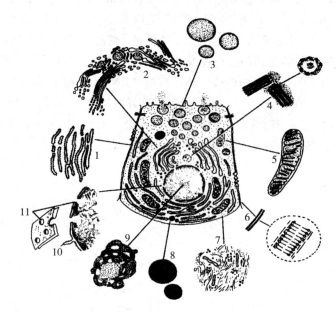

图 1-2　细胞的构造

1. 内质网　2. 高尔基复合体　3. 分泌颗粒　4. 中心体　5. 线粒体
6. 细胞膜　7. 基质　8. 脂滴　9. 核仁　10. 核膜　11. 核孔

[马仲华，2002. 家畜解剖学及组织胚胎学（第三版）.]

1. 细胞膜——细胞的边界　细胞膜是位于细胞表面具有一定通透性的薄膜。

（1）细胞膜的化学成分与分子结构。细胞膜的化学成分主要是脂类（以磷脂为主）、蛋白质和少量糖类。在光学显微镜（简称光镜）下，细胞经染色后，只能看到不清晰的膜状界限。在电子显微镜（简称电镜）下，细胞膜可分为明暗相间的三层结构：内外两层色暗，为电子致密层；中间层电子密度小，明亮。在细胞质内的某些细胞器，也具有这三层结构的膜，称为细胞内膜或单位膜。

细胞膜和细胞内膜统称为生物膜。

细胞膜由规则排列的双层类脂分子和嵌入其中的蛋白质构成。类脂以磷脂为主，磷脂分子是极性分子，呈长杆状，一端为头部，另一端为尾部。头部亲水称为亲水端，尾部疏水称为疏水端。由于细胞膜周围接触的均为水溶液环境，所以亲水的头部朝向膜内、外表面，而疏水的尾部则朝向膜的内部，形成特有的类脂双分子层。正常情况下，类脂分子处于液态。细胞膜内的

蛋白质也称为膜蛋白，以不同的方式镶嵌在脂质双分子层之间或附着在表面。按其机能不同可分为受体蛋白和载体蛋白；按分布不同可分为表在蛋白和嵌入蛋白。不同的蛋白质有不同的功能（图 1-3）。

（2）细胞膜的生理功能。细胞膜除了可以维持细胞形态结构的完整性外，还能控制和调节细胞和它周围环境间的物质交换，具有物质转运功能。另外细胞膜还参与信息传递、细胞识别和免疫反应。细胞在新陈代谢过程中，要不断地从外界得到氧和营养物质，同时又要排出代谢产物，这些物质的摄入和排出，都必须经过细胞膜，它有选择地允许某些物质通过，但又能严格地保持细胞内物质成分的相对稳定。常见的物质转运形式有以下几种：

①单纯扩散。单纯扩散是分子或离子从浓度高的一侧透过细胞膜，向浓度低的一侧移动，这是一种不消耗能量的被动的物理过程。因为细胞膜是脂质双层构成的，所以只有脂溶性强的物质才能通过细胞膜进行单纯扩散，如 O_2 和 CO_2。膜外 O_2 扩散到膜内，膜内 CO_2 扩散到膜外，所以单纯扩散也称为溶解扩散（图 1-4）。

②易化扩散。不溶于脂质的物质，借膜蛋白的帮助，由膜的高浓度一侧向低浓度一侧转运，所以易化扩散也称为帮助扩散。葡萄糖、氨基酸及各种无机离子就是靠帮助扩散而通过细胞膜的。

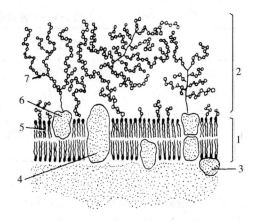

图 1-3 细胞膜液态镶嵌模型
1. 脂质双层 2. 糖衣 3. 表在蛋白
4. 嵌入蛋白 5. 糖脂 6. 糖蛋白 7. 糖链
［马仲华，2002. 家畜解剖学及组织胚胎学（第三版）.］

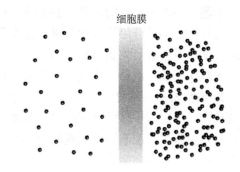

图 1-4 单纯扩散模型

③主动转运。主动转运是指某些物质逆着浓度差由低浓度向高浓度转运的过程。这种逆浓度差的物质转运，靠的是膜镶嵌蛋白，通过消耗细胞内的三磷酸腺苷（ATP）所提供的能量来完成的。人们形象地将完成这种主动转运的膜镶嵌蛋白称为"泵"，如钠泵、钾泵、钙泵、碘泵等，这些"泵"可把相应物质，分别逆浓度差地完成转运。主动转运是体内细胞最重要的物质转运形式（图 1-5、表 1-3）。

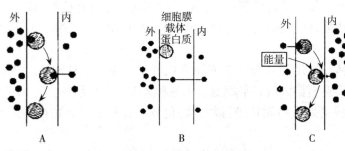

图 1-5 三种物质转运形式
A. 单纯扩散 B. 易化扩散 C. 主动转运
（沈振国等，2003. 细胞生物学 .）

表 1-3　三种物质运输方式的异同比较

项　目	单纯扩散	易化扩散	主动转运
运输方向	顺浓度梯度	顺浓度梯度	逆浓度梯度
是否需要载体蛋白	不需要	需要	需要
是否消耗细胞内的能量	不消耗	不消耗	需要消耗
代表例子	氧气、水、二氧化碳等通过细胞膜	葡萄糖通过红细胞	葡萄糖、氨基酸通过小肠上皮细胞膜；离子通过细胞膜等

④入胞作用和出胞作用。作为细胞成分所不可缺少的许多物质，如离子或小分子物质可以通过细胞膜的转运机能进入细胞内，而大分子物质如蛋白质、脂肪及异物（细菌、病毒或衰老的红细胞）等进入细胞必须依靠膜的特殊功能。入胞作用就是指细胞外的这些大分子物质团块进入细胞内的过程。如进入的物质为固体物，称为吞噬作用，如进入的物质为液体，称为吞饮作用。入胞的物质与细胞内的溶酶体结合，被其所含的多种水解酶消化。

出胞是与入胞相反的过程。在细胞内生成的不能经过膜转运的大分子物质，则借出胞作用排出体外。如外分泌腺将酶和黏液排至管腔内；内分泌腺将激素分泌到细胞外液中去；突触的化学递质释放等均属出胞作用。

入胞作用和出胞作用都是主动转运过程。

2. 细胞质——系统内的分工合作　细胞质是填充于细胞膜与细胞核之间、呈均匀透明的胶状物。细胞质中悬浮有细胞器、基质和内含物等。

（1）细胞器。细胞器是细胞质中具有一定形态结构和执行特定生理机能的微小"器官"。一般细胞所具有的细胞器有：

①线粒体。光镜下呈短杆状或颗粒状，长 $1 \sim 2 \mu m$，直径 $0.5 \sim 1.0 \mu m$。电镜下是由双层单位膜包裹而成的封闭囊状叠套结构。外膜光滑，呈封闭状，内膜向腔内折叠形成板层状或小管状线粒体嵴。内外两膜之间有膜间腔（外室），内膜所围成的腔隙称为内室，内室中充满线粒体基质。线粒体内含有各种氧化酶，参与细胞内的物质氧化，释放能量，所以线粒体有"能量供应站"之称。

②内质网。只有在电镜下才能见到内质网，呈薄膜所包绕的小管状或小泡状结构，相互连接成网。内质网有两种，一种内质网上附有大量核蛋白体，外形粗糙，称为粗面内质网。粗面内质网上的核蛋白体可以合成蛋白质。另一种内质网上没有核蛋白体，表面光滑，称为滑面内质网。滑面内质网的功能比较复杂，它参与固醇类激素、糖原和脂类的合成以及解毒作用等。

③高尔基复合体。高尔基复合体在光镜下成网状，多位于核附近，因此亦有内网器之称。电镜下由单位膜包裹构成的扁平囊泡、小泡和大泡三部分组成。高尔基复合体可对一些细胞合成的物质（特别是蛋白质）进行加工、包装，有利于合成物排出细胞外，所以它有"加工车间"之称。

④溶酶体。电镜下为圆球形，内含酸性磷酸酶和多种水解酶，可分解蛋白质。它能把进入细胞内的异物（如细菌、病毒等），或者已经衰老的细胞器吞噬和消化，并将残体排出细胞。因此有人把它比做一台"清洁机"或者细胞内的"消化器官"。

⑤中心体。多位于细胞中央，核的附近，光境下呈颗粒状，可见它是由两个中心粒构成。电镜下为9组三联微管构成。中心体参与细胞的有丝分裂过程，参与鞭毛与纤毛的形成。

⑥核糖体。在电镜下，每个核糖体由大小两个亚基组成，呈不规则的哑铃状。多聚核糖体若游离于胞质内，称为游离核糖体；若附着于内质网的外表面上，称为附膜核糖体。核糖体能合成蛋白质（图1-6）。

⑦微管。微管是一种中空的管状结构，以单微管、二联微管、三联微管三种形状存在。功能是构成细胞骨架。

⑧微丝。存在多种细胞内。功能是构成细胞骨架。

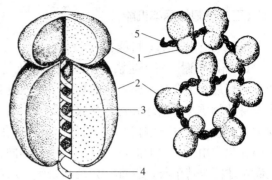

图1-6　核蛋白体、多聚核蛋白体
1. 小亚基　2. 大亚基　3. 中央管
4. 新生的肽链　5. mRNA
（沈振国等，2003. 细胞生物学 . ）

（2）基质。基质是指细胞质内除细胞器、内含物以外的物质。基质呈均匀透明的胶状，是细胞的重要组成部分，约占细胞质体积的一半。内含有蛋白质、糖类、无机盐、水和多种酶类，是细胞执行功能和化学反应的重要场所。

（3）内含物。内含物是细胞内储存的营养物质和代谢产物。如脂类、糖类、蛋白质、色素等。其数量和形态可随细胞不同的生理状态而改变。

3. 细胞核——系统的控制中心　在高等哺乳动物体内，除成熟的红细胞外，所有细胞（包括禽的红细胞）均有核。细胞核的形状多样，有圆形、椭圆形、杆形和分叶状等。细胞核的数量，一般一个细胞只有一个，少数也有两个或更多。如肝细胞、心肌细胞可以有两个核，骨骼肌细胞则可有几百个核。细胞核是由核膜、核基质、核仁和染色质构成。

（1）核膜。核膜是包于细胞核表面的一层薄膜，电镜下可见由内、外两层单位膜构成，两层膜间有20～40nm的间隙，称为核周隙。核膜上有许多核孔，一组核孔蛋白颗粒以特定方式排布而成的复杂结构称为核孔复合体。

（2）核基质。核基质又称核液，是无定形的液态基质，内含水、各种酶和无机盐等。核仁和染色质均位于核基质内。

（3）核仁。核仁一般为球形，每一核内有1～2个核仁。在蛋白质合成旺盛的细胞，核仁大而明显。其化学成分：RNA、DNA和蛋白质。其中，核仁内的染色质又称为核仁组织者，是分布在核仁周围的染色质伸入核仁内的部分，属常染色质，内含rRNA基因。

（4）染色质和染色体。染色质是在细胞未繁殖期间，呈长纤维状结构，上面附有许多大小不等的染色颗粒。当细胞进入有丝分裂时，长纤维状的染色质就浓缩为一条条粗短的棒状或条状结构，这时称染色体。可见染色质和染色体是同一物质在不同时期的不同形态。染色体的主要成分是DNA（脱氧核糖核酸），上面贮存着大量遗传信息，控制着细胞的分化、机体的形态发育和代谢特点，也决定着子代细胞的遗传性状，故对生物的遗传变异有着十分重要的意义。染色体的数目：猪38条，人46条，牛60条，鸡78条，鸭80条。

总之，细胞核的功能主要表现在两个方面，既是细胞内蛋白质合成的"控制台"，又是遗传信息传递的中枢。所以细胞失去核，便失去生长和分裂的能力。

（二）细胞的基本机能

细胞具有以下基本机能：

1. 新陈代谢 每个生活着的细胞，在维持其生命过程中，必须不断地从外界摄取营养物质，经过加工合成细胞本身的物质，这一过程称为同化作用（合成代谢）；另一方面，细胞本身的物质又不断地分解、释放能量，供给自身生命活动的需要，同时排出废物，这一过程称为异化作用（分解代谢）。同化作用和异化作用互为存在的条件，缺一不可。同化作用利用异化作用所产生的能量，异化作用分解同化作用所合成的物质。细胞只有不断进行新陈代谢，才能维持生长、发育、分裂和繁殖。所以说新陈代谢是生命存在的必需条件，新陈代谢一旦停止，生命也就停止。

2. 兴奋性（感应性） 细胞对其周围环境的刺激（如机械、温度、光、电和化学性等）发生一定反应的特性，称为兴奋性。不同种类的细胞，兴奋性的表现形式不同，如肌肉细胞的收缩、腺细胞的分泌、神经细胞对神经冲动的传导、白细胞变形运动等，都是细胞兴奋性的表现。

3. 运动 体内有些细胞在不同环境条件刺激下，可产生不同形式的运动。如白细胞的变形运动、肌细胞的收缩运动、呼吸道上皮细胞的纤毛摆动和精子的尾部运动等。

4. 增殖与分化 细胞增殖是通过细胞分裂来实现的。细胞的体积增大，称为生长。细胞生长到一定的阶段，在一定条件下，以分裂的方式进行增殖，产生新的细胞。机体通过细胞增殖促进机体生长发育和补充衰老死亡的细胞。

胚胎细胞或未分化细胞，转变成各种形态、功能不同细胞的过程称为细胞分化。在胚胎早期，细胞形态、机能都相似，随着细胞增殖和生长发育，细胞的形态、机能、生理特性逐渐出现差异，最终形成形态和机能各异的细胞。动物出生后，动物体内仍保存有未分化的细胞，如疏松结缔组织内的间充质细胞、骨髓内的造血干细胞、卵巢内的卵母细胞、睾丸内的精母细胞等，具有分裂增殖的能力，在一定的条件下，能转变为某些成熟和稳定的细胞。

5. 衰老和死亡 各种细胞都必须经历衰老和死亡的过程。细胞衰老死亡的速度不同，一般寿命长的细胞，衰老死亡的慢，如神经细胞和心肌细胞；寿命短的细胞，衰老死亡的快，如血细胞和表皮细胞。

 思考题

1. 选择填空题

（1）细胞膜_____（仅起；并非仅起）一种包裹作用，_____（不参与；还参与）细胞和它周围环境间的物质交换等生理过程。

（2）易化扩散主要是指_____（脂；水）溶性物质的跨膜转运，它_____（需要；不需要）细胞膜蛋白的帮助，是_____（主动；被动）转运的一种形式。

（3）钠泵的作用是_____（顺；逆）着浓度差把细胞外液中的_____（K^+；Na^+）移入膜内，把细胞内的_____（K^+；Na^+）移向膜外。

    (4) 凡有"泵"参与的转运＿＿＿＿＿＿＿（均是；大多是）主动转运，与被动转运的区别是＿＿＿＿＿＿＿（需要；不需要）直接消耗能量并是＿＿＿＿＿＿＿（顺；逆）浓度差进行的。

    (5) 大分子物质和物质团块是通过＿＿＿＿＿＿＿（单纯扩散；易化扩散；出胞作用；入胞作用）进入细胞膜的。腺细胞分泌酶时，是通过＿＿＿＿＿＿＿（出胞作用；入胞作用）的方式进行的。

2. 判断题

    (1) 线粒体是细胞内进行生物氧化的主要场所。（对；错）

    (2) 细胞内制造蛋白质的小器官是核蛋白体。（对；错）

    (3) 合成脂质和固醇类物质的是粗面内质网。（对；错）

    (4) 溶酶体与细胞内解毒过程有关。（对；错）

知识链接

关 于 胆 固 醇

    胆固醇又称胆甾醇，是一种环戊烷多氢菲的衍生物。早在 18 世纪人们已从胆石中发现了胆固醇，1816 年化学家本歇尔将这种具脂类性质的物质命名为胆固醇。胆固醇广泛存在于动物体内，尤以脑及神经组织中最为丰富，在肾、脾、皮肤、肝和胆汁中含量也高。其溶解性与脂肪类似，不溶于水，易溶于乙醚、氯仿等有机溶剂。

    (1) 形成胆酸。胆汁产于肝而储存于胆囊内，经释放进入小肠与被消化的脂肪混合。胆汁的功能是将大颗粒的脂肪变成小颗粒，使其易与小肠中的酶作用。在小肠尾部，85%～95% 的胆汁被重新吸收入血，肝重新吸收胆酸使之不断循环，剩余的胆汁（5%～15%）随粪便排出体外。肝需产生新的胆酸来弥补这 5%～15% 的损失，此时就需要胆固醇。

    (2) 构成细胞膜。胆固醇是构成细胞膜的重要组成成分，动物细胞的细胞膜中有一定数量的胆固醇，它们插在磷脂分子之间，调节细胞膜的流动性。当温度降低时，胆固醇可以防止细胞膜的凝固；而当细胞膜流动性过大时，胆固醇则可以减缓细胞膜的流动性。有人曾发现给动物喂食缺乏胆固醇的食物，结果这些动物的红细胞脆性增加，容易引起细胞的破裂。因此，可以想象要是没有胆固醇，细胞就无法维持正常的生理功能，生命也将终止。

    (3) 合成激素。激素是协调多细胞机体中不同细胞代谢作用的化学信使，参与机体内各种物质的代谢，包括糖、蛋白质、脂肪、水、电解质和矿物质等的代谢，对维持人体正常的生理功能十分重要。人体的肾上腺皮质和性腺所释放的各种激素，如皮质醇、醛固酮、睾丸酮、雌二醇以及维生素 D 都属于类固醇激素，其前体物质就是胆固醇。

    所以胆固醇有调节机体生长发育和代谢的重要生理功能，与机体健康有密切关系。但是，血液胆固醇含量偏高与心血管疾病发生是明显相关的，在动脉粥样硬化这种疾病中，多余的胆固醇沉积在动脉的内壁上，使血管管腔变小，最终可能形成凝块，阻塞动脉，引起心肌梗死或脑卒中。

任务二　四大基本组织的识别

子任务一　上皮组织和结缔组织的观察

【目的要求】

1. 认识单层柱状上皮和疏松结缔组织形态构造特点。

2. 进一步熟练显微镜的使用方法。

【材料及设备】 显微镜、单层柱状上皮（小肠）组织切片（苏木精-伊红染色，即 HE 染色）、皮下疏松结缔组织铺片（苏木精-伊红染色）、单层柱状上皮和疏松结缔组织挂图。

【方法步骤】

1. 单层柱状上皮（小肠）

（1）低倍镜观察。整个小肠壁是由几层组织膜构成的，低倍视野可见绒毛横断呈游离状态，也有部分上皮已经脱落，选择一部分切面比较正，细胞核呈单层排列的上皮进行观察。

（2）高倍镜观察。可见细胞排列紧密，每个柱状上皮细胞的高度大于宽度，细胞核呈椭圆形，蓝紫色，位于细胞基底部。细胞顶端有一层菲薄的粉红色膜状结构——纹状缘，上皮的基底面有染成粉红色条状结构——基底膜，此外，在柱状上皮细胞之间，尚可见有散在的杯状细胞。

2. 疏松结缔组织（蜂窝组织）

（1）低倍镜观察。选择标本最薄处，可以见到交叉成网的纤维，与散在纤维之间的各种细胞，纤维与细胞之间的空隙为无定形基质。

（2）高倍镜观察。胶原纤维为红色粗细不等的索状结构，数量甚多，交叉排列，有的较直，也有的呈波浪形。混杂在胶原纤维之间，有细的紫蓝色弹性纤维，仔细观察可见其有分支，彼此交叉。在纤维之间可分辨以下几种细胞。

成纤维细胞：数量较多，细胞轮廓不甚明显，多数细胞只见红色椭圆形的细胞核，染色质少，核仁比较清楚，有时在细胞核外面隐约可见围有浅红色的细胞质。

组织细胞（巨噬细胞）：细胞轮廓清楚，有圆形、卵圆形或棱形的，常有短而钝的小突起，胞质和胞核均较成纤维细胞染色深、胞核较小，位于细胞中央，胞质内含有大小不等的蓝色颗粒（被吞噬的台盼蓝颗粒）。

肥大细胞：多呈椭圆形，可见浆细胞细胞质呈紫红色，胞核偏于细胞的一侧，紫蓝色的染色质块在核内排列成车轮状，近核部分的细胞质染色略浅。

【技能考核】

1. 高倍镜下绘图，小肠黏膜一部分，示单层柱状上皮。

2. 高倍镜下绘图，示疏松结缔组织内的纤维和细胞成分。

知识准备

在胚胎发生过程中，细胞的形态和机能逐渐分化，细胞之间产生了细胞间质。分化后的一些起源、形态和机能相似的细胞和细胞间质结合在一起，构成组织。动物体内的组织可分为 4 类，即上皮组织、结缔组织、肌组织和神经组织。

一、上皮组织的特点

上皮组织由一层或多层紧密排列的细胞和少量细胞间质构成，覆盖在整个有机体的表面和体内一切管状器官的内表面以及某些内脏器官的表面。上皮组织的一般特点：①细胞多，间质少。②细胞排列有极性，上皮组织的细胞具有极性，即细胞的两端在结构和功能上具有明显的差别。上皮细胞的一端朝向身体表面或有腔器官的腔面，称为游离面；与游离面相对的另一端朝向深部的结缔组织，称为基底面。③上皮组织中没有血管和淋巴管。④上皮组织内神经末梢丰富。具有保护、吸收、分泌和排泄等功能。根据上皮组织的结构、功能及分布不同，将其分为三大类：被覆上皮、腺上皮、特殊上皮。

（一）被覆上皮

根据上皮细胞层数和细胞形状分类，由一层细胞组成的称为单层上皮，由多层细胞组成的称为复层上皮。

被覆上皮
- 单层上皮
  - 单层扁平上皮
    - 内皮：心、血管、淋巴管的腔面
    - 间皮：胸膜、腹膜、心包膜及器官表面
    - 其他：肺泡壁、肾小囊壁层、肾髓袢降支
  - 单层立方上皮：肾小管、甲状腺滤泡和小叶间胆管等
  - 单层柱状上皮：胃、肠、子宫、输卵管、胆囊等腔面
  - 假复层纤毛柱状上皮：呼吸道、附睾管、输精管等腔面
- 复层上皮
  - 变移上皮：肾盏、肾盂、输尿管、膀胱、尿道等腔面
  - 复层扁平上皮：皮肤、口腔、食管、反刍动物前胃、阴道、肛门
  - 复层柱状上皮：眼睑结膜

1. 单层上皮的形态结构及功能

（1）单层扁平上皮。由一层扁平的多边形细胞组成，从表面看，细胞呈不规则的多边形，边缘呈锯齿状，彼此间相互嵌合；核椭圆形，位于细胞中央，胞质少，侧面观细胞呈梭形，核椭圆并外突。内皮：衬于心、血管、淋巴管腔面的被覆上皮。间皮：胸膜、腹膜、心包膜及器官表面的上皮。内皮薄而光滑，有利于心血管和淋巴管内液体流动和物质交换，间皮表面光滑湿润，坚韧耐磨，有保护作用（图1-7）。

（2）单层立方上皮。由一层立方形细胞组成，表面呈多边形，侧面呈立方形，细胞核呈圆形，位于细胞中央。分布于肾小管、外分泌腺的小导管、甲状腺滤泡。具有分泌和吸收等功能（图1-8）。

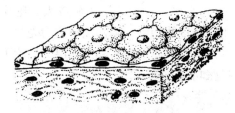

图 1-7 单层扁平上皮
（朱金凤，2007. 动物解剖.）

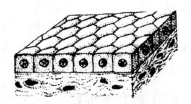

图 1-8 单层立方上皮
（朱金凤，2007. 动物解剖.）

（3）单层柱状上皮。由一层棱柱形细胞组成。在肠管的柱状细胞间，有许多散在的杯状细胞，其形态似高角酒杯，胞质内充满黏原颗粒，胞核呈三角形，位于细胞基部（图1-9）。

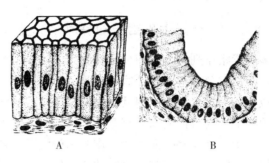

图 1-9 单层柱状上皮
A. 单层柱状上皮模式 B. 小肠黏膜上皮切面
（周其虎，2001. 畜禽解剖生理．）

（4）假复层纤毛柱状上皮。由形态不同、高低不等的柱状细胞、杯状细胞、梭形细胞和锥体形细胞组成，侧面观似复层，但细胞的基底端均附于同一基膜上，实为单层上皮，故称假复层。分布于各级呼吸道黏膜。具有保护、分泌和排出分泌物等（图 1-10）。

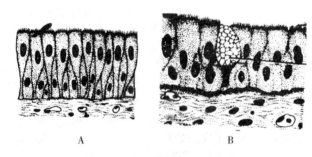

图 1-10 假复层纤毛柱状上皮
A. 假复层纤毛柱状上皮模式 B. 器官黏膜切面
（周其虎，2001. 畜禽解剖生理．）

2. 复层上皮的形态结构及功能

（1）复层扁平上皮。又称为复层鳞状上皮，由多层细胞组成。紧靠基膜的一层为低柱状，中间数层为多边形，近浅层移行为扁平形。分布于皮肤表皮的复层扁平上皮表层细胞含角质蛋白，形成角质层，称为角化复层扁平上皮，具有很强的保护和抗磨损作用。而衬在口腔、食管、肛门、阴道和反刍动物前胃内的上皮含角质蛋白较少，不形成角质层，称为非角质化的复层扁平上皮。耐摩擦，具有很强的保护作用，并可防止外物侵入（图 1-11）。

（2）变移上皮。细胞的形态和层数可随所在器官的功能状态改变而改变。器官收缩时，细胞瘦，有 5～6 层，扩张时，细胞矮胖，有 2～3 层。变移上皮的表层细胞较大，胞质丰富，具有嗜酸性，称为盖细胞。游离面的细胞有防止尿液侵蚀和渗入的作用，称为壳层，中间层细胞呈倒梨形或梭形，基底细胞呈立方或矮柱形。电镜表明，表层和中间层的细胞下方都有突起附着于基膜，故为假复层上皮。有收缩、扩张功能（图 1-12）。

（二）腺上皮和腺

1. 概念 以分泌功能为主的上皮称为腺上皮。以腺上皮为主要成分组成的器官称为腺。

2. 外分泌腺的一般结构与类型

（1）外分泌腺的一般结构。

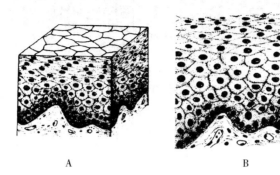

图 1-11　复层扁平上皮
A. 复层扁平上皮模式　B. 表皮切面
（周其虎，2001. 畜禽解剖生理 .）

图 1-12　变移上皮
A. 收缩状态　B. 扩张状态
[马仲华，2002. 家畜解剖学及组织胚胎学（第三版）.]

①分泌部。由一层腺细胞围成腺泡，内有腺腔。

②导管。由单层或复层上皮构成，具有输送腺细胞分泌物之用。

（2）外分泌腺的类型。

$$
根据形态\begin{cases}管状腺\\泡状腺\\管泡状腺\end{cases}\quad 根据分泌物的性质\begin{cases}浆液性腺：细胞核圆、居中央，胞质嗜碱性\\黏液性腺：胞核扁平居基底，胞质泡沫状\\混合性腺：浆液性细胞呈半月形，称为浆半月\end{cases}
$$

（三）特殊上皮

特殊上皮是指具有特殊功能的上皮，包括感觉上皮、生殖上皮等。

二、结缔组织

"结缔"是连接的意思，但结缔组织不仅有连接作用，还有支持、保护、营养等作用。结缔组织的特点：①细胞数量少，种类多，细胞散布于细胞间质内，分布无极性；②细胞间质成分多；③结缔组织内含有血管和淋巴管；④分布极为广泛；⑤不直接与外界环境接触；⑥各种结缔组织均是由间充质细胞分化而来。

结缔组织分布于全身各处，种类也很多，但却有相似的结构，都是由细胞和细胞间质构成。与上皮组织相比，其细胞少而细胞间质多。结缔组织内的细胞种类多；细胞间质包括基质和纤维两种成分。基质因种类不同而处于不同状态，血液中的基质呈液态，疏松结缔组织中的基质呈胶体，骨组织中的基质呈固体。根据结缔组织的结构和机能的不同，可分类如下：

（一）固有结缔组织

1. 疏松结缔组织　亦称为蜂窝组织，广泛分布于各组织、器官乃至细胞之间。其特点是细胞数量少，但种类多，排列疏散（图 1-13）。其具有连接、支持、营养、防御、保护和修复功能。

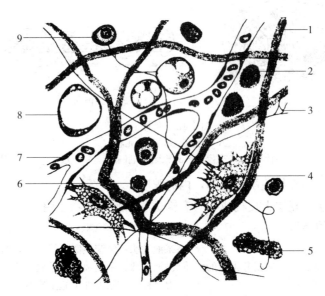

图 1-13　疏松结缔组织

1. 胶原纤维　2. 细胞　3. 弹性纤维　4. 成纤维细胞　5. 巨噬细胞
6. 淋巴细胞　7. 毛细血管　8. 脂肪细胞　9. 浆细胞

（朱金凤，2007. 动物解剖 .）

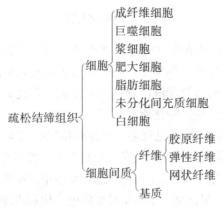

（1）细胞。

①成纤维细胞。成纤维细胞是疏松结缔组织的主要细胞成分。胞体长扁平形，多突起，呈星状，胞核较大，扁卵圆形，染色质稀疏，色浅，核仁明显。

②巨噬细胞。来源于血液中的单核细胞。巨噬细胞是体内分布广泛的具有强大吞噬功能的细胞，分布于疏松结缔组织内的巨噬细胞又称为组织细胞。其细胞形态多样，常有短而钝的突起（伪足），有趋化性，能做变形运动。具有活跃的吞噬能力，能吞噬进入体内的细菌和异物，对机体具有保护作用。

③浆细胞。胞体呈卵圆形或圆形，核圆形偏于细胞一侧，呈车轮状。该细胞来源于B淋巴细胞。具有合成、贮存与分泌抗体（免疫球蛋白）的功能，参与机体的体液免疫应答。

④肥大细胞。胞体较大，呈圆形或卵圆形，核小而圆，色深。胞质内充满异染性颗粒，颗粒内含有组胺、白三烯、肝素和嗜酸性粒细胞趋化因子等，有防止血液凝固的作用。

⑤脂肪细胞。多成群分布。胞体较大，呈圆球形，胞质内含有大量脂滴，使胞核被挤压至细胞一侧，呈新月形。具有合成与贮存脂肪，参与脂质代谢的作用。

（2）纤维。主要有胶原纤维、弹性纤维和网状纤维。

①胶原纤维。数量最多，新鲜时呈白色，有光泽，又称为白纤维。HE染色切片中呈嗜酸性，着浅红色。胶原纤维的韧性大，抗拉力强。

②弹性纤维。新鲜状态下呈黄色，又称为黄纤维。在HE标本中，着色轻微，不易与胶原纤维区分。

弹性纤维富于弹性而韧性差，与胶原纤维交织在一起，使疏松结缔组织既有弹性又有韧性，有利于器官和组织保持形态位置的相对恒定，又具有一定的可变性。

③网状纤维。较细，分支多，交织成网。HE染色时不易着色。用银染法，网状纤维呈黑色，故又称为嗜银纤维。

（3）基质。基质为无色透明的胶状液体，黏性强，主要成分是透明质酸。在局部感染时，基质能限制细菌等病原微生物的扩散。但有的细菌（如溶血性链球菌）能分泌透明质酸酶，溶解透明质酸，易使炎症扩散。

2. 致密结缔组织 致密结缔组织是一种以纤维为主要成分的固有结缔组织，纤维粗大，排列致密，以支持和连接为其主要功能。根据纤维的性质和排列方式，可区分为以下几种类型。

（1）规则的致密结缔组织。主要构成肌腱（图1-14）和腱膜。大量密集的胶原纤维顺着受力的方向平行排列成束，在纤维间可见成行排列的成纤维细胞。

（2）不规则的致密结缔组织。见于真皮、硬脑膜、巩膜及许多器官的被膜等。其特点是方向不一的粗大的胶原纤维彼此交织成致密的板层结构。具有支持和保护作用。

3. 脂肪组织 主要分布于皮下、肠系膜及肾周围。由大量的脂肪细胞聚集而成（图1-15），具有储脂、保温、缓冲等作用。

4. 网状组织 由网状细胞、网状纤维和基质构成。网状细胞呈星状，多突起，突起彼此连接成网，核大色浅，核仁明显，网状细胞产生网状纤维，纤维细，分支多，成为网状细胞的支架。网状组织是淋巴组织和骨髓组织的基本构成成分。

（二）支持性结缔组织

根据基质是否钙化而将支持性结缔组织分为软骨组织和骨组织，它们的基本结构和纤维

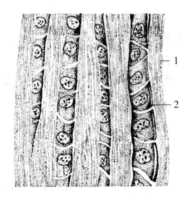

图 1-14　肌腱与腱细胞
1. 胶原纤维束　2. 腱细胞
（范作良，2001. 家畜解剖．）

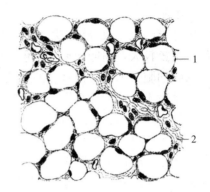

图 1-15　脂肪组织
1. 脂肪细胞　2. 疏松结缔组织
（范作良，2001. 家畜解剖．）

性结缔组织相似，但质坚硬，起支持和保护作用。

1. 软骨组织　软骨组织简称为软骨，由少量的软骨细胞和大量的间质构成。间质由纤维和基质构成，基质呈固体的凝胶状。软骨细胞埋藏在由基质形成的软骨陷窝内。根据纤维的性质、数量不同，软骨又分为透明软骨、纤维软骨和弹性软骨。

（1）透明软骨。基质中的纤维主要是较细的胶原纤维，呈半透明状，坚韧而有弹性。主要分布于肋软骨、喉、气管、关节面等处。

（2）弹性软骨。基质中的纤维主要是弹性纤维，略显黄色，不透明，具有较强的弹性。主要分布在耳郭、会厌等处。

（3）纤维软骨。基质内的纤维主要是成束的胶原纤维，呈不透明的乳白色，具有较强的韧性。主要分布在椎间盘、半月板、耻骨联合等处。

2. 骨组织　骨是一种坚硬的结缔组织，也是由细胞（骨细胞）、基质（有机物和无机物）和纤维（胶原纤维）构成。骨基质中的有机物比较少，主要是骨胶原（蛋白质），成年动物约占 1/3，它决定骨的韧性；无机物主要是钙盐，如磷酸钙、碳酸钙，约占 2/3，它决定骨的硬度。这两种不同性质的物质结合在一起，构成了骨的坚韧性。如用稀盐酸脱去骨的钙盐，只剩有机质（此时称为脱钙骨），骨虽保持原来形状，但变得柔软易弯曲；如将骨放在铁丝网或石棉网上，用酒精灯烧灼，直至完全除去有机物变为灰白色为止（此时称为灰化骨），骨的外形仍保留，但脆而易碎。

（三）营养性结缔组织

1. 血液　血液是流动在心血管内的红色黏稠状液体，由血浆和血细胞组成（详见心血管系统）。

2. 淋巴　淋巴是流动在淋巴管内的透明液体，其成分与血浆相似，但蛋白质含量较少，其细胞成分主要是淋巴细胞（详见免疫系统）。

子任务二　肌组织和神经组织的观察

【目的要求】

1. 认识平滑肌纤维和脊髓腹柱内运动神经元的形态特征。

2. 进一步熟练显微镜的使用方法。

【材料及设备】显微镜、平滑肌纵横切片或分离装片（苏木精-伊红染色）、脊髓切片（Cajal 氏镀银法）、肌肉组织和脊髓横断面挂图。

【方法步骤】

1. 平滑肌

（1）低倍镜观察。在标本内可以看到成片的平滑肌层，有时也可以在肌层附近看到个别的平滑肌纤维，HE 染色呈红色。

（2）高倍镜观察。可见到整个肌细胞呈长梭形，两端尖，中央有棒状呈蓝色的细胞核。把光线减弱，有时可以看到肌浆内有纵向排列的细纹-肌原纤维。细胞膜不明显。

2. 神经元

（1）低倍镜观察。在腹柱内有许多大小形态不同而呈棕褐色的神经细胞，有突起者为运动神经元，小而圆形者为神经胶质细胞。选择一个突起较多而又切上胞核的神经元用高倍镜观察。

（2）高倍镜观察。细胞核大而圆，着淡黄色，有的呈空泡状，中央有一个深色圆点状的核仁，细胞体及突起内有棕褐色的细丝结构——神经元纤维。从细胞体四周发出许多突起，称为树突（一个到几个）和轴突（只有一个）。

3. 示教内容

（1）横纹肌（骨骼肌）切片的观察（铁-苏木精染色）。

①低倍镜观察。纵断面，肌纤维成带状。横断面，呈不规则的多角形，肌纤维间均有结缔组织填充。

②高倍镜观察。在纵断面肌纤维边缘、肌膜内有许多卵圆形的细胞核。肌原纤维沿着肌纤维的长轴排列。肌纤维的横纹很清楚。染色深的为暗带，染色浅的为明带。

（2）心肌切片的观察（苏木精-伊红染色）。用低倍镜观察：纵断面心肌纤维彼此分支吻合成网状，核呈现卵圆形，位于纤维的中央，肌浆较丰富，色淡染，有横纹，但不如骨骼肌明显。在肌纤维的一定距离上，可见染色较深的横线，或呈阶梯形，此为闰盘。肌纤维之间有结缔组织及血管。肌原纤维多在肌纤维的边缘部位，肌浆丰富，细胞核大，有 1～2 个。

【技能考核】

1. 高倍镜下绘图，示几个平滑肌细胞或平滑肌纵、横切面。

2. 高倍镜下绘图，示 1～2 个运动神经细胞。

知识准备

一、肌　组　织

肌组织主要由肌细胞构成。肌细胞具有收缩与舒张能力，机体的各种动作，如躯体运动、消化管蠕动、心脏跳动等，都是靠肌细胞的收缩与舒张实现的。由于肌细胞多为长梭形或长柱状，故又称为肌纤维（表1-4）。其细胞膜又称为肌膜，细胞质又称为肌浆。

表1-4　三种肌纤维结构异同比较

名称	骨骼肌	心肌	平滑肌
形状	长圆柱形	短圆柱形	细长梭形
细胞核	多个，细胞边缘	一个，细胞中央	一个，细胞中央
横纹	有，明显	有，不明显	没有
闰盘	没有	有	没有
生理特点	随意肌	不随意肌	不随意肌

根据肌细胞的形态结构和机能特点，把肌组织分为3种：

（一）平滑肌

光镜下平滑肌纤维呈细长梭形，长约100μm，宽约10μm，每个细胞一个核，呈椭圆形，位于细胞中央。相邻肌纤维的粗部与细部相嵌合，使其排列紧密。平滑而无横纹结构（图1-16）。平滑肌收缩不受意识支配，属于不随意肌。收缩力弱而缓慢，但能持久，不易疲劳。主要分布于消化、呼吸、泌尿、血管等器官的管壁内。

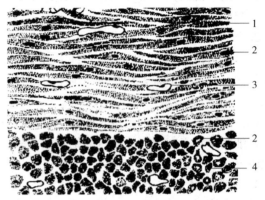

图1-16　平滑肌的纵切面及横断面
1. 肌纤维纵切面　2. 肌细胞　3. 毛细血管　4. 肌纤维横断面
（范作良，2001. 家畜解剖.）

（二）骨骼肌

骨骼肌细胞呈长圆柱状，多核，细胞核椭圆形，有100多个，紧贴细胞膜深面。在光镜下，可见骨骼肌细胞中有排列整齐的横纹，所以骨骼肌属于横纹肌（图1-17）。骨骼肌的收缩受意识支配，属随意肌。其收缩力强而迅速，但易疲劳，不持久。骨骼肌因多附于骨骼上而得名。

（三）心肌

心肌主要分布于心脏，主要由心肌纤维构成。不受意识支配，是不随意肌。心肌纤维也呈长圆柱状，有分支并相互吻合，彼此相接，接头处称为"闰盘"。肌纤维也有横纹，但不如骨骼肌明显。细胞核一般只有1~2个，位于细胞中央（图1-18）。心肌的机能特点与平滑肌相似。

二、神经组织

家畜之所以能很好地适应内外环境的变化，完成运动、采食、饮水、消化、呼吸、生殖等各种生命活动，都是神经系统调控的结果。神经系统由神经组织构成。神经组织全是由细胞成分构成，包括神经细胞（神经元）和神经胶质细胞。神经组织无间质，这是不同于结缔组织的重要特点。

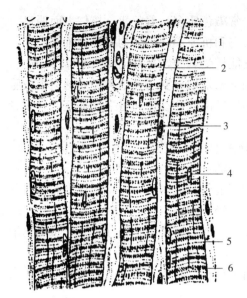

图 1-17　骨骼肌纵切面
1. 毛细血管　2. 肌纤维膜　3. 成纤维细胞
4. 肌细胞核　5. 明带　6. 暗带
（范作良，2001. 家畜解剖 .）

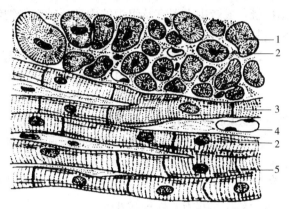

图 1-18　心肌纵切面及横断面
1. 肌纤维横断面　2. 肌细胞核
3. 肌纤维纵切面　4. 毛细血管　5. 闰盘
（范作良，2001. 家畜解剖 .）

（一）神经元

神经元是神经系统的基本结构和功能单位（图 1-19），它包括胞体和突起两部分。

1. 神经元的结构

（1）胞体。呈多角形或圆形，细胞核位于胞体中央。胞体主要存在于脑、脊髓和神经节内。

①细胞膜。为单位膜能够接受刺激，产生及传导神经冲动。

②细胞质。位于细胞核周围的细胞质称为核周质。内含有尼氏体和神经元纤维等特征性结构。

尼氏体（嗜染质）：是光镜下所见胞质内呈颗粒状或斑块状的嗜碱性物质，电镜下见由许多平行排列的粗面内质网和分布于其间的游离核糖体组成。

虎斑：脊髓腹角的运动神经元中尼氏体数量较多，呈斑块状分布，如虎皮花纹，习惯称为虎斑。尼氏体只分布在核周质及树突内，不分布在轴突或其起始部轴丘内，光镜下以此区别树突、轴突。

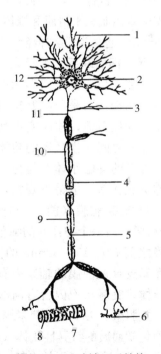

图 1-19　运动神经元结构
1. 树突　2. 神经细胞核　3. 侧枝　4. 雪旺氏鞘
5. 郎飞氏结　6. 神经末梢　7. 运动终板　8. 肌纤维
9. 雪旺氏细胞核　10. 髓鞘　11. 轴突　12. 尼氏体
［马仲华，2002. 家畜解剖学及组织胚胎学（第三版）.］

③细胞核。只有1个，大而圆，位于胞体中央，常染色质多，着色浅，核仁大而明显。

（2）突起。从神经元的胞体发出。根据突起的形态和机能不同，分为树突和轴突两种。

树突：有1个或多个，较短呈树枝状分支。树突能接受刺激，把冲动传给胞体。

轴突：轴突是一条长的突起，一般只有1个。轴突末端借分支与其他神经元的树突或胞体接触，或者进入器官及组织的内部。轴突能把细胞体发出的冲动传向另一个神经元，或者传至某一器官或组织。

2. 神经元的类型　不同的分类方法可把神经元分为不同的种类。

（1）按神经元突起的数目，可把神经元分为如下3类：

假单极神经元：从胞体发出1个突起，在离胞体不远处分成两支，一支到外周器官，称为外周突；另一支走向脑和脊髓，称为中央突，如脊神经节细胞。

双极神经元：有2个方向相反的突起从胞体发出，1个为树突，1个为轴突。如嗅觉细胞和视网膜中的双极细胞。

多极神经元：有3个以上的神经元从细胞体发出。1个为轴突，其余均为树突。畜体内的大多数神经元为多极神经元。

（2）按神经元的机能，可把神经元分为如下3类：

传入神经元：也称为感觉神经元，其胞体位于外周神经的神经节内，能接受内外环境的各种信息，并传入中枢。

传出神经元：也称为运动神经元。多位于脑和脊髓内，能将神经冲动从中枢沿其轴突传向外周，支配骨骼肌、平滑肌和腺体，引起肌肉收缩和腺体分泌等活动。

中间神经元：也称为联络神经元。多位于脑和脊髓内，作用是联系感觉神经元和运动神经元。

3. 神经元之间的联系　神经元虽是神经系统的结构和功能单位，但它们不能单独完成神经系统的各种活动，而是要相互接触，构成神经传导通路，即反射弧，才能实现其复杂的神经活动。神经元之间发生联系的功能性接触点称为突触。常见的突触小体，与另一个神经元的胞体或胞突相接触。电镜下观察，突触由三部分组成，即突触前膜（前一个神经元的轴膜）、突触后膜（后一个神经元的细胞膜）和突触前、后膜之间有宽15～30mm的突触间隙。突触小体在靠近突触前膜的轴浆内有很多突触小泡和线粒体。突触小泡内含有高浓度的化学递质（如乙酰胆碱、去甲肾上腺素等）。突触后膜上有多种化学递质的特异性受体（图1-20）。

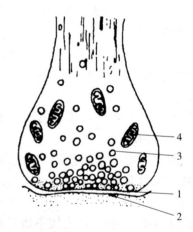

图1-20　突触超微结构
1. 突触前膜　2. 突触后膜　3. 突触小泡　4. 线粒体
[马仲华, 2002. 家畜解剖学及组织胚胎学（第三版）.]

4. 神经纤维　指神经元的突起，其功能是传导神经冲动。神经纤维的典型构造是以轴突为中轴，外面包有髓鞘的神经膜。其中有些神经纤维具有髓鞘，称为有髓神经纤维，如一般的脑神经和脊神经；有些神经纤维没有髓鞘，称为无髓神经纤维，如植物性神经的节后纤维。

根据神经纤维的生理机能不同，分为感觉神经纤维和运动神经纤维。感觉神经纤维是由感受器接受刺激传向中枢的纤维，又称为传入神经纤维；运动神经纤维是由中枢把兴奋传向效应器的纤维，又称为传出神经纤维。

5. 神经末梢　神经末梢是指外周的神经纤维末端分支的部分终止于其他组织，形成一定的结构。按其生理机能不同，分为感觉神经末梢和运动神经末梢两大类。

（1）感觉神经末梢。感觉神经末梢是感觉神经元外周突的末梢，其末梢装置又称为感受器。如分布在上皮细胞之间，是痛觉的游离神经末梢；分布在真皮乳头层，是触觉的触觉小体；分布在皮下组织，胸、腹膜及某些脏器周围的结缔组织中，是触觉和压觉的环层小体；以及分布在肌肉或肌腱中的肌梭、腱梭，能感受本体感觉等。

（2）运动神经末梢。运动神经末梢是由中枢发出的运动神经元轴突的末梢，终止于肌肉和腺体，并支配这些器官的活动。支配骨骼肌运动神经末梢，称为躯体运动神经末梢，它终止在骨骼肌纤维的表面，形成卵圆形的板状隆起，称为运动终板（神经肌肉接头）。

（二）神经胶质细胞

神经胶质细胞数量很多，为神经元的 10～50 倍，存在于神经元之间，对神经元有支持、营养、保护作用。神经胶质细胞种类也很多，主要有星形胶质细胞和小胶质细胞。星形胶质细胞，在神经组织病变情况下，可形成胶质瘢痕，有修补作用；小胶质细胞有吞噬能力，起保护作用。

思考题

1. 配对题。

胃肠黏膜	单层立方上皮
气管黏膜	单层柱状上皮
甲状腺滤泡	变移上皮
食管黏膜	复层扁平上皮
膀胱黏膜	假复层柱状纤毛上皮

2. 皮下疏松结缔组织对机体的保护作用是如何实现的？
3. 分别说明存在于心和肝的四种基本组织。
4. 简述被覆上皮组织的特点、分类、分布和功能。

知识链接

神经细胞的演变与再生

神经细胞的胞体是神经元的代谢、营养中心。在神经元的突起或胞体受到伤害或轴突断离时，如损伤部位距胞体较远，则胞体可出现逆行性改变，胞体肿胀、核偏位、尼氏体溶解，重者核消失。如轻度伤害，3 周后胞体开始恢复。而被损伤的神经纤维远端的轴突及髓鞘在 12～24h 可逐渐出现解体和脂滴，此过程称为演变反应。

损伤部位的近侧断端，残留的施旺细胞分裂增生，向远端形成细胞索。受伤的近端轴突以出芽的方式生长。伸入新生的施旺细胞索内，在施旺细胞的诱导下，轴突沿细胞索生长直至伸到原来轴突终末所在部位，新生轴突终末可分支与相应细胞组织建立联系，恢复了功能，此过程称为神经再生。一般神经轴突都有再生能力，可恢复原来的功能，所需时间一般3～6个月，若损伤严重两断端相距甚远，其间长入瘢痕组织过多，或与远端未能良好互相对接，将影响再生。施旺细胞在周围神经再生修复过程中，有诱导、营养及促进轴突生长和成熟的作用。中枢神经纤维虽然也有再生能力，但由于损伤部位的神经胶质细胞增生较快，形成胶质瘢痕，阻断了神经对接，影响了再生。

神经元胞体或近胞体处严重损伤时，可导致神经细胞解体死亡，一般难以修复再生。在损伤部位周围，可见到神经细胞有丝分裂过程，说明神经细胞损伤后，在一定条件下仍有一定分裂能力，但再生的条件和功能的恢复仍然受诸多因素影响，研究证明神经营养因子（neurotrophic factors）是能支持神经元生存和促神经突起生长的可溶性化学物质，该类物质对神经系统的发育和神经再生起重要作用。如神经生长因子NGF（nerve growth factor）、成纤维细胞生长因子FGF（fibroblast growth factor）、表皮生长因子EGF（epidermal growth factor）等。关于神经再生仍是当今研究的重要课题。

任务三　理解器官、系统和有机体的概念

知识准备

器官、系统和有机体的概念

（一）器官

器官是由几种不同组织按一定规律结合在一起构成的。每种器官都能完成一定的生理功能。器官分为两大类：中空性器官与实质性器官。

中空性器官是内部有较大腔体的器官，如食管、胃、肠、气管、膀胱、血管等。它们的基本结构：内表面有一层上皮，周围为结缔组织与肌组织。肌组织一般是平滑肌，在心脏是心肌，肌组织夹在结缔组织之间，呈层状结构（图1-21）。

实质性器官是内部没有大腔的器官，如肝、脾、肺、肾、肌肉等。它们的基本结构分两部分：①实质部分。实质部分是指直接代表这个器官主要机能特征的某一种组织。如肌肉的实质部分是肌肉组织，脑的实质部分是神经组织等。②间质部分。间质部分是指器官内的辅助成分。一般均由结缔组织构成，是血管、神经等通过的地方，对实质部分有支持和营养等作用。

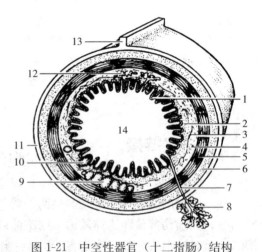

图1-21　中空性器官（十二指肠）结构

1. 上皮　2. 固有层　3. 黏膜肌层　4. 黏膜下层
5. 内环形肌　6. 外纵行肌　7. 腺管　8. 壁外腺
9. 淋巴集结　10. 淋巴孤结　11. 浆膜
12. 十二指肠腺　13. 肠系膜　14. 肠腔

[马仲华，2002. 家畜解剖学及组织胚胎学（第三版）.]

（二）系统

由几个功能上密切相关的器官，联合在一起，彼此分工合作来完成体内某一方面的生理机能，这些器官就构成一个系统。如口腔、咽、食管、胃、肠及消化腺等器官，有机地联系起来，共同完成对食物的消化、吸收功能，称为消化系统；由鼻、咽、喉、气管、支气管和肺等器官组成呼吸系统，来共同完成气体代谢功能。

畜体由一系列不同的系统所组成。每个家畜都是由运动系统、被皮系统、消化系统、呼吸系统、泌尿系统、循环系统、内分泌系统和神经系统及感觉器官等组成。其中的消化、呼吸、泌尿和生殖四个系统又合称为内脏。它们的主要部分都是由直径大小不同的中空性器官所构成，还都有孔直接或间接地与外界相通。

（三）有机体

由上述各器官系统构成家畜有机体。体内各器官、系统之间密切联系，在机能上互相影响，协调配合组成一个有生命的完整统一体。同时，家畜与其生活的周围环境间也必须经常保持着能动的平衡。这种统一均靠神经调节、体液调节来实现。

1. 神经调节　神经系统对各个器官、系统的活动所进行的调节，称为神经调节。神经调节的基本方式是反射。所谓反射，就是在中枢神经系统的参与下，对内、外环境变化产生适应性反应。如饲料进入口腔，就引起唾液分泌；蚊虫叮在皮肤上，就能引起皮肤的颤动或摆动尾毛将蚊虫撵走。这些都是神经反射活动。完成反射所必须的结构则称为反射弧。它一般包括以下五个环节，即感受器-传入神经-神经中枢-传出神经-效应器。反射活动需要完整的反射弧，如果其中任何一部分被破坏，都将导致反射活动的消失。

神经调节特点是迅速而准确，持续时间短，且作用范围局限。

2. 体液调节　体液调节是指体液因素通过血液循环，运送至全身或某些特定器官，选择性的调节它们的机能活动的过程。体液因素主要是内分泌腺和具有内分泌能力的特殊细胞或组织所分泌的激素。此外，组织中的一些代谢产物如 CO_2、乳酸等局部体液因素，对机体功能也有一定调节作用。

体液调节的特点是作用缓慢，持续时间较长，作用范围比较广泛。这种调节对于维持机体内环境的相对恒定以及机体的新陈代谢、生长、发育、生殖等方面，都起着重要的作用。家畜体内的大多数生理活动，通常既有神经调节参与，又有体液因素的作用，两者是相互影响，相辅相成的。从整个机体调节来看，神经调节占主要地位。

思考题

何谓器官、系统、有机体？三者之间有何联系？

任务四　认识动物机体各部名称

子任务　畜、禽的主要部位的识别

【目的要求】认识家畜、家禽的主要部位名称，为下一步学习打基础。

【材料及设备】健康的牛、鸡、犬或牛、鸡、犬的挂图。

【方法步骤】在畜（禽）活体或挂图上识别畜（禽）体的主要体表部位。

1. 牛的主要体表部位 颅部、面部、颈部、鬐甲部、背部、肋部、胸骨部、腰部、髋结节、腹部、荐臀部、坐骨结节、髋关节、股部、膝部、小腿部、跗部、跖部、趾部、肩胛部、肩关节、臂部、肘部、前臂部、腕部、掌部、指部。

2. 鸡的主要体表部位 冠、眼及脸、喙、肉垂、颈部、胸部、胫、跖、外趾、中趾、内趾、后趾、尾骶骨及腹、尾羽、腰、背、耳及耳叶、头顶。

3. 犬的主要体表部位 颅部、面部、颈部、背部、腰部、胸侧部（肋部）、胸骨部、腹部、髋结节、荐臀部、坐骨结节、髋关节、大腿部（股部）、膝关节、小腿部、后脚部、肩带部、肩关节、臂部、肘关节、前臂部、前脚部。

【技能考核】在活体或挂图上识别畜禽体的上述体表部位。

知识准备

动物体表主要部位名称

（一）家畜躯体各部名称

家畜躯体可划分为头部、躯干和四肢三大部分。各部分的划分和命名都主要以骨为基础（图 1-22、图 1-23）。

1. 头部 畜体的最前方，以内眼角和颧弓为界，分为上方的颅部和下方的面部。

（1）颅部。位于颅腔周围。又分为枕部，颅部的后方，两耳之间；顶部，枕部的前方；额部，顶部的前方，两眼眶之间；眼部，包括眼与眼睑；耳郭部，耳和耳根周围的部分。

（2）面部。位于口腔、鼻腔周围。眶下部，眼眶前下部鼻后部外侧；鼻部，额部前方，包括鼻背和鼻侧；鼻孔部，包括鼻孔和鼻孔周围；唇部，包括上唇和下唇；咬肌部，颊部的下方；颊部，咬肌部的前方；颏部，下唇的下方。

2. 躯干 包括颈部、背胸部、腰腹部、荐臀部和尾部。

（1）颈部。分为颈背侧部、颈侧部、颈腹侧部。

（2）背胸部。分为鬐甲部、背部、肋部、胸前部、胸骨部。

（3）腰腹部。分为腰部、腹部。

（4）荐臀部。分为荐部、臀部。

（5）尾部。以尾椎为基础。

3. 四肢

（1）前肢。借肩胛和臂部与躯干的胸背部连接。分为肩部、臂部、前臂部和前脚部（包括腕部、掌部和指部）。

（2）后肢。分为股部、小腿部和后脚部（包括跗部、跖部和趾部）。

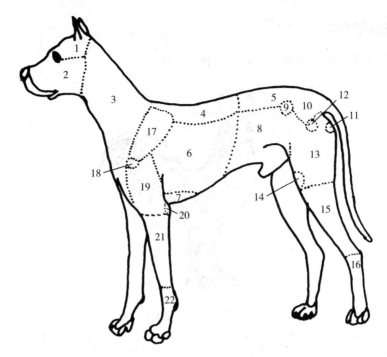

图 1-22　犬体表各部位名称

1. 颅部　2. 面部　3. 颈部　4. 背部　5. 腰部　6. 胸侧部（肋部）　7. 胸骨部　8. 腹部　9. 髋结节
10. 荐臀部　11. 坐骨结节　12. 髋关节　13. 大腿部（股部）　14. 膝关节　15. 小腿部　16. 后脚部
17. 肩带部　18. 肩关节　19. 臂部　20. 肘关节　21. 前臂部　22. 前脚部

[董常生, 2001. 家畜解剖学（第三版）.]

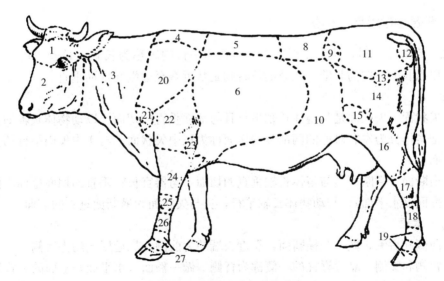

图 1-23　牛体表各部位名称

1. 颅部　2. 面部　3. 颈部　4. 鬐甲部　5. 背部　6. 肋部　7. 胸骨部　8. 腰部　9. 髋结节
10. 腹部　11. 荐臀部　12. 坐骨结节　13. 髋关节　14. 股部　15. 膝部　16. 小腿部
17. 跗部　18. 跖部　19. 趾部　20. 肩胛部　21. 肩关节　22. 臂部　23. 肘部
24. 前臂部　25. 腕部　26. 掌部　27. 指部

[马仲华, 2002. 家畜解剖学及组织胚胎学（第三版）.]

（二）家禽各部名称

禽体也可分为头、躯干和四肢三部分（图1-24）。

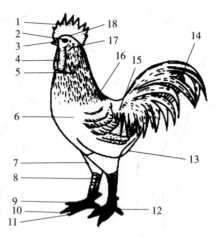

图1-24 鸡各部位名称

1. 冠　2. 眼及面部　3. 喙　4. 肉垂　5. 颈部　6. 胸部　7. 胫　8. 跖　9. 外趾　10. 中趾
11. 内趾　12. 后趾　13. 尾骶骨及腹　14. 尾羽　15. 腰　16. 背　17. 耳及耳叶　18. 头顶

（徐建义，2002. 养禽与禽病防治．）

1. 头　头部有冠、喙、肉垂、耳叶、鼻、眼、耳等。

2. 躯干　包括颈部、胸部、背部、腰部、腹部和尾部。

3. 四肢　前肢为翼，后肢包括股部、小腿部、跖部和趾部。

（三）解剖学常用方位术语

1. 轴　动物站立时，从头端至尾部，与地面平行的轴称为长轴。长轴也可用于四肢和器官，均以纵长的方向为基准，四肢的长轴则是从近端至远端与地面垂直。

2. 面

（1）矢状面。矢状面是与畜体长轴平行且与地面垂直的切面。以动物体长轴的正中线上的切面，把畜体分为左右对称的两部分的切面称为正中矢状面。与正中矢面平行的矢状面称为侧矢状面。

（2）横断面。横断面是与畜体长轴垂直的切面，与器官长轴垂直的切面也称为横断面。

（3）额面（水平面）。与动物体长轴平行，且与矢状面和横断面垂直的切面。

3. 方位术语

（1）前侧和后侧。做一个横断面，靠近头端的为前侧，靠近尾端的为后侧。

（2）背侧和腹侧。靠近脊柱的一侧称为背侧。做一额面（水平面）上面的为背侧，下面的为腹侧。或者说，远离地面的为背侧，靠近地面的为腹侧，站立时，向着地面方向的为腹侧，相反的一侧为背侧。

（3）内侧和外侧。靠近正中矢状面的为内侧，远离正中矢状面的为外侧。

确定四肢的方位术语：靠近躯干的一端为近端，远离躯干的端为远端；前肢和后肢的前面为背侧，前肢的后面为掌侧，后肢的后面为跖侧。

1. 填空题。

家畜躯体可划分为_____、_____和_____三大部分。各部分的划分和命名都主要以骨为基础。

2. 机体是怎样成为一个统一整体并与周围环境的变化相适应的?

3. 在活体上指出牛与马属动物体表各部名称。

4. 绘出牛体表各部位图。

项目二

牛（羊）解剖生理结构识别

任务一 识别牛运动系统的主要特征以及全身主要骨、关节和骨性标志

 学习目标

◆ **知识目标：**

了解牛运动系统的组成和机能。

掌握骨的形态、构造、化学成分和物理特性。

掌握全身主要骨、关节的位置。

骨连接的概念及其类型，关节的一般结构与分类。

◆ **技能要求：**

具有在活体上识别牛全身主要骨、关节和骨性标志的能力。

子任务 牛羊全身主要骨、关节和骨性标志识别

【目的要求】

1. 认识长骨的一般构造。

2. 认识关节的基本结构。

3. 在活体、标本上识别牛主要骨、关节和骨性标志。

【材料及设备】 新鲜长骨纵剖面标本、小牛的髋关节或膝关节标本、牛整体骨骼标本、活牛。

【方法步骤】

1. 观察长骨的构造 取家畜新鲜长骨纵剖面标本，对照教材上的插图，分别观察骨膜、骨质和骨髓的构造。

2. 观察关节的构造 取小牛（或羊或猪）的髋关节或膝关节，纵行切除半个关节囊，露出关节腔。再对照教材上的插图，观察关节的基本构造（关节面、关节囊、关节腔）。

3. 牛、马整体骨骼观察 用牛、马整体骨骼标本，对照教材上的插图或挂图，按头部骨骼、躯干骨骼、前肢骨骼和后肢骨骼的顺序进行观察。观察时，注意以下内容：

（1）全身各骨的名称、形态特点及位置关系。

（2）前、后肢各关节及脊柱、胸廓和骨盆的组成。

（3）对牛和马的骨骼形态、数目进行比较。

4. 在牛活体上识别前、后肢的主要骨、关节和骨性标志。

【技能考核】绘牛的四肢骨骼图，并标出各骨及关节的名称。

知识准备

家畜的运动系统由骨、关节和肌肉三部分组成。它们在神经系统的支配下，与其他系统密切配合，对畜体起着运动、支持和保护作用。

骨对畜体除支持、保护和作为运动杠杆外，还具有造血和贮藏 Ca、P 的作用。关节是运动的枢纽，全身的骨通过关节互相连接成骨骼，构成畜体坚固支架。肌肉牢固地附着在骨上，肌肉收缩时，以关节为支点，使骨的位置移动而产生各种运动。

运动系统构成畜体的基本体型，其重量占畜体重量相当大的比例。它不仅直接关系到役畜的使役能力，而且也影响到肉用家畜的屠宰率和品质，在畜体的鉴定上有重大意义。皮下的一些骨突和肌肉在体表可以被看到和被摸到，它们在畜牧兽医实践中常作为定位和针灸取穴的标志。

认识牛全身主要的骨及关节

（一）骨

每一块骨都是一个器官，有一定的形态和功能，具备新陈代谢和生长发育的特点，并且还有改建和再生的能力。骨骼除起到杠杆和保护的作用外，还能调节有机体钙、磷代谢，维持血钙平衡。骨髓还有造血的功能。

1. 骨的形态　骨可分为长骨、扁骨、短骨和不规则骨等四种类型。

（1）长骨。呈长管状，分为骨体（骨干）和两骨端（骺），骨体内部的空腔称为骨髓腔。长骨分布于四肢，起支持和杠杆作用。

（2）扁骨。呈板状，常围成腔体，对腔内器官有支持和保护作用，如颅骨等。

（3）短骨。短而小，如腕骨、跗骨等，主要起支持和缓冲作用。

（4）不规则骨。形状不规则，如椎骨，起支持、保护和供肌肉附着等作用。

2. 骨的构造　骨由骨膜、骨质、骨髓和血管、神经构成。

（1）骨膜。骨膜是覆盖在骨表面（关节面除外）的一层结缔组织膜。内含有成骨细胞及丰富的血管、神经，故骨膜呈粉红色，且有感觉。对骨有保护、营养、新生等重要作用。因此，在处理骨折等手术时，要很好地保护骨膜。

（2）骨质。骨质是构成骨的主要成分，有骨密质和骨松质两种。骨密质坚硬，耐压性强，分布在骨的外层；骨松质呈海绵状，分布在长骨两端和其他类型骨的内部。骨密质和骨松质在骨内的这种配布，使骨既轻便又坚固，适于运动。

（3）骨髓。位于长骨的骨髓腔和骨松质的间隙内。正常成畜的骨髓有红骨髓和黄骨髓两种（幼畜的全是红骨髓），红骨髓分布在长骨两端、短骨、扁骨以及不规则骨的骨松质内，是重要的造血器官；黄骨髓填充在长骨的骨髓腔内，主要由脂肪组织构成，无造血功能。

3. 骨的化学成分和物理特性 骨是体内最坚硬的组织，它能承受相当大的压力和张力，另外还具有很显著的弹性。骨的这种物理特性不仅取决于骨的形状和内部构造，且与它的化学成分有密切关系。

骨的化学组成包括有机质和无机质。有机质主要是骨胶原（蛋白质），使骨具有弹性和韧性；无机质主要是钙盐（磷酸钙、碳酸钙等），使骨具有坚固性和脆性。成年家畜的骨约含 1/3 的有机质和 2/3 的无机质，这样的比例使骨具有最大的坚固性。幼畜的骨内有机质含量较多，故弹性较大，不易骨折而易变形；老龄家畜的骨则相反，无机质较多，故脆性较大，易发生骨折。妊娠和泌乳母畜骨内的钙质被胎儿吸收或随乳汁排出，或饲料调配失调时，妊娠和泌乳母畜可因无机质减少而发生软骨病。因此，应注意饲料成分的合理调配，以预防软骨病的发生。

（二）关节

骨与骨之间相互连接的部位称为关节，包括纤维连接（如颅骨间的骨缝）、软骨连接（如椎间连接）和滑膜连接（如四肢关节）。其中的滑膜连接即人们通常所说的关节。

1. 关节基本的构造 包括关节面、关节软骨、关节囊、关节腔四部分。

关节面：是骨与骨相接触的光滑面，骨质致密，形状彼此互相吻合，其中一个略凸或呈球形，称为关节头；另一个略凹，称为关节窝。

关节软骨：是附着在关节面上的一层透明软骨，光滑而有弹性和韧性，可减少运动时的冲击和摩擦。

关节囊：是包围在关节周围的结缔组织囊。囊壁分内外两层，外层是纤维层，厚而坚韧，有保护作用；内层是滑膜层，薄而柔润，有丰富的血管网，能分泌滑液。

关节腔：是关节软骨和关节囊之间的腔隙，内有少量淡黄色的滑液，起润滑关节和营养关节软骨的作用。

2. 关节的类型

（1）按构成关节的骨的数目分为单关节、复关节。

（2）根据关节运动轴的数目可分为单轴关节、双轴关节和多轴关节。单轴关节，一般由具有中间嵴的滑车关节面构成。由于嵴的限制，只能沿横轴在矢状面上做伸屈运动。双轴关节能在横轴和纵轴上做屈伸左右摆动，如寰枕关节。多轴关节是由半球形的关节头，和相应的关节窝构成的关节，如肩关节、髋关节，可做屈伸、内收外展和小范围的旋转运动。通常，关节的韧带也限制关节的运动，单轴关节具有发达的侧副韧带，多轴关节则无侧副韧带。

（三）全身骨骼的组成

牛全身骨骼，按其所在部位分为头部骨骼、躯干骨骼、前肢骨骼和后肢骨骼四部分（图 2-1）。

1. 头部骨骼 主要为扁骨和不规则骨，除下颌骨和舌骨外，均以缝或软骨互相紧密结合成为一个整体。一部分头部骨骼围成颅腔，容纳并保护脑，称为颅骨；另一部分头部骨骼构成眼眶、鼻腔和口腔的骨性支架，称为面骨（图 2-2、图 2-3）。

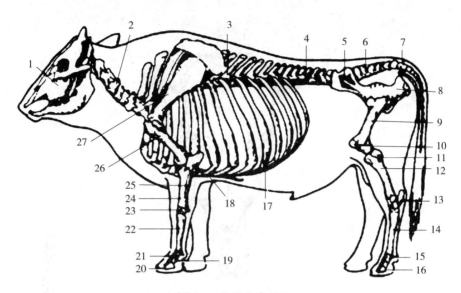

图 2-1　牛的全身骨骼

1. 头骨　2. 颈椎　3. 胸椎　4. 腰椎　5. 髋骨　6. 荐骨　7. 尾椎　8. 坐骨　9. 股骨　10. 髌骨
11. 腓骨　12. 胫骨　13. 跗骨　14. 跖骨　15. 近籽骨　16. 远籽骨　17. 肋
18. 胸骨　19. 中指节骨　20. 远指节骨　21. 近指节骨　22. 掌骨
23. 腕骨　24. 桡骨　25. 尺骨　26. 肱骨　27. 肩胛骨
［马仲华，2002. 家畜解剖学与组织胚胎（第三版）.］

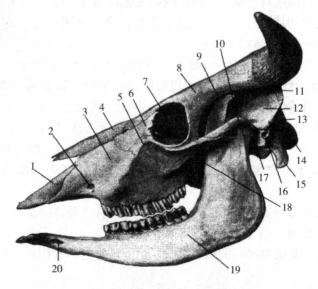

图 2-2　牛的头骨（侧面观）

1. 切齿骨　2. 眶下孔　3. 上颌骨　4. 鼻骨　5. 颧骨　6. 泪骨　7. 眶窝　8. 额骨
9. 下颌骨冠状突　10. 髁突　11. 顶骨　12. 颞骨　13. 枕骨　14. 枕髁　15. 颈静脉突
16. 外耳道　17. 颞骨岩部　18. 腭骨　19. 下颌骨　20. 颏孔
［马仲华，2002. 家畜解剖学与组织胚胎（第三版）.］

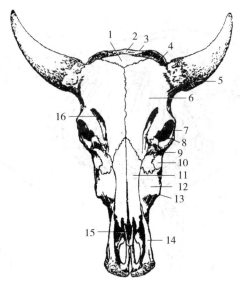

图 2-3　水牛头骨的正面
1. 顶骨　2. 顶间骨及枕骨　3. 枕嵴　4. 颞骨
5. 角突　6. 额骨　7. 眶窝　8. 泪泡　9. 泪骨
10. 颧骨　11. 鼻骨　12. 上颌骨　13. 面结节
14. 切齿骨　15. 犁骨　16. 眶上孔
（周其虎，2008. 动物解剖生理.）

（1）颅骨。颅骨包括成对的额骨（位于颅腔顶壁）、颞骨（位于颅腔两侧壁）、顶骨（位于颅腔后壁）和不成对的顶间骨、枕骨（位于颅腔后壁）、蝶骨（位于颅腔底壁）以及筛骨（位于颅腔前壁，介于颅腔与鼻腔之间）。

（2）面骨。面骨包括成对的泪骨、颧骨、鼻骨、上颌骨、颌前骨、腭骨、翼骨、鼻甲骨和不成对的下颌骨、犁骨以及舌骨。围成眼眶的有泪骨、颧骨和额骨（属颅骨）；构成鼻腔支架的有鼻骨、上颌骨、筛骨（属颅骨）、泪骨、翼骨、犁骨、颌前骨和上、下鼻甲骨；构成口腔支架的有上颌骨、颌前骨、下颌骨、颧骨、腭骨和舌骨。上颌骨的齿槽缘上有臼齿槽，容纳臼齿。颌前骨上没有齿槽（马有切齿槽）。下颌骨体的前部有切齿槽，后部有臼齿槽。切齿槽与臼齿槽之间的间隙，称为齿槽间隙，下颌骨两半之间的间隙，称为下颌间隙。

（3）副鼻窦。又称鼻旁窦，是鼻腔附近一些头骨内含气腔体的总称。它们直接或间接与鼻腔相通，主要有额窦和上颌窦。

（4）颞下颌关节。是头部唯一的活动关节，由下颌骨与颞骨构成。能做开口、闭口和左右活动等动作。

（5）头部的骨性标志。颞窝、颧弓、眶下孔、齿槽间隙、血管切迹、下颌间隙。

2. 躯干骨骼　躯干骨包括椎骨、肋和胸骨。它们连接起来构成脊柱和胸廓。

（1）椎骨。可分为颈椎、胸椎、腰椎、荐椎和尾椎，各椎骨相互连接起来，形成脊柱。脊柱中央有纵行的椎管，是由各椎骨的椎孔相连而成，内藏脊髓。椎管两侧各有一排椎间孔，有脊神经通过。脊柱的背侧正中有一排棘突，第2～6（马为第3～10）胸椎棘突最高，构成鬐甲的骨质基础。脊柱的两侧各有一排横突，腰椎的横突最长，可以在体表触摸到。脊柱的作用是支持体重，保护脊髓，传递推动力，参与胸腔、腹腔及骨盆腔的构成。

（2）肋。为左右成对的弓形长骨，连于胸椎与胸骨之间，构成胸廓的侧壁。两相邻肋之间的间隙，称为肋间隙，肋的对数与胸椎枚数一致。每根肋包括肋骨和肋软骨。肋骨的上端与相邻胸椎成关节，肋骨的下端接肋软骨。第 1～8 对肋以肋软骨直接与胸骨相连，称为真肋，其余的肋，以肋软骨依次连于前位肋软骨上，称为假肋。最后肋骨和假肋肋软骨依次连接所形成的弓形结构，称为肋弓。

（3）胸骨。位于胸廓底壁的正中，由 6～8 块胸骨片借软骨连接而成。胸骨由前向后分为胸骨柄、胸骨体和剑状软骨（剑突）三部分。

（4）胸廓。由胸椎、肋和胸骨共同构成。呈前小后大的圆锥形，胸廓前口由第 1 胸椎、第 1 对肋和胸骨柄围成；胸廓后口由最后一个胸椎、左右肋弓和剑状软骨围成。胸廓前部的肋短而粗，具有较大的坚固性，以保护心、肺，并便于连接前肢；胸廓后部的肋细而长，具有较大的活动性，以适应呼吸运动（表 2-1）。

表 2-1 各种家畜躯干骨的数目比较

	颈椎	胸椎	腰椎	荐椎	尾椎	肋	胸骨片
牛	7	13	6	5	18～20	13 对	7
羊	7	13	6～7	4	3～24	13 对	6
马	7	18	6	5	15～21	18 对	6～8
猪	7	14～15	6～7	4	20～23	14～15 对	6

（5）躯干部的骨性标志。腰椎横突、肋、肋弓、肋间隙及剑状软骨。

3. 前肢骨骼

（1）前肢骨。包括肩胛骨、臂骨、前臂骨、腕骨、掌骨、指骨和籽骨。

肩胛骨：为三角形扁骨，斜位于胸廓两侧的前上部。外侧面由一条纵嵴即肩胛冈分为冈上窝和冈下窝，上缘有肩胛软骨附着。

臂骨：又称肱骨，为管状长骨。

前臂骨：包括桡骨（前内侧）和尺骨（后外侧）。牛、马这两块骨彼此愈合。尺骨近端粗大，突向后上方，称为肘突。

腕骨：为短骨，排成 2 列，牛有 6 块，马有 7 块，其中副腕骨在活体上可以摸到。

掌骨：牛、马均有 3 块，牛的第 3（内）、4（外）掌骨愈合为大掌骨，只有远端分开，小掌骨即第 5 掌骨，仅留有一个遗迹；马的第 3 掌骨发达，第 2 和 4 掌骨退化并附着于第 3 掌骨的两侧。

指骨：为短骨，牛有 4 个指，其中第 3、4 指发育完整，第 2、5 指只有遗迹；马仅有第 3 指。每一指都具有 3 个指节骨，依次为系骨（第 1 指节骨）、冠骨（第 2 指节骨）和蹄骨（第 3 指节骨）。

籽骨：分近籽骨和远籽骨。每一掌骨远端与系骨之间的掌侧有 2 枚近籽骨；每一冠骨与蹄骨之间的掌侧有 1 枚远籽骨。

（2）前肢关节。除肩胛骨借肌肉与躯干连接外，前肢各骨之间均形成关节，自上而下形成肩关节、肘关节、腕关节、系关节、冠关节和蹄关节。这些关节主要进行屈伸运动。

腕关节：由前臂骨远端、腕骨和掌骨近端构成。关节角顶向前。

4. 后肢骨骼

（1）后肢骨。包括髋骨、股骨、膝盖骨、小腿骨、跗骨、跖骨、趾骨和籽骨。

髋骨：由髂骨、耻骨和坐骨结合而成。三骨结合处形成一个深的关节窝，称为髋臼。髂骨位于背外侧，前部宽而扁，呈三角形，称为髂骨翼；后部呈三棱形，称为髂骨体。髂骨翼的外侧面称为臀肌面，内侧面（骨盆面）有一粗糙部分称为耳状面。髂骨翼的外角粗大，称为髋结节，内角称为荐结节。髂骨的内侧缘特别凹，称为坐骨大切迹。耻骨位于腹侧前部，坐骨在腹侧后部，两骨之间围成闭孔。两侧耻骨和坐骨之间的结合处，分别称为耻骨联合和坐骨联合，合并称为骨盆联合。两侧坐骨后缘形成坐骨弓，弓的两端突出且粗糙，称为坐骨结节。

股骨：为畜体最大的管状长骨。

膝盖骨：又称为髌骨。位于股骨远端前方的滑车关节面上。

小腿骨：包括胫骨（内侧）和腓骨（外侧）。牛的腓骨体已退化，仅两端留有残余部分。

跗骨：为短骨，排成 3 列，牛有 5 块，马有 6 块。近侧列的两块比较发达，前内侧的一块为距骨，后外方的一块为跟骨。跟骨后上方的突起，称为跟结节。

跖骨、趾骨和籽骨：分别与前肢相应的掌骨、指骨和籽骨相似。

（2）后肢关节及骨盆。后肢关节包括荐髂关节、髋关节、膝关节、跗关节、系关节、冠关节和蹄关节。后肢关节主要做屈伸运动。

骨盆腔：顶壁由荐骨和前三个尾椎构成；两侧壁为髂骨和荐坐韧带；底壁为耻骨和坐骨；前口以荐骨岬、髂骨和耻骨前缘为界；后口由第 3 尾椎、坐骨弓和两侧荐坐韧带的后缘所形成。

骨盆腔具有保护盆腔内脏和传递推力的作用，在母畜又是娩出胎儿的骨性产道，所以，母畜的骨盆腔较公畜的容积大而宽敞。

思考题

1. 简述骨和关节的基本构造。

2. 列表说明动物体全身骨骼的划分。

3. 简述椎骨的一般形态构造。

4. 简述牛颈椎、胸椎、腰椎、荐椎和尾椎的数目和结构特征。

5. 牛的四肢关节由上而下主要有哪些？其关节是如何与运动相适应的？

6. 填图。

（1）

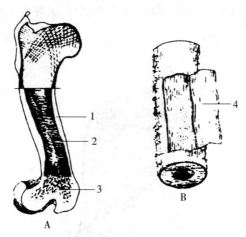

骨的构造

A. 臂骨的纵切面，上端表示骨松质的结构　B. 长骨骨干示骨膜

1.　　　　　2.　　　　　3.　　　　　4.

（2）

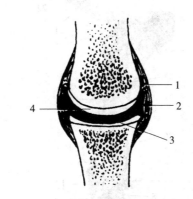

关节的基本构造

1.　　　　　2.　　　　　3.　　　　　4.

（3）

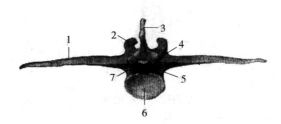

典型椎骨的构造

1.　　　　　2.　　　　　3.　　　　　4.

5.　　　　　6.　　　　　7.

（4）

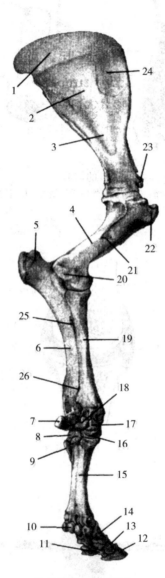

牛前肢骨（内侧面）

1.	2.	3.	4.	5.	6.	7.	8.	9.
10.	11.	12.	13.	14.	15.	16.	17.	18.
19.	20.	21.	22.	23.	24.	25.	26.	

（5）

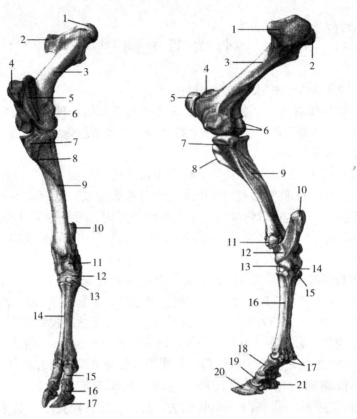

牛后肢骨（前内侧）　　　　　　　　　　　　　　　　牛后肢骨（外侧）

1.	2.	3.	4.	5.	1.	2.	3.	4.	5.
6.	7.	8.	9.	10.	6.	7.	8.	9.	10.
11.	12.	13.	14.	15.	11.	12.	13.	14.	15.
16.	17.				16.	17.	18.	19.	20.
					21.				

（6）

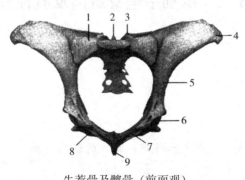

牛荐骨及髋骨（前面观）

1.	2.	3.	4.	5.
6.	7.	8.	9.	

知识链接

骨 关 节 炎 病 因

骨关节炎的发病机理不明。有几种说法：

1. 软骨的变性和崩溃 大多数人认为骨关节炎最初的病理变化为软骨的基质内缺乏蛋白糖原和胶原，接着浅层的软骨细胞数量减少，使关节软骨松松地挂在关节腔内，受不起应力容易发生折断。

2. 骨内高压所致 Harrison首先研究骨内血液动力学变化，发现髋关节骨关节炎者股骨头内动脉与静脉的通路阻断。Phillips经静脉造影发现静脉回流不足，骨内窦状隙扩张，并有动脉性充血，这种骨内高压是引起疼痛的原因；另一方面 Trueta认为由于骨内压力分布的不均匀，使某些区域承受过多的应力，而某一些区域却又应力不足，容易发生软骨变性。

3. 软骨下骨质僵硬 使关节软骨丧失了对应力的应变能力，尤其是不能承受横向的应力，容易产生剪力使软骨产生水平状劈裂。引起软骨下骨质僵硬的原因目前还不明了，可能是肌肉骨骼系统缺乏必需的动力，使骨与软骨丧失了脉冲式刺激力量。

4. 力学上变化 为了维持力学上平衡，髋关节必须承受 $3\sim4$ 倍体重的力，这个力是体重与髋部外展肌群的垂直合力。任何因素使关节表面面积减少的结果都可以使单位面积负重量增加。以髋部为例，头的直径不变，其断面表面积可以大至 $11.5cm^2$，小至 $4.71cm^2$，相差竟达 250%。据 Pauwels认为，髋臼软骨下骨质的 X 线表现是髋部的应力分布图。在正常情况下，压力均匀分布，软骨下骨质应该表现为相同的厚度。如果髋关节有髋臼发育不良，负荷的应力线将出现离心性偏斜，这时在髋臼的外侧部分将因骨质增生而显得骨密度增高。Pauwels认为髋部的合力方向为股骨头的中心至髋臼的中心。但Bombelli却认为合力不通过髋臼的中心而在其内侧 1/3 处通过。

任务二　识别牛全身肌肉及肌性标志

学习目标

◆ **知识目标：**

掌握肌肉的形态、构造、起止点和作用；肌肉的辅助结构。

掌握全身主要肌肉的分布。

掌握肌组织学构造、分类及其特征。

了解胸、腹壁肌肉的名称、结构与分布。

◆ **技能要求：**

具有在活体上识别牛全身主要肌肉和肌性标志的能力。

子任务一　牛全身主要肌肉和肌性标志识别

【目的要求】认识全身主要肌肉的名称、位置及重要的肌性标志。

【材料及设备】显示全身主要肌肉的标本、解剖器械。

【方法步骤】在全身肌肉标本上，按顺序观察下列各肌肉。

1. 头部肌肉

（1）颜面肌。分布在口、鼻、眼、耳的周围。

（2）咀嚼肌。

咬肌：位于下颌骨支的外侧面

翼肌：位于下颌骨支的内侧面。

颞肌：位于颞窝内。

2. 躯干肌肉

（1）脊柱肌。主要有背腰最长肌和髂肋肌。此二肌之间的沟，为髂肋肌沟。

（2）颈腹侧肌。有胸头肌、肩胛舌骨肌和胸骨甲状舌骨肌。并观察颈静脉沟。

（3）胸壁肌。主要有肋间肌（肋间外肌、肋间内肌）和膈。

（4）腹壁肌。

腹侧壁肌有 3 层，由外向内，为腹外斜肌、腹内斜肌和腹横肌。

腹底壁肌有 4 层，由外向内，为腹外斜肌、腹内斜肌、腹直肌和腹横肌。并观察腹白线和腹股沟管。

3. 前肢肌肉

（1）肩带肌。主要有斜方肌、菱形肌、臂头肌、背阔肌、腹侧锯和胸肌。

（2）作用于肩关节的主要肌肉。有冈上肌、三角肌、肩胛下肌和冈下肌。

（3）作用于肘关节的主要肌肉。

臂三头肌：位于肩胛骨后缘、臂骨和尺骨肘突之间。

臂二头肌：位于臂骨背侧。

4. 后肢肌肉

（1）作用于髋关节的主要肌肉。有臀肌、臀股二头肌、半腱肌、半膜肌、股阔筋膜张肌等，并观察股二头肌沟。

（2）作用于膝关节的主要肌肉。有股四头肌和腘肌。

（3）作用于跗关节的肌肉。主要观察腓肠肌和跟腱。

【作业】绘图，示牛全身浅层肌肉，并标出各肌肉名称。

子任务二　牛、羊活体触摸

【目的要求】

1. 熟悉接近牛羊的方法。

2. 掌握牛、羊的常用骨性标志、肌沟、全身骨骼及四肢关节在体表的投影位置。

【材料及设备】健康牛和羊、保定绳。

【方法步骤】

1. 家畜的接近　应先以温和的呼声，向家畜发出欲要接近的信号，然后再从其前侧方慢慢接近，接近家畜后可用手轻轻抚摸家畜的颈侧，待其安静后，再进行体表触摸。为了确保安全，可对实习家畜做恰当保定后，再触摸畜体。

2. 活体触摸　主要触摸以下内容。

（1）体表可以摸到的骨性标志。

（2）颈静脉沟、髂肋肌沟、股二头肌沟等。

（3）全身骨骼及四肢各关节。

【作业】绘图，在羊体上标出能摸到的骨性标志、肌沟及关节。

知识准备

牛全身肌肉及肌性标志识别

（一）肌肉的概述

运动系统的肌肉属于横纹肌，因其附着在骨上，故称为骨骼肌。每块肌肉都是一个器官，都具有一定的形态、构造、位置，执行一定的机能。

1. 肌肉的形态和构造　肌肉的形态基本上可分为长肌、短肌、阔肌和环形肌四种。长肌收缩时运动幅度较大，多分布于四肢；短肌，如脊柱周围的肌肉，收缩时运动幅度小，有利于稳定关节；胸腹壁的肌肉多为阔肌，除收缩时使躯干运动外，还起支持和保护内脏的作用；环形肌，如自然孔周围的肌肉，收缩时可缩小或关闭自然孔。

任何一块肌肉都是由肌纤维和结缔组织构成的。肌纤维是肌肉的实质部分，结缔组织则为间质部分，是肌肉的支持组织，可使肌肉具有一定的形状。结缔组织把肌纤维先集合成小肌束，再集合成大肌束，然后集合成肌肉块。包在肌肉外面的结缔组织称为肌外膜，包在肌束外的称为肌束膜，包在肌纤维外的称为肌内膜。间质内有血管、神经和脂肪，对肌肉起连接、支持和营养作用。

每一块肌肉都分肌腹和肌腱两部分。

肌腹：由许多骨骼肌纤维借结缔组织结合而成，肌腹收缩，产生运动。

肌腱：在肌肉的两端，致密结缔组织取代肌纤维而形成肌腱。肌腱在四肢多呈索状，在躯干多呈薄板状，又称腱膜。肌腱不能收缩，但具有很强的韧性和抗张力，其纤维伸入骨膜和骨质中，而使肌肉牢固地附于骨上。

2. 肌肉的起止点　肌肉一般都以两端附着于骨或软骨，中间越过一个或多个关节。当肌肉收缩时，肌腹变短，以关节为运动轴，牵引骨发生位移而产生运动。肌肉收缩时，固定不动的一端为起点，活动的一端为止点。但随着运动状况发生变化，起止点也可发生改变。

3. 肌肉的种类及命名　肌肉一般根据作用、形态、位置、结构、起止点及肌纤维方向等特征命名。如伸肌、屈肌、内收肌等是根据其作用命名；二头肌、三角肌等是根据其形态命名；直肌、横肌、斜肌等是根据其纤维方向命名；臂头肌、胸头肌等是根据起止点命名。大多数肌肉是综合了数个特征而命名。

4. 肌肉的分布和作用　肌肉大多成群分布在关节周围。根据肌肉收缩时对关节的作用，可分为伸肌、屈肌、内收肌和外展肌等。能做屈、伸运动的关节，它的周围就配布有一组屈

肌和一组伸肌，如肘关节前面有屈肌，后面有伸肌，从而使肘关节得以完成屈和伸的运动。有的关节具有屈、伸、内收、外展 4 类运动，如肩关节，除屈肌和伸肌以外，还相应地配布有内收肌和外展肌。运动时，一组肌肉收缩，作用相反的另一组肌肉就适当放松，并保持一定的紧张度，使运动平稳进行。肌肉间这种对立统一的协作关系，是通过神经系统的调节来实现的。如果支配肌肉的神经受到损害，肌肉便丧失运动机能。

（二）全身主要肌肉分布

畜体全身的肌肉，按部位可分为头部肌肉、躯干肌肉、前肢肌肉和后肢肌肉（图 2-4）。

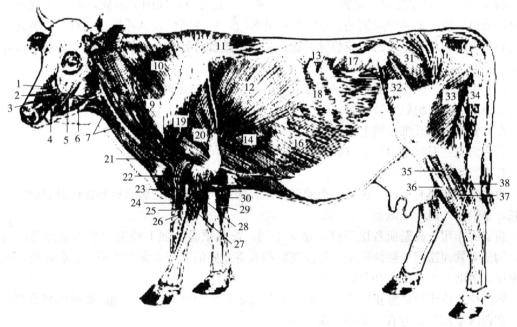

图 2-4　牛的全身浅层肌

1. 鼻唇提肌　2. 上唇固有提肌　3. 鼻外侧开肌　4. 上唇降肌　5. 颧肌　6. 下唇降肌　7. 胸头肌
8. 臂肌　9. 肩胛横突肌　10. 颈斜方肌　11. 胸斜方肌　12. 背阔肌　13. 后上锯肌　14. 胸下锯肌
15. 胸深后肌　16. 腹外斜肌　17. 腹内斜肌　18. 肋间外肌　19. 肋间内肌　20. 臂三头肌　21. 臂肌
22. 腕桡侧伸肌　23. 胸浅肌　24. 指总伸肌　25. 指内侧伸肌　26. 腕斜伸肌　27. 指外侧伸肌
28. 腕外侧屈肌　29. 腕桡侧屈肌　30. 腕尺侧屈肌　31. 臂中肌　32. 阔筋膜张肌　33. 臂股二头肌
34. 半腱肌　35. 腓肠肌　36. 第三腓骨肌　37. 趾外侧伸肌　38. 趾深屈肌

［马仲华，2002. 家畜解剖学与组织胚胎学（第三版）.］

1. 头部的主要肌肉　头部肌肉包括位于口、鼻周围的颜面肌和位于颞下颌关节周围的咀嚼肌。咀嚼肌收缩使下颌发生运动，实现咀嚼。此类肌中最重要的有咬肌、翼肌和颞肌。

2. 躯干的主要肌肉

（1）脊柱肌。主要有位于胸腰椎棘突两侧的背腰最长肌及其外侧的髂肋肌。二者之间的沟，称为髂肋肌沟。

（2）颈腹侧肌。位于颈部气管、食管及大血管的腹侧和两侧，为长带状肌。有胸头肌、肩胛舌骨肌和胸骨甲状舌骨肌。

胸头肌：位于颈部腹外侧皮下，臂头肌的下缘。胸头肌和臂头肌之间的沟为颈静脉沟，内有颈静脉，为牛、马、羊采血、输液的常用部位。

肩胛舌骨肌：位于颈侧部，臂头肌的深面，在颈前部形成颈静脉沟的底。

胸骨甲状舌骨肌：位于气管腹侧。

（3）胸壁肌。主要有肋间肌和膈。

肋间肌：位于肋间隙。有肋间外肌和肋间内肌两层。肋间外肌，肌纤维从前上方斜向后下方。收缩时，牵引肋骨向前外方，使胸腔横径扩大，助吸气。肋间内肌，肌纤维从后上方斜向前下方。收缩时，牵引肋骨向后内方，使胸腔缩小，助呼气。

膈：位于胸腹腔之间。为圆顶状的板状肌，凸面向前，周围为肌质，中央为腱膜。收缩时，膈顶后移，扩大胸腔纵径，助呼气；舒张时，膈顶回位，助呼气。膈有3个裂孔：上方的是主动脉裂孔；下方的是腔静脉裂孔；中间的是食管裂孔。它们分别有主动脉、后腔静脉及食管通过。

（4）腹壁肌。是构成腹腔侧壁和底壁的板状肌。腹腔侧壁的肌肉有3层，由外向内依次为腹外斜肌、腹内斜肌和腹横肌。

腹外斜肌：肌纤维由前上方斜向后下方。

腹内斜肌：肌纤维由后上方斜向前下方。

腹横肌：肌纤维横行。

腹底壁的肌肉有4层：腹外斜肌的腱膜、腹内斜肌的腱膜、腹直肌和腹横肌的腱膜。腹直肌，呈带状，肌纤维纵走。

腹肌的作用：腹壁肌各层肌纤维走向不同，彼此重叠，加上被覆在腹肌表面的腹黄筋膜，构成柔软而富有弹性的腹壁，对腹腔脏器起着重要的支持和保护作用，腹肌收缩，能增大腹压，协助呼气、排便和分娩等活动。

腹白线：位于腹底壁正中线上，剑状软骨与耻骨联合之间。由两侧腹壁肌的腱膜交织而成。在白线中部稍后方有一瘢痕为脐。

腹股沟管：位于股内侧，为腹外斜肌和腹内斜肌的一个斜行裂隙。管的内口通腹腔，称为腹环；外口通皮下，称为皮下环。腹股沟管是胎儿时期睾丸从腹腔下降到阴囊的通道，管内有精索。动物出生后如果腹环过大，小肠可进入管内，形成疝。

3. 前肢的主要肌肉 前肢肌肉可分为肩带肌和作用于前肢各关节的肌肉。

（1）肩带肌。肩带肌是连接前肢与躯干的肌肉，大多数为板状肌。背侧肌群有斜方肌、菱形肌、臂头肌和背阔肌；腹侧肌群有腹侧锯肌和胸肌。由于家畜的前肢与躯干间没有关节，完全靠肩带肌连接，因此，这些肌肉的负重量很大，常在跌挫或猛进时，发生损伤而造成脱膊。

（2）作用于肩关节的肌肉。作用于本关节的肌肉有伸肌、屈肌、内收肌和外展肌。

伸肌：为冈上肌，位于冈上窝内。

屈肌：主要有三角肌，位于冈下肌的浅层。

内收肌：为肩胛下肌，位于肩胛骨内侧面。

外展肌：为冈下肌，位于冈下窝内。

由于家畜的肩关节主要为屈伸运动，所以，内收肌和外展肌的作用不显著，主要起固定和屈肩关节的作用。

除肩关节外，前肢的各关节都只有伸肌和屈肌。肘关节的伸肌位于肘关节后方，主要有臂三头肌，这是前肢最强大的肌肉；屈肌位于肘关节前方，主要有臂二头肌。腕关节和指关节的关节角顶均向前，故伸肌位于前臂骨的背侧面和外侧面；屈肌位于前臂骨的掌侧面和内侧面。

4. 后肢的主要肌肉　后肢肌肉是推动躯体前进的主要动力，以伸肌最强大（图 2-5）。

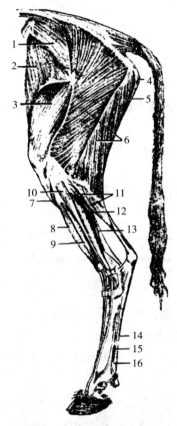

图 2-5　牛左后肢外侧浅层肌肉

1. 臀中肌　2. 股阔筋膜张肌　3. 股四头肌　4. 半膜肌　5. 半腱肌　6. 股二头肌　7. 胫前肌
8. 第三腓肌　9. 趾长伸肌及第三趾伸肌　10. 腓骨长肌　11. 腓肠肌和比目鱼肌　12. 第四趾伸肌
13. 趾深屈肌　14. 趾浅屈肌腱　15. 趾深屈肌腱　16. 悬韧带（骨间中肌）

［马仲华，2002. 家畜解剖和组织胚胎学（第三版）.］

（1）作用于髋关节的肌肉。伸肌有臀肌、臀股二头肌、半腱肌和半膜肌。

臀肌：位于臀部的皮下。

臀股二头肌：位于臀肌后方，股后外侧皮下。

半腱肌：位于臀股二头肌后方，与臀股二头肌构成股二头肌沟。

半膜肌：位于半腱肌内侧。

作用于髋关节的屈肌是位于其前方的股阔筋膜张肌。

另外髋关节还有起内收作用的股薄肌和内收肌。

（2）作用于膝关节的肌肉。伸肌是位于股骨前方和两侧的股四头肌；屈肌是位于胫骨近端后面的腘肌。

（3）作用于跗关节的肌肉。跗关节的伸肌，为腓肠肌，位于小腿后方，有两个肌腹，它的肌腱与趾浅屈肌腱、臀股二头肌腱、二半腱肌腱合成一强韧的跟腱，以跟结节为着力点，伸跗关节；屈肌是位于胫骨背侧的胫前肌和第三腓骨肌（马的不发达，为一强腱）。

（4）作用于趾关节的肌肉。有伸肌和屈肌，伸肌位于小腿背外侧；屈肌位于小腿跖侧。

 **思考题**

1. 选择题。

（1）三角肌的作用是（　　）。

　　A. 伸肩关节　　B. 屈肩关节　　C. 内收臂骨　　D. 外展臂骨

（2）髋关节的伸肌是（　　）。

　　A. 臀肌　　B. 臀股二头肌　　C. 半腱肌　　D. 半膜肌

（3）下列参与吸气的肌肉是（　　）。

　　A. 肋间外肌　　B. 肋间内肌　　C. 膈　　D. 腹肌

2. 填空题。

（1）颈静脉沟由_____和_____两块肌肉构成。

（2）颈腹侧肌有_____、_____和_____三块。

（3）膈有三个裂孔：上方的为_____裂孔，中间的为_____裂孔，下方的为_____裂孔。

（4）跟腱以_____为着力点，伸_____关节。

3. 腹侧壁由外向内由哪些肌肉组成？其肌纤维走向如何？

4. 在大家畜活体上指出四肢骨与关节及浅层肌肉的位置。

 **知识链接**

关 于 里 脊

　　猪、牛和羊脊椎骨内侧的条状嫩肉，称为里脊肉。里脊肉有大里脊和小里脊之分，大里脊就是大排骨相连的瘦肉，外侧有筋覆盖，即腰大肌，通常吃的大排去骨后就是里脊肉。小里脊是脊椎骨内侧的一条肌肉，即腰小肌，比较少，很嫩。

关 于 牛 蹄 筋

　　牛蹄筋是牛的脚掌部位的块状的筋腱，就像拳头一样，而不是长条的筋腱，长条的筋腱是牛腿上的牛大筋。一个牛蹄只有 500g 左右的块状的筋腱。但是必须把牛皮去掉。牛蹄筋分为许多种，牦牛最好，黄牛次之，再次是水牛；壮年牛最好，小牛和老牛次之；好斗者最好，体重者最好，无病者最好。有些动物也含有蹄筋，其中，熊掌和骆驼掌最上等，而马蹄、驴蹄、猪蹄则劣等。

任务三　识别皮肤、蹄的构造

学习目标

◆ 知识目标：

掌握皮肤和蹄的构造；了解皮肤和蹄的机能。

◆ 技能要求：

能够在皮肤和蹄的标本上识别其结构。

子任务　皮肤及其衍生物的观察

【目的要求】

1. 认识皮肤的组织构造及毛、汗腺、皮脂腺的位置与形态。

2. 认识蹄的形态和构造。

【材料及设备】皮肤切片、显微镜、马、牛蹄标本。

【方法步骤】

1. 皮肤切片的显微镜观察　先用低倍镜观察，分辨出表皮、真皮（毛囊、汗腺、皮脂腺）和皮下组织的一般构造。然后换成高倍镜进行观察：

（1）表皮。观察角化层、颗粒层和生发层。

角化层细胞：呈扁平状，细胞内充满角蛋白，没有细胞核和细胞器。

颗粒层细胞：呈梭形，胞质内见透明角质蛋白颗粒。

生发层最底层细胞：呈矮柱状或立方形，排列整齐。色素细胞呈星状，胞质内有色素颗粒。

（2）真皮。观察乳头层（与表皮相嵌合的乳头状突起）和网状层（交织在一起的胶原纤维和弹性纤维），同时观察真皮内的毛囊、毛球、竖毛肌、汗腺、皮脂腺、血管、神经等。

（3）皮下组织。观察同疏松结缔组织。

2. 蹄构造的观察　用马、牛蹄（蹄匣、肉蹄）标本进行观察。

（1）马蹄。观察下列结构。

蹄角质壁：蹄缘、蹄冠、蹄壁底缘、角质小叶等。

蹄角质底：蹄白线。

蹄角质叉：蹄叉尖、蹄球、蹄叉中沟、蹄叉侧沟、蹄支。

肉蹄：肉缘、肉冠、肉小叶、肉底、肉叉。

（2）牛蹄。观察主蹄和悬蹄。

主蹄：蹄匣（蹄壁、蹄底、蹄球）、肉蹄（肉壁、肉底、肉球）。

悬蹄：观察方法同主蹄。

【作业】在低倍镜下，绘皮肤的构造图，并注明各部结构名称。

认 识 被 皮 系 统

被皮系统包括皮肤和皮肤衍生物。家畜的毛、蹄、角、枕和皮肤腺等，是由皮肤演化而来的特殊器官，将这些器官统称为皮肤衍生物。

（一）皮肤

1. 皮肤的构造　皮肤由表皮、真皮和皮下组织构成（图 2-6）。

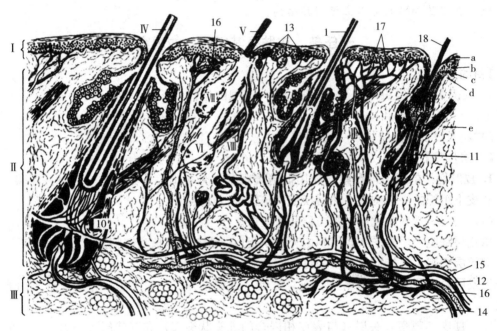

图 2-6　皮肤构造

Ⅰ. 表皮　Ⅱ. 真皮　Ⅲ. 皮下组织　Ⅳ. 触毛　Ⅴ. 背毛　Ⅵ. 毛囊　Ⅶ. 皮脂腺　Ⅷ. 汗腺
1. 毛干　2. 毛眼　3. 毛球　4. 毛乳头　5. 毛囊　6. 梗梢　7. 皮脂腺断面　8. 汗腺断面
9. 竖毛肌　10. 毛囊的血窦　11. 新毛　12. 神经　13. 皮肤的各种感受器　14. 动脉
15. 静脉　16. 淋巴管　17. 血管丛　18. 脱落的毛
a. 表皮角质层　b. 颗粒层　c. 生发层　d. 真皮乳头层　e. 网状层　f. 皮下组织层内的脂肪组织
［马仲华，2002. 家畜解剖学及组织胚胎学（第三版）.]

（1）表皮。表皮为皮肤的表层，由复层扁平上皮构成。表皮的厚薄因部位而有不同，凡长期受摩擦的部位，表皮较厚，角化也较显著。一般皮肤的表皮由外向内分为角化层、颗粒层和生发层。

①角化层。角化层为表皮的最表层，由几层到几十层已角化的扁平细胞构成，细胞质内充满角蛋白，对酸、碱、摩擦等因素有较强的抵抗力。浅层的细胞死亡后，脱落形成皮屑。

②颗粒层。位于角化层的深层，由 1~4 层梭形细胞组成。此层细胞的特点是胞核渐趋退化消失，胞质内出现透明角质蛋白颗粒。老化的细胞继续被推送到颗粒层里。表皮薄的地方，此层亦薄。

③生发层。生发层为表皮的最深层，借基膜与真皮相接，基底层细胞皆附在基底膜上，它是表皮中唯一可以分裂复制的细胞，并可以直接摄取微血管内的养分，以补充细胞分裂复制之所需。基底层是一层矮柱状上皮细胞。细胞较小、排列整齐，核呈卵圆形胞质中常含有黑色素颗粒。矮柱状上皮细胞之间有黑色素细胞。黑色素颗粒的多少与皮肤颜色的深浅有关。黑色素颗粒能够吸收紫外线，使深层组织免受紫外线辐射的损害。

（2）真皮。真皮位于表皮的深面，由致密结缔组织构成，坚韧而富有弹性，是皮肤最主要、最厚的一层，皮革就是由真皮鞣制而成的。真皮可分为乳头层和网状层。

①乳头层。紧靠表皮，形成许多乳头状的突起，以扩大真皮与表皮的接触面，有利于二者的密切结合和表皮的营养及代谢。

②网状层。位于乳头层的深面，较厚，由粗大的胶原纤维和弹性纤维交织而成。

真皮内分布有汗腺、皮脂腺、毛囊及丰富的血管、淋巴管和神经等。临床上做皮内注射，就是把药液注入真皮层内。家畜中以牛的真皮为最厚，绵羊的最薄；老龄的厚，幼畜的薄；公畜的厚，母畜的薄。就同一个体，背部和四肢外侧的厚，腹部和四肢内侧的薄。

（3）皮下组织。皮下组织位于真皮下面，由疏松结缔组织构成。皮肤借皮下组织与深处的筋膜、腱膜或骨膜相连接。皮下组织结构疏松而有弹性，利于皮肤做有限度的往返滑动。在皮下组织发达的部位，如颈部，皮肤易于拉起形成皱褶，临床上常被选为皮下注射的部位。

皮下组织内除含较大的血管、淋巴管和神经外，还有较多的间隙以容纳组织液，或贮存大量的脂肪组织。

2. 皮肤的机能 皮肤包被身体，既能保护深层的软组织，防止体内水分蒸发；又能防止有害因素（病原微生物、有害的物理化学因素）侵入体内，是畜体和周围环境的屏障。此外，皮肤能产生溶菌酶和免疫体，从而提高皮肤对微生物的抵抗力。因此，皮肤是畜体的重要保护器官。

皮肤中存在着各种感受器，能够感受触、压、温、冷、痛等不同刺激，畜体由此做出相应的反应以适应周围环境。

皮肤能吸收一些脂类、挥发性液体（醚、酒精等）和溶解在这些液体中的物质，但不吸收水和水溶性物质，只有在皮肤破损或有病变时，水和水溶性物质才会渗入。因此，应用外用药物治疗皮肤病时，应当注意药物浓度和擦药面积的大小，以防止吸收过多而引起中毒。

皮肤还能通过排汗排出体内的代谢产物，并具有调节体温、分泌皮脂、合成维生素 D 和贮存脂肪的功能。

（二）皮肤衍生物

1. 毛

（1）毛的形态与分布。毛是一种角化的表皮结构，主要起保护作用。畜体的毛可概括地分为被毛和长毛两类，被毛细短，为生长在躯体表面的一般体毛，具有保暖作用；长毛粗而长，生长在畜体一些部位的特殊长毛也有特殊的名称，如猪鬃，公山羊的髯，马的鬃、鬣、尾毛和距毛等。

（2）毛的构造。各种毛都斜插在皮肤里，可分为毛干和毛根两部分，露在皮肤外面的为毛干，埋在真皮和皮下组织内的为毛根。毛根的末端膨大部为毛球，毛球的细胞分裂能力很强，是毛的生长点。毛球的底部凹陷，真皮的结缔组织突入毛球的凹陷内形成毛乳头，内含有丰富的血管、神经，可营养毛球。毛根周围包有由上皮组织和结缔组织形成的管状鞘，称为毛囊。在毛囊的一侧有一束斜行平滑肌，称为竖毛肌。该肌收缩可使毛竖立。

（3）换毛。毛有一定寿命，生长到一定时期就会脱落，为新毛所代替，这个过程称为换毛。换毛的方式有两种，一种为持续性换毛，一种为季节性换毛。第一种换毛不受季节和时间的限制，如马的鬃、尾毛，猪鬃，绵羊的细毛。第二种每年春秋两季各进行一次换毛，如驼毛。大部分家畜既有持续性换毛，又有季节性换毛，是混合性换毛。不论什么类型的换毛，其过程都一样，当毛生长到一定时期，毛乳头的血管萎缩，血流停止，毛球的细胞停止生长，并逐渐退化和萎缩，最后与毛乳头分离，毛根逐渐脱离毛囊，向皮肤表面移动。毛乳头周围的上皮又增殖形成新毛，最后旧毛被新毛推出而脱落。

2. 皮肤腺　皮肤腺包括汗腺、皮脂腺和乳腺。

（1）汗腺。汗腺的主要机能是分泌汗液，以散发热量调节体温。汗液中除水（占98%）外，还含有盐和尿素、尿酸、氨等代谢产物，故汗腺分泌还是畜体排泄代谢产物的一个重要途径。汗液的排出量及成分随体内代谢和环境温度的变化而变化。

（2）皮脂腺。皮脂腺的分泌物为皮脂，是一种不定型的脂肪性物质，有滋润皮肤和被毛的作用。绵羊分泌的皮脂与汗液混合成为脂汗，脂汗对羊毛的质量影响很大，若缺乏，则被毛粗糙、无光泽，而且易折断。

（3）乳腺。乳腺属复管泡状腺，为哺乳动物所特有。雌雄两性动物虽都有乳腺，但只有雌性的能充分发育并具有泌乳能力。雌性动物的乳腺均形成较发达的乳房（此部分详见生殖系统）。

3. 蹄　蹄是指（趾）端着地的部分，由皮肤演变而成。蹄包括蹄匣和肉蹄两部分，蹄匣是蹄的角质层；肉蹄套于蹄匣的内面，为蹄的真皮和皮下层，内含丰富的血管、神经，呈鲜红色，可提供蹄匣营养，并有感觉作用。蹄有单蹄和偶蹄两种类型（图2-7）。

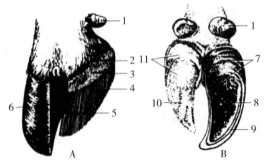

图 2-7　牛　蹄
A. 蹄背面　B. 蹄底面
1. 悬蹄　2. 肉缘　3. 肉冠　4. 肉壁　5. 蹄壁角质的轴面
6. 蹄壁角质的远轴面　7. 蹄球　8. 蹄底　9. 白线　10. 肉底　11. 肉球
（陈功义，2010. 动物解剖.）

马属动物为单蹄，每肢只有一个蹄。蹄匣可分蹄壁、蹄底和蹄叉三部分。蹄壁是站时可见的蹄匣部分，有三层结构，其内是由许多纵行排列的角质小叶构成的，称为小叶层。小叶层的角质小叶色白而较柔软，与肉壁上的肉小叶互相嵌合。蹄壁的近侧缘，称为蹄冠，蹄冠与皮肤相连接的部分，称为蹄缘，蹄缘的角质软而有弹性，以减少蹄壁对皮肤的压迫。蹄壁的底缘直接接触地面，在底缘和蹄底之间有浅白色的环状线，称为蹄白线。蹄白线是确定蹄壁厚度的标准；装蹄时，蹄钉不得钉在蹄白线以内，否则就会损伤肉蹄引起钉伤。蹄底是蹄向着地面而略凹陷的部分，位于蹄壁底缘与蹄叉之间。蹄叉位于蹄底的后方，呈楔形，角质较软，当对家畜（马骡）管理不良时，可发生蹄叉腐烂。

肉蹄的形态与蹄匣相似，可分为肉壁、肉底和肉叉三部分。肉壁、肉底和肉叉分别与蹄匣的蹄壁、蹄底和蹄叉相嵌合。

牛（羊、猪）是偶蹄动物，每肢有两个主蹄和两个悬蹄。主蹄位于第三指（趾）和第四指（趾）的指（趾）端，与地面接触，其形态和蹄骨相似，相当于马蹄的一半，呈三面棱形。它的蹄匣由蹄壁、蹄底和蹄球三部分组成，没有蹄叉。肉蹄的形态与蹄匣相似，分肉壁、肉底和肉球三部分。母牛在产犊季节常发生肉蹄的无菌性炎症（蹄叶炎）。悬蹄小而呈圆锥状，位于主蹄的后上方，不与地面接触，其构造与主蹄相似（图2-7）。

4. 角 反刍动物的角是皮肤的衍生物，套在额骨的角突上。角的表面有呈环状的隆起，称为角轮。母牛角轮的出现与怀孕有关，每一次产犊之后，角根就出现新的角轮。水牛和羊的角轮明显，几乎遍及全角。

 **思考题**

1. 名词解释。

皮肤衍生物　蹄白线

2. 选择题。

（1）表皮生发层的组成为（　　）。

    A. 单层立方形细胞　　　　　　　　B. 单层矮柱状或立方形细胞

    C. 数层立方形细胞　　　　　　　　D. 数层形态不同的细胞

（2）被皮中无血管分布的结构是（　　）。

    A. 表皮　　　　　B. 真皮　　　　　C. 蹄匣　　　　　D. 肉蹄

（3）大量出汗时，可导致（　　）。

    A. 排尿量减少　　　　　　　　　　B. 机体水分丢失减少

    C. 机体水分丢失增多　　　　　　　D. 无机盐丢失增多

3. 填空题。

（1）皮肤的组织结构可分为_____、_____和_____三层。

（2）真皮内分布有_____、_____、_____及血管、_____和神经等。

（3）正常皮肤能吸收一些_____、_____液体及其溶质，但不吸收_____和_____物质。

（4）皮肤腺包括_____、_____和_____。

（5）毛是一种角化的_____结构，_____是它的生长点，它的生长由_____提供营养。

（6）牛的主蹄位于第_____、_____（趾）的指（趾）端，与_____接触。

4. 为什么说皮肤是一个多功能的器官？

动物皮肤的呼吸功能

在一般人的印象中，呼吸必须有专门的器官，像我们人类和大多数高等动物的肺，还有鱼类的鳃。离开了这些器官，呼吸就无法进行。然而，科学却告诉我们，除了上述的肺、鳃之外，许多脊椎动物还可利用皮肤进行呼吸。也就是说，动物的皮肤除具保护、调温等功能外，还可用来呼吸。

早在20世纪初，一位丹麦科学家就发现，若将青蛙通往肺部的主气管堵住，使它无法通气，青蛙仍可正常过冬。现在的研究表明，几乎所有脊椎动物都或多或少地能利用皮肤进行呼吸。

两栖类算得上是最著名的皮肤呼吸动物。在它们体内的总摄氧量中，有30%是通过皮肤"吸入"的。例如牛蛙的幼体，虽然也有鳃和肺，但有相当部分的呼吸是靠皮肤进行的。一些陆生两栖类，呼吸和皮肤的关系就更是密切了。一种名为剑螈的动物，竟百分之百地依靠皮肤进行呼吸，真可谓"纯皮肤呼吸"动物了。鱼类呼吸也要依靠皮肤，但与两栖类相比，就显得逊色一些。据测定，鲨鱼、鳟鱼和金鱼，在其总摄氧量中，有5%～30%是通过皮肤获得的，与爬行类相当。

鸟类和哺乳类动物，进化有发达的肺，能够高效率地进行气体交换，相应地，"皮肤呼吸"仅起一定的辅助作用。据分析，一个成人的皮肤呼吸量占其呼吸总量的1%～3%。生理学的知识告诉我们，所谓呼吸就是通过血液循环把从空气中吸入体内的O_2输送到全身各个细胞中，再将代谢废气CO_2释放到空气中，这就是人们常说的气体交换。对于进行"皮肤呼吸"的动物来说，它们的皮肤好比一个"气体交换站"。大自然造就了不少"精明的老板"，想方设法扩大"交换站"的"营业面积"，以提高呼吸效率。

生活在秘鲁的喀喀湖蛙，个头虽不很大，但它躯干和后肢那些悬垂的褶皱，使它皮肤的表面积大大扩增，于是，它可以完全依靠皮肤进行呼吸，而无需肺的呼吸了。求偶季节里的雄性毛蛙，常常会做出许多复杂而热烈的动作，以招引雌蛙。这种行为自然要增加耗氧量，为了应付呼吸负担，在它的两条后腿上长满了"乳状凸"。有趣的是，这些多余的皮肤会随着繁殖季节的结束而消失，可见这完全是毛蛙为适应呼吸需要而采取的"应急措施"。

看来，动物的皮肤不仅能够保护自身免遭外界侵袭，还具有调节体温甚至呼吸等功能。我们相信，随着对动物皮肤的深入研究，科学家们一定还会有不少新的发现。

任务四 识别牛（羊）消化系统器官的 形态、结构、位置及机能

◆ 知识目标：

掌握牛消化系统的组成，理解消化、吸收的概念；掌握消化器官的形态、结构、位置及

机能；了解三大营养物质消化吸收的机理和过程。

子任务一 牛（羊）消化器官的形态构造识别

【目的要求】通过学习，学生能准确识别牛、羊消化器官的形态、构造和位置。

【材料及设备】牛消化器官标本、羊的新鲜尸体、牛消化系统录像带。

【方法步骤】先观看牛消化系统解剖录像，再观察消化器官标本或羊的新鲜尸体标本，识别口腔、食管、瘤胃、网胃、瓣胃、皱胃、小肠、大肠、肝、胰的形态、结构和位置。

【技能考核】在牛的标本或羊新鲜尸体上识别瘤胃、网胃、瓣胃、皱胃、小肠、大肠、肝、胰的形态、结构和位置。

子任务二 牛（羊）真胃、小肠、肝组织构造的识别

【目的要求】识别牛（羊）真胃、小肠和肝的组织构造。

【材料及设备】在教师的指导下，观察真胃、小肠和肝的组织构造。

1. 真胃的组织构造 先用低倍镜观察胃壁的四层结构和胃小凹，再换高倍镜观察黏膜上皮和胃腺。

2. 小肠的组织构造 先用低倍镜观察小肠壁的四层结构和肠绒毛，再换高倍镜观察黏膜上皮、肠腺和肠绒毛的构造。

3. 肝的组织构造 先用低倍镜观察肝小叶的形态、结构，再换高倍镜观察肝细胞和枯否氏细胞。

【技能考核】在显微镜下识别真胃、小肠、肝的组织构造。

子任务三 小肠吸收实验

【目的要求】理解压力、渗透压对吸收的影响，并理解小肠对物质吸收的选择性。

【材料及设备】家兔、小动物手术台、乙醚、手术器械、生理盐水、注射用水、5％葡萄糖、10％葡萄糖、10％盐水、25％硫酸镁各 20mL。

【方法步骤】

（1）将家兔固定，用乙醚麻醉。从腹中线处剖开腹腔，拉出肠管。

（2）将空肠分数段结扎，每段长 5cm 左右，在各段肠管中分别注入等量的生理盐水、注射用水、5％葡萄糖、10％葡萄糖、10％盐水、25％硫酸镁溶液在 10～20min 内观察其吸收状况，并做好记录，做比较、分析。

【作业】记录实验结果，并说明其机理。

知识准备

牛（羊）消化系统的构造及消化生理

（一）概述

1. 消化系统的组成（图 2-8） 机体内完成消化和吸收的器官，统称为消化系统。它包

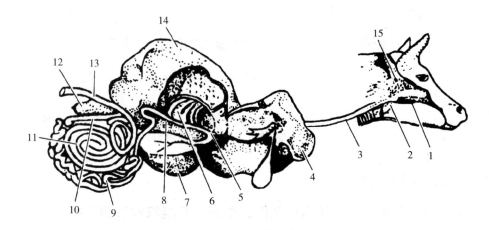

图 2-8　牛消化系统

1. 口腔　2. 咽　3. 食管　4. 肝　5. 网胃　6. 瓣胃　7. 皱胃　8. 十二指肠
9. 空肠　10. 回肠　11. 结肠　12. 盲肠　13. 直肠　14. 瘤胃　15. 腮腺

（朱金凤，2007. 动物解剖.）

括两部分：一部分为容纳器官，多成管腔状，称为消化管。主要包括口腔、咽、食管、胃、小肠、大肠；另一部分为能分泌消化液的腺体器官，称为消化腺。消化腺又分为壁内腺和壁外腺。壁内腺主要指存在于消化管壁内的腺体，如食管腺、胃腺、肠腺等；壁外腺是能够独立于消化管壁之外单独构成一个完整器官的腺体，如唾液腺（腮腺、颌下腺、舌下腺）、肝、胰腺。它们的分泌物可经特定的排泄管排入消化管内，参与消化过程。

2. 消化管的一般构造　消化管各段虽然在形态、机能上各有特点，但其管壁的组织结构，除口腔外，一般均可分为四层，由内向外分别为黏膜、黏膜下层、肌层、外膜。

（1）黏膜。黏膜是消化管道的最内层，柔软而湿润，色泽淡红，富有伸展性。管腔内空虚时，黏膜常形成皱褶。具有保护、吸收和分泌等功能，可分为以下三层：

①上皮。上皮是直接接触消化管内物质、执行机能活动的部分，除口腔、食管、胃的无腺部及肛门为复层扁平上皮以耐受摩擦外，其余部分均为单层柱状上皮，以利于消化、吸收。这层组织一般数天即可更新替换一次。

②固有层。由疏松结缔组织构成。内含丰富的血管、神经、淋巴管、淋巴组织和腺体等。

③黏膜肌层。黏膜肌层是固有膜下的一薄层平滑肌。收缩时可使黏膜形成皱褶，有利于内容物的吸收、血液流动和腺体分泌物的排出。

（2）黏膜下层。位于黏膜和肌层之间的一层疏松结缔组织，以便于黏膜的活动。内含较大的血管、淋巴管和神经丛，在食管和十二指肠，此层内还含有腺体。

（3）肌层。除口腔、咽、食管（马的前 4/5）和肛门的管壁为横纹肌外，其余各段均由平滑肌构成，一般可分为内层的环行肌和外层的纵行肌两层。两层之间有肌间神经丛和结缔组织。肌间神经丛具有调节肌肉收缩的作用，使胃肠不断运动，从而促进食物的消化和吸收。

（4）外膜。为富有弹性纤维的疏松结缔组织层，位于管壁的最表面。在食管前部、直肠后部与周围器官相连接处称为外膜；而在胃肠外膜表面尚有一层间皮覆盖，称为浆膜。浆膜表面光滑湿润，可减少消化管运动时的摩擦，便于活动。

3. 腹腔与骨盆腔

（1）腹腔。腹腔是体内最大的腔，其前壁为膈，后通骨盆腔，两侧与底壁为腹肌及腱膜，顶壁为腰椎和腰肌。腔内有胃、肠、肝、胰、脾、肾、输尿管及生殖器官的一部分。

为了准确地表明各器官的位置，可将腹腔划分为 10 个部分（图 2-9）。具体划分方法如下：

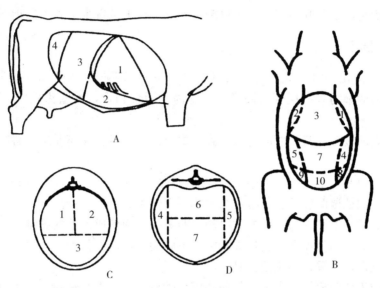

图 2-9　腹腔分区

A. 右侧面　1. 右季肋部　2. 剑状软骨部　3. 腹中部　4. 腹后部

B. 腹面　C. 腹前部横断面　D. 腹中部横断面　1. 左季肋部　2. 右季肋部

3. 剑状软骨部　4. 左髂部　5. 右髂部　6. 腰部　7. 脐部

8. 左腹股沟部　9. 右腹股沟部　10. 耻骨部

［马仲华，2002. 家畜解剖学及组织胚胎学（第三版）.］

①通过最后肋骨的最突出点和髋结节前缘各做一个横断面，将腹腔首先划分为腹前部、腹中部、腹后部。

②腹前部。又分为三部分：以肋弓为界，下部称为剑状软骨部；上部又以正中矢状面为界分为左、右季肋部。

③腹中部。又分为四部分：沿腰椎横突两侧顶点各做一个侧矢面，将腹中部分为左、右髂部和中间部；在中间部再沿第一肋骨的中点做额面，使中间部分为背侧的腰部和腹侧的脐部。

④腹后部。又分为三部分：把腹中部的两个侧矢面平行后移，使腹后部分为左、右腹股沟部和中间的耻骨部。

（2）骨盆腔。骨盆腔是腹腔向后的延续部分，其背侧为荐椎和前几个尾椎，两侧为髂骨和荐坐韧带，底壁为耻骨和坐骨，前口由荐骨岬、髂骨体和耻骨前缘围成；后口由前几个尾椎、荐坐韧带后缘及坐骨弓围成。腔内有直肠、膀胱、部分生殖器官。

4. 腹膜

为腹腔和骨盆腔（前部）内的浆膜。其中紧贴在腹腔内壁表面的部分称为腹膜的壁层；壁层从腹腔的顶壁折转而下覆盖在内脏的外表面，称为腹膜的脏层（即内脏的浆膜层）。脏层和壁层之间形成的空隙称为腹膜腔，腔内有少量浆液（腹膜液），具有润滑作用，可减少脏器运动时产生的摩擦。

腹膜移行时形成许多皱褶，由壁层折转为脏层时形成的皱褶称为系膜，将内脏悬吊在腹腔内；连接在器官之间的皱褶称为器官间韧带；连于胃的浆膜褶因其呈网格形，所以称为网膜。网膜是双层的浆膜褶，根据其位置不同分为大、小网膜。大网膜又分浅、深两层，各起于瘤胃的左、右纵沟，覆盖在瘤胃和前段肠管表面，止于十二指肠第二段和皱胃大弯。小网膜比大网膜面积小，起于肝的脏面，包过瓣胃外侧，止于皱胃小弯和十二指肠起始部。

（二）消化器官

1. 口腔　为消化器官的起始部，具有采食、咀嚼、辨味、吞咽和分泌消化液等机能。其前壁为唇，两侧壁为颊，顶壁为硬腭，底壁为下颌骨和舌，后壁为软腭，通过咽峡与咽相通。

（1）唇。表面被覆皮肤，内面衬以黏膜，中层为环行肌。黏膜深层有唇腺，腺管直接开口于黏膜表面。

牛唇坚实、短厚、不灵活。上唇中部和两鼻孔之间的无毛区，称为鼻唇镜，是鼻唇腺的开口处，健康牛此处湿润、低温，常作为牛体是否健康的标志之一。

羊唇薄而灵活，上唇中部有明显的纵沟，两鼻孔之间形成无毛的鼻镜。

猪的上唇短厚，与鼻连在一起构成吻突，下唇尖小，口裂很大。

马唇长而灵活，是采食的主要工具。

（2）颊。位于口腔两侧，主要由颊肌构成，外覆皮肤，内衬黏膜。牛羊的颊黏膜上有许多尖端向后的锥状乳头。

（3）硬腭。为口腔的顶壁，向后延续为软腭。硬腭的黏膜厚而坚实，正中有一纵行的腭缝，腭缝的两侧为横行的腭褶，前端与齿板（猪、马为切齿）之间有一突起称为切齿乳头，切齿乳头两侧有鼻腭管的开口，鼻腭管另一端通鼻腔。

（4）软腭。软腭是一紧接硬腭的含有腺体和肌组织的黏膜褶，构成口腔的后壁。其与舌根之间的空隙称为咽峡，为口腔与咽之间的通道。

（5）舌。由横纹肌构成，在咀嚼、吞咽等动作中有搅拌和推送食物的作用。舌分为舌尖、舌体和舌根三部分。舌尖与舌体交界处的腹侧面有黏膜褶称为舌系带，与口腔底部相连（牛、猪2条，马1条）；舌系带两侧各有一个舌下肉阜，是颌下腺的开口处，中兽医称之为"卧蚕"，是颌下腺管的开口；舌背后部隆起，称为舌圆枕。舌表面覆以黏膜，上皮为复层扁平上皮，黏膜表面具有形状不同的舌乳头。舌乳头有两种类型：机械性乳头和味觉性乳头。味觉性乳头内含味蕾，可感受味觉，有菌状乳头和轮廓乳头，菌状乳头散布于舌背和舌尖的边缘，轮廓乳头较多，每侧有8~17个，排列于舌圆枕后部两侧；机械性乳头，牛有丝状乳头、锥状乳头和豆状乳头，丝状乳头分布于舌背的前部，舌背上分布有很多尖端向后角质化的锥状乳头，舌圆枕上有角质化扁平的豆状乳头，都起机械性消化作用。舌根附着在舌骨上，其背侧的黏膜内含有淋巴器官，称为舌扁桃体。

牛舌宽厚有力，是采食的主要器官。

（6）齿。齿是咀嚼和采食的器官。镶嵌于上下颌骨的齿槽内，因其排列成弓形，所以又分别称之为上齿弓和下齿弓。每一侧的齿弓上由前向后顺序排列为切齿、犬齿和臼齿。其中切齿由内向外又分别称为门齿、内中间齿、外中间齿、隅齿；臼齿可分为前臼齿和后臼齿。

动物齿的排列方式称为齿式。

$$2 \times \begin{bmatrix} 切齿 & 犬齿 & 前臼齿 & 后臼齿 \\ 切齿 & 犬齿 & 前臼齿 & 后臼齿 \end{bmatrix}$$

齿在动物的一生中，并不是固定不变的，一般都是在出生后逐个长出。除后臼齿外，其余齿到一定年龄时均按一定顺序进行脱换。脱换前的齿称为乳齿，一般个体较小、颜色乳白、磨损较快；而脱换后的齿相对较大、坚硬、颜色较白，称为恒齿。

齿的结构：齿在外形上可分为三部分，埋于齿槽内的部分称为齿根，露于齿龈外的称为齿冠，介于二者之间被齿龈覆盖的部分称为齿颈。上下齿冠相对的咬合面称为磨面。齿龈为包围在齿颈外的一层黏膜，与骨膜紧密相连，呈淡红色，有固定齿的作用。

牛齿的特点：无上切齿，代之以坚硬角质化的齿板。下切齿齿冠呈铲形，齿根细圆，脱换有一定规律，常作为年龄鉴定的依据。乳切齿一般可保留到 2 岁左右；恒门齿出现为 2 岁；2.5 岁时内中间恒齿出现；3 岁时外中间恒齿出现；4 岁左右隅恒齿出现；直到 4 岁后齿冠全部磨损。

（7）唾液腺。指能分泌唾液的腺体。主要有腮腺（最大，位于耳根下方，下颌骨后缘的皮下）、颌下腺（位于腮腺的深层）和舌下腺（位于舌体和下颌骨之间的黏膜下）各一对，其腺管分别开口于与第五上臼齿相对应的颊黏膜上、舌下肉阜和口腔底部黏膜上。唾液能参与消化。

2. 咽 为漏斗形肌性囊，是消化道和呼吸道所共有通道，位于口腔和鼻腔的后方，喉和食管的前方。可分为鼻咽部、口咽部、喉咽部三部分。鼻咽部顶壁呈现拱形，位于软腭背侧，为鼻腔向后的直接延续。鼻咽部的前方有两个鼻后孔与鼻腔相通，两侧壁上各有一个咽鼓管口与中耳相通。口咽部，又称咽峡，位于软腭与舌之间，前方由软腭、舌腭弓（由软腭到舌两侧的黏膜褶）和舌根构成咽口，与口腔相通，后方伸到与喉咽部相通。其侧壁的黏膜上有扁桃体窦，容纳腭扁桃体。咽是消化道和呼吸道的交叉部分，吞咽时，软腭提起会厌，翻转盖住喉口，食物由口腔经咽入食管，呼吸时软腭下垂到喉腔或鼻腔。咽壁由黏膜、肌肉和外膜三层结构构成，衬于咽腔内，咽的肌肉为横纹肌，有缩小和开张咽腔的作用。

3. 食管 食管是将食物由咽运送入胃的肌质管道。分为颈、胸两段，颈段起始于喉和气管的背侧，至颈中部逐渐转向气管的左侧，经胸腔前口入胸腔；胸段又转向气管的背侧并继续向后延伸，经膈的食管裂孔进入腹腔后，直接与胃的贲门相连接。

食管的黏膜上皮为复层扁平上皮。黏膜表面可形成许多纵行的皱襞，当食团通过时，管腔扩大，皱襞展平，利于食团下行。

4. 胃 位于腹腔内，是消化管的膨大部分，前接食管处形成贲门，后形成幽门通十二指肠，主要作用是贮存食物、发酵和分解粗纤维、进行初步消化和推送食物入小肠。可分为多室胃（牛、羊）和单室胃（猪、马）。胃壁的结构分为黏膜、黏膜下层、肌层和浆膜四层。

牛、羊的胃是由瘤胃、网胃、瓣胃、皱胃四个胃室联合起来形成的，故称为多室胃（复胃）。其中前三个胃的胃壁上无消化腺体存在，不分泌胃液，主要起贮存食物、发酵分解纤维素的作用，称为前胃；第四个胃有消化腺分布，能分泌胃液，具有化学消化的作用，故又称为真胃。

（1）瘤胃。容积最大，约占四个胃总容积的 80%。呈前后稍长，左右略扁的椭圆形，占据了左侧腹腔的全部，其下部还伸向右侧腹腔。前端与第 7、8 肋间隙相对，后端达骨盆腔前口，左侧（壁面）与脾、膈及左腹壁相接触，右侧（脏面）与瓣胃、皱胃、肠、肝、胰等相邻。

瘤胃的前端和后端可见到较深的前沟和后沟，左、右侧面有较浅的左、右纵沟；瘤胃的内壁有与上述各沟相对应的沟柱。沟和沟柱共同围成环状，把瘤胃分成背囊和腹囊两大部分。由于瘤胃的前沟和后沟较深，所以在瘤胃背囊和腹囊之前、后分别形成前背盲囊、后背盲囊、前腹盲囊和后腹盲囊。

瘤胃和网胃之间的通路很大，称为瘤网口，口的背侧形成一个穹隆，称为瘤胃前庭。其连接食管的孔即贲门。

瘤胃的黏膜呈棕黑色或棕黄色，无腺体、表面有无数密集的乳头，内含丰富的毛细血管。但肉柱上无乳头，颜色较淡（图2-10、图2-11）。

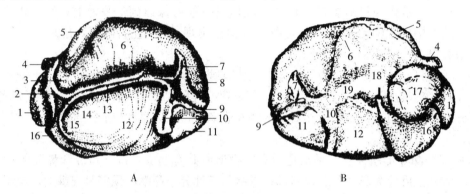

图 2-10　牛的胃

A. 左侧　B. 右侧

1. 网胃　2. 瘤网胃沟　3. 瘤胃房　4. 食管　5. 脾　6. 瘤胃背囊　7. 背侧冠状沟
8. 后背盲囊　9. 后沟　10. 腹侧冠状沟　11. 后腹盲囊　12. 瘤胃腹囊　13. 左纵沟
14. 前沟　15. 瘤胃隐窝　16. 皱胃　17. 瓣胃　18. 十二指肠　19. 右纵沟

[董常生，2001. 家畜解剖学（第三版）.]

（2）网胃（蜂巢胃）。网胃是四个胃中容积最小、位置最前的一个胃，其容积约占四个胃总容积的5%（牛）。外形呈梨状，前后稍扁，位于季肋部的正中矢状面上，瘤胃背囊的前下方，与第6～8肋相对。网胃的后面（脏面）较平，与瘤胃背囊相连，上端有较大的瘤网口与瘤胃相通；右下方有网瓣口与瓣胃相通。

自贲门到网瓣口之间有由黏膜褶形成的食管沟的沟唇，两唇之间为食管沟的沟底，使液状食糜直接沿食管沟和瓣胃直达皱胃。一般犊牛的食管沟沟唇较发达，可闭合成管，而成年牛的食管沟则闭合不严；网胃的前面（壁面）较突出，与膈、肝相接触，而膈的前面紧邻心脏和肺，所以，网胃内如有尖锐异物，常可穿透网胃、膈而伤及心包和心脏，形成创伤性心包炎、心肌炎。

网胃的黏膜形成许多网格状（蜂巢状）的皱褶，皱褶上密布角质乳头。

（3）瓣胃。牛的瓣胃占4个胃总容积的7%～8%。羊的瓣胃则是四个胃中最小的。瓣胃呈两侧稍扁的球形，很坚实，位于右季肋部，与第7～11、12肋相对。

瓣胃的黏膜表面由角质化的复层扁平上皮覆盖，并形成百余片大小、宽窄不同的叶片，故又称为"百叶肚"。在瓣胃底部有一瓣胃沟，前接网瓣孔与食管沟相连，后接瓣皱孔与皱胃相通，使液态饲料经此沟直接进入皱胃。

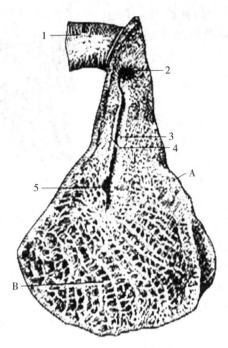

图 2-11　牛的食管沟

A. 瘤胃褶　B. 网胃黏膜

1. 食管　2. 贲门　3. 食管沟右唇　4. 食管沟左唇　5. 网瓣口

[马仲华，2002. 家畜解剖学及组织胚胎学（第三版）.]

（4）皱胃。皱胃的容积占 4 个胃总容积的 7%～8%，前端粗大称为胃底部，与瓣胃相连；后端狭窄称为幽门部，与十二指肠相接。整个胃呈长囊状，位于右季肋部和剑状软骨部，左邻网胃和瘤胃的腹囊，下贴腹腔底壁，与第 8～12 肋相对。

皱胃是四个胃中唯一有腺体的胃。皱胃胃壁的黏膜光滑、柔软，有 12～14 条螺旋形皱褶。黏膜表面被覆单层柱状上皮，黏膜内有腺体，可分泌消化液，对食物进行初步消化。

胃壁由内向外分黏膜、黏膜下层、肌层、浆膜四层（图 2-12）。

①黏膜。根据黏膜内有无腺体而分为无腺部和有腺部两大部分。无腺部的黏膜上皮为复层扁平上皮，颜色苍白，黏膜无腺体，相当于多室胃的前胃。有腺部黏膜有腺体，相当于多室胃的皱胃。其表面形成许多凹陷，称为胃小凹，是胃腺的开口，根据其位置、颜色和腺体的不同，有腺部分为贲门腺区（色较淡）、胃底腺区（色深红）和幽门腺区（色黄）。其中贲门腺区和幽门腺区主要由黏液细胞分泌碱性黏液，以润滑和保护胃黏膜；胃底腺区最大，位于胃底部，是分泌胃消化液的主要部位，其细胞主要有 4 种。主细胞：数量较多，可分泌胃蛋白酶原、胃脂肪酶（少量）、凝乳酶（幼畜），参与消化；壁细胞（盐酸细胞）：数量较少，夹在主细胞之间，分泌盐酸；颈黏液细胞：一般成群的分布在腺体的颈部，分泌黏液，保护胃黏膜；银亲和细胞：广泛存在于家畜的全部消化道，具有内分泌的功能，其分泌物可调节消化器官的机能活动。因其细胞内含有能被银染料染成黑色的染色颗粒，故称为银亲和细胞（嗜银细胞）。

②黏膜下层。为疏松结缔组织层。

③肌层。在各段消化管中，胃的肌层最厚。可分为 3 层：内层为斜行肌，仅分布于无腺

部，在贲门部最发达，形成贲门括约肌；中层为环形肌，很发达，在胃的幽门部特别增厚，形成幽门括约肌；外层为不完整的纵行肌，主要分布于胃的大弯和小弯处。

④浆膜。为外层。

5. 小肠 小肠是食物进行消化吸收的最主要部位，前接胃的幽门，后以回盲口通盲肠，包括十二指肠、空肠、回肠三段。

（1）小肠的形态和位置。牛的小肠：十二指肠长约1m，位于右季肋部和腰部，在起始部形成乙状弯曲；空肠大部分位于右季肋部、右髂部和右腹股沟部，形成无数肠圈，由短的空肠系膜悬挂于结肠袢下，形似花环，部分肠圈往往绕过瘤胃后方而到左侧；回肠较短，约50cm，以回盲口与盲肠相通，回肠与盲肠之间有回盲韧带相连。

（2）小肠的构造。小肠的肠壁基本上符合管腔器官的一般构造，也分为黏膜、黏膜下层、肌层、浆膜四层。突出特征是黏膜层具有肠绒毛。

①黏膜。小肠的黏膜形成许多环形的皱褶，表面有许多指状突起，称为肠绒毛。绒毛由上皮和固有膜组成。上皮覆盖在绒毛的表面，固有膜存在于绒毛的中轴，其中央有一条贯穿绒毛全长的毛细淋巴管（绵羊的可以有两条或多条）称为中央乳糜管。

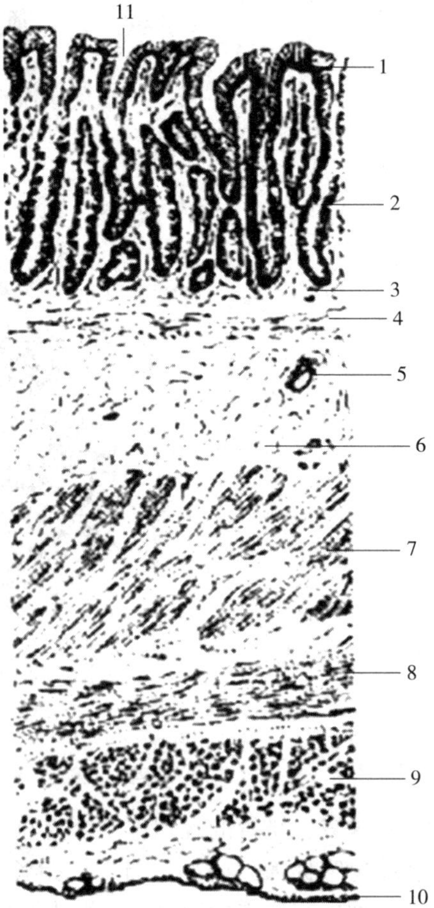

图 2-12　皱胃底部横切面
1. 黏膜上皮　2. 胃底腺　3. 固有膜　4. 黏膜肌层
5. 血管　6. 黏膜下层　7. 内斜行肌　8. 中环行肌
9. 外纵行肌　10. 浆膜　11. 胃小凹
［马仲华，2002. 家畜解剖学及组织胚胎学（第三版）.］

在中央乳糜管周围有毛细血管网丛。固有膜内还有分散的平滑肌，与绒毛长轴平行，收缩时，绒毛缩短，使绒毛毛细血管和中央乳糜管中所吸收来的营养物质随血液和淋巴进入较深层次的血管和淋巴管中。绒毛的这种不断伸展与收缩，促进了营养物的吸收和运输。

上皮：为单层柱状上皮，由柱状细胞、杯状细胞等组成，被覆于绒毛的表面和绒毛间的黏膜表面。在细胞的游离缘，有明显的纹状缘，电镜观察可看到它是由许多密集排列的细小胞突构成，称为微绒毛。每个柱状细胞的顶端，可以有2 000～3 000个微绒毛，它使细胞的表面积可增加20倍以上。这对于食物的消化和吸收非常有利。杯状细胞，位于柱状细胞之间，细胞体膨大如杯形，分泌黏液，可润滑和保护上皮。

固有膜：由富含网状纤维的结缔组织构成，一部分突入绒毛内形成绒毛的轴心，另一部分伸入肠腺之间。固有膜内除有大量的肠腺外，还有血管、淋巴管、神经和各种细胞成分。此外，尚有淋巴小结，有的单独存在，称为淋巴孤结（分布在空肠和十二指肠）；有的集合成群，称为淋巴集结（主要分布于回肠），常伸入到黏膜下层。

黏膜肌：为一薄层平滑肌。

②黏膜下层。由疏松结缔组织构成。在十二指肠的黏膜下层内有十二指肠腺，其分泌物可在十二指肠黏膜表面形成屏障，以对抗胃酸对十二指肠黏膜的侵蚀。

③肌层。由内层的环行和外层的纵行两层平滑肌组成。

④浆膜。由薄层结缔组织和间皮组成。

6. 肝　肝是体内最大的腺体，棕红色、质脆、呈不规则的扁圆形，位于膈后。前面隆凸称为膈面，有后腔静脉通过；后面凹陷，称为脏面，中央有肝门。门静脉、肝动脉、肝神经由此入肝，而肝管、淋巴管由此出肝。家畜除马属动物外，都有胆囊，可贮存和浓缩胆汁。肝的背缘较钝，有食管切迹，是食管通过的地方。腹缘较锐，有较深的切迹将肝分为若干叶。一般以胆囊和圆韧带为标志将肝分为左、中、右三叶；其中中叶又以肝门为界，分为背侧的尾叶和腹侧的方叶，尾叶向右突出的部分称为尾状突。

（1）牛和羊肝的形态位置特点。牛羊的肝：略呈长方形，分叶虽不明显，但也可分为四叶，且肝的实质较厚实，有胆囊，位于右季肋部。

（2）肝的组织构造。肝的表面大部分被覆一层浆膜，浆膜结缔组织进入肝的实质，把肝分为许多肝小叶。

①肝小叶。肝小叶是肝的基本结构单位，呈不规则的多边棱柱状。小叶的中轴贯穿一条静脉，称为中央静脉。在肝小叶的横断面上，可见到肝细胞呈索状排列组合在一起，称为肝细胞索，并以中央静脉为中心，向周围呈放射状排列。肝细胞索有分支，彼此吻合成网，网眼间形成窦状隙，又称为肝血窦，实际上是不规则膨大的毛细血管，窦壁由内皮细胞构成，窦腔内有枯否氏细胞，可吞噬细菌、异物。

肝从立体结构上看，肝细胞的排列并不呈索状，而是呈不规则的互相连接的板状，称为肝板（图2-13）。细胞之间有胆小管，它以盲端起始于中央静脉周围的肝板内，也呈放射状，并彼此交织成网。肝细胞分泌的胆汁经胆小管流向位于小叶边缘的小叶间胆管，许多小叶间胆管汇合起来经肝门出肝形成肝管，直接开口于十二指肠近胃端（无胆囊动物），或入胆囊（有胆囊动物）经胆管开口于十二指肠。

②肝的血液循环。肝的血液有两个来源，一个来自门静脉，它是收集了来自胃、脾、肠、胰的血液，经肝门入肝，在肝小叶间分支形成小叶间静脉，再分支形成终末分支开口于窦状隙，然后血液流向小叶中心的中央静脉。门静脉血由于主要来自胃肠，所以血液内既含有经消化吸收来的营养物质，又含有消化吸收过程中产生的毒素、代谢产物及细菌、异物等有害物质。其中，营养物质在窦状隙处可被吸收、贮存或经加工、改造后再排入血液中，运到机体各处，供机体利用；而代谢物、细菌、异物等有毒、有害物质，则可被肝细胞结合或转化为无毒、无害物质，细菌、异物可被枯否氏细胞吞噬。因此，门静脉属于肝的功能血管。

肝的另一支血管，是来自于主动脉的肝动脉。它经肝门入肝后，也在肝小叶间分支形成小叶间动脉，并伴随小叶间静脉同样分支，进入窦状隙和门静脉血混合。部分分支还可到被膜和小叶间结缔组织等处。这支血管由于是来自主动脉，含有丰富的氧气和营养物质，可供肝细胞物质代谢使用，所以是肝的营养血管。

③肝门管。综上所述可知，在肝门处主要有两条进入肝的血管（门静脉、肝动脉），一条走出肝门的肝管。这三条管在肝门处往往被结缔组织包裹起来，并集合成束，这种结构称为肝门管。另外，结缔组织还突入肝内，遍布于小叶之间，把小叶间动脉、小叶间静脉、小

叶间胆管同时包裹起来。因此，在肝的组织切片上，可见到相邻肝小叶之间，小叶间动脉，小叶间静脉，小叶间胆管伴行分布的区域，称为门管区或汇管区。

（3）肝的生理作用。肝是体内的一个重要器官，不仅能分泌胆汁参与消化，而且又是体内的代谢中心，体内很多代谢过程都需在肝内完成。此外，肝还具有造血、解毒、排泄、防御等许多功能。

①分泌功能。肝是体内最大的腺体，肝细胞分泌的胆汁参与脂肪的消化。

②代谢功能。肝细胞内可进行蛋白质、脂肪和糖的分解、合成、转化和贮存，很多代谢过程都离不开肝，且能贮存维生素 A、维生素 D、维生素 E、维生素 K 及大部分 B 族维生素。

③解毒功能。从肠道吸收的毒物或代谢过程中产生的有毒有害物质以及经其他途径进入机体的毒物或药物，肝细胞可将

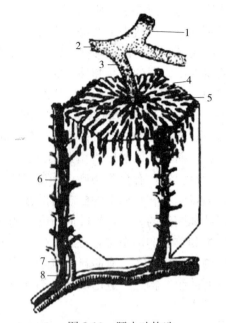

图 2-13　肝小叶构造
1. 肝静脉　2. 小叶下静脉　3. 中央静脉　4. 肝板
5. 肝血窦　6. 小叶间胆管　7. 小叶间动脉　8. 小叶间静脉
（王树迎，1999. 动物组织学与胚胎学．）

它们吸收，并通过转化和结合作用，使这些毒物减毒或变成无毒物，然后排出体外。如将氨基酸代谢中脱出的氨（对机体有毒），转化成无毒的尿素，通过肾排出体外。

④防御机能。窦状隙内的枯否氏细胞，具有强大的吞噬作用，能吞噬侵入窦状隙的细菌、异物和衰老的红细胞。

⑤造血功能。肝在胚胎时期是造血器官，可制造血细胞。成年动物的肝则只形成血浆内的一些重要成分，如清蛋白、球蛋白、纤维蛋白原、凝血酶原、肝素等。

7. 胰　位于十二指肠的弯曲中，质地柔软，有一条胰管直通十二指肠（马有两条）。胰的外面包有一薄层结缔组织被膜，结缔组织伸入腺体实质，将实质分为许多小叶。胰的实质可分为外分泌部和内分泌部。外分泌部属消化腺，由许多腺泡和导管组成，占腺体的绝大部分。腺泡分泌液称胰液，一昼夜可分泌 6～7L（牛、马）或 7～10L（猪），经胰管注入十二指肠。胰液中除水和电解质外，有机物主要是消化酶，包括胰蛋白酶、胰脂酶、胰淀粉酶和核糖核酸酶等。大多数消化酶刚分泌出来时没有活性，称为酶原。酶原必须在一定条件下才能转化为有活性的酶，这一转化过程称为酶激活。完成这一激活过程的物质为激活剂，如胃蛋白酶原的激活剂是盐酸。胰液的这些消化酶在小肠内肠激酶、胆酸盐、氯离子等激活剂的作用下，均可迅速发挥其消化作用。

内分泌部位于外分泌部的腺泡之间，由大小不等的细胞群组成，形似小岛，故名胰岛。其分泌物有胰岛素（降低血糖）和胰高血糖素（升高血糖）。无输出管，分泌物进入血液，循环到靶器官发挥其调节血糖的作用。

8. 大肠　大肠包括盲肠、结肠和直肠三段，前接回肠，后通肛门，主要机能是消化纤维素、吸收水分、形成并排出粪便等。

（1）盲肠。呈直筒状，位于右髂部。盲肠起自回盲口，盲端向后伸达骨盆前口（羊的可伸入到骨盆腔内），呈游离状态，可以移动。

（2）结肠。借总肠系膜附着于腹腔顶壁，可分为初袢、旋袢、终袢三段。初袢为结肠前段，呈"乙"状弯曲，大部分位于右髂部；旋袢为结肠中段，最长，位于瘤胃的右侧，盘曲成一平面的圆盘状，为结肠圆盘；终袢是结肠的末段，向后伸达骨盆前口，移行为直肠。

（3）直肠。短而直，位于骨盆腔内，前连接肠，后端以肛门与外界相通。直肠以直肠系膜连于骨盆腔顶壁。

大肠壁的结构与小肠基本相似，但肠腔宽大，黏膜表面平滑，无绒毛，上皮细胞呈高柱状，黏膜内有排列整齐的大肠腺，大肠腺的分泌物中不含消化酶，肠腔内的化学消化过程主要靠伴随食糜一起进入大肠的小肠消化液继续发挥消化作用。

9. 肛门　肛门是消化管末端，外为皮肤，内为黏膜，黏膜衬以复层扁平上皮。皮肤与黏膜之间有平滑肌形成的内括约肌和横纹肌形成的外括约肌，控制肛门的开闭。提肛反射是否消失是判定动物是否彻底死亡的标志之一。

（三）消化生理

1. 消化和吸收的概念　有机体在进行新陈代谢的过程中，必须不断从外界摄取营养物质，以满足各种生命活动的需要，营养物质存在于家畜的饲料中，如蛋白质、糖类、脂类、维生素、水和无机盐等。其中维生素、水和无机盐可被直接吸收利用，而蛋白质、糖类、脂类等都是高分子化合物，必须先在消化管内经过物理的、化学的和生物的利用，分解为结构简单的小分子物质，才能被机体吸收利用。这种把自然界中具有复杂结构的物质在消化管内转变为结构简单能被机体吸收的物质的过程就称为消化；而物质透过消化管黏膜上皮进入血液和淋巴的过程称为吸收。消化与吸收的目的是把周围环境中对机体有用的物质摄入体内，转化为体内物质和供给能量。

2. 消化方式

（1）机械性消化（物理性消化）。通过消化器官的运动，改变饲料物理性状的一种消化方式，如咀嚼、反刍、蠕动等。有磨碎饲料、混合消化液、促进内容物后移和营养物质吸收的作用。消化管的运动是管壁肌肉来完成的。而胃肠的肌肉全部为平滑肌，具有兴奋性低、收缩缓慢、伸展性大、不易疲劳、有自动节律性等特性。这些特性保证了消化道可容纳比本身体积大好几倍的食物，并经常保持一定的压力，使内容物缓慢后移。

（2）化学性消化。指在消化液中"酶"的作用下进行的消化。它能改变营养物质的化学结构，使其成为能被吸收的小分子物质。酶是体内细胞产生的一种具有催化作用的特殊蛋白质，通常称为生物催化剂。具有消化作用的酶称为消化酶，由消化腺产生，多数存在于消化液中，少数存在于肠黏膜脱落细胞或肠黏膜内。消化酶多为水解酶，具有高度的特异性，即一种酶只能影响某一种营养物质的分解过程，对其他物质则无作用。如淀粉酶只能加快淀粉的分解，而对蛋白质、脂肪及糖都无作用。根据酶的作用对象的不同，可将其分为3种类型：蛋白分解酶、脂肪分解酶和糖分解酶。

酶易受各种因素的影响，如温度、酸碱度、激动剂、抑制剂等。温度对酶的活性影响很大，通常37~40℃是消化酶的最适温度，这时酶的活性最强。酶对环境的pH非常敏感，每一种酶各有其特殊适合的环境，有的在酸性环境中活性最佳（如胃蛋白酶），有的则在碱性环境中活性最好（如胰蛋白酶），有的则在中性环境中最活跃（如唾液淀粉酶）。有些物质能增强酶的活性，称为激动剂，如氯离子是淀粉酶的激动剂；有些物质能使酶的活性降低甚至完全消失，称为酶的抑制剂，如重金属（Ag、Cu、Hg、Zn 等）离子。

（3）生物学消化。是指消化道内的微生物对饲料进行的消化。这种消化方式对草食动物尤为重要。草食动物的饲料中含有大量的纤维素，而其体内并不分泌分解纤维素的酶，纤维素的分解是在消化道内微生物的作用下完成的。牛的生物学消化主要在瘤胃和大肠内进行。

在消化过程中，以上 3 种消化是同时进行且互相协调的。这样饲料就由大变小，从消化管前端移到后端，使食物与消化液完全混合，达到完全消化与吸收的目的。

3. 消化道各部的消化作用

（1）口腔的消化。

①采食。牛主要依靠视觉和嗅觉去寻找、选择食物，靠舌来摄取食物。食物进入口腔后，又依靠味觉和触觉来评定，并把其中不适合的物质吐出。

②咀嚼。咀嚼是在颌部、颊部、咀嚼肌和舌肌的配合运动下，用上下齿列将食物压碎或磨碎，并混合唾液的过程。咀嚼的作用为：

A. 磨碎食物。机械地将饲料磨碎，增加与消化液接触的面积。尤其对于植物性饲料的消化具有特别重要的意义。

B. 混合唾液。使磨碎后的饲料与唾液充分混合，起到湿润和润滑食物的作用，形成食团利于吞咽。

C. 反射性引起唾液腺、胃腺、胰腺等消化腺的分泌活动和胃肠道的运动，为以后的消化过程创造有利条件。

各种家畜的咀嚼方式和程度是不同的。肉食动物用下颌猛烈地上下运动压碎齿列间的食物，咀嚼很不充分，一般随采随咽。马和反刍动物的上颌比下颌宽，能够用一侧咀嚼交换进行。马在饲料咽下前充分精细的咀嚼。反刍动物采食时咀嚼不充分，待反刍时再仔细咀嚼。由于饲养管理不当，反刍动物常将混在饲料中的异物（铁丝、铁钉等）吞进胃内，易继发创伤性网胃炎。家禽口腔内无牙齿，采食不经过咀嚼，食物进入口腔后依靠舌的运动迅速吞咽。

（2）咽和食管的消化。咽和食管均是食物通过的管道。食物在此不停留，不进行消化，只是借助肌肉的运动向后推移。

（3）胃的消化。

①前胃的消化。前胃主要进行生物学消化，而瘤胃是进行生物学消化的主要部位。饲料中有 70%～85%可消化干物质和约 50%粗纤维在瘤胃中被消化。网胃相当于一个中转站，一方面将粗硬的饲料返回瘤胃，一方面将较稀饲料运送到瓣胃。瓣胃相当于一个滤器，收缩时把饲料中较稀软的部分运送到皱胃，而把粗糙部分留在叶片中间揉搓研磨，以有利于下一步的继续消化。

A. 瘤胃的生物学消化。瘤胃内有大量的有机物和水，pH 接近中性（7.2），温度适宜（39～41℃），特别适合微生物的生长、繁殖。瘤胃内的微生物主要是细菌和纤毛虫。据测定 1g 瘤胃内容物中含细菌 150 亿～250 亿，纤毛虫 60 万～180 万，总体积约占瘤胃容积的 3.6%，其中细菌和纤毛虫各占一半。在这些微生物的作用下，瘤胃内的饲料可发生下列复杂的消化过程。

a. 纤维素、淀粉、葡萄糖的发酵。反刍动物饲料中的纤维素、半纤维素、淀粉、果聚糖、戊聚糖、蔗糖和葡萄糖等，它们均可被瘤胃微生物发酵而分解。但发酵速度随其可利用性而有所不同。可溶性糖快，淀粉次之，纤维素和半纤维素缓慢。反刍动物所需糖的来源主要是纤维素，在瘤胃中发酵的纤维素占总纤维素的40%～50%。发酵的进行主要靠瘤胃中纤毛虫和细菌的纤维素分解酶。纤维素和半纤维素等在分解发酵过程中，首先生成纤维二糖，再分解为葡萄糖。葡萄糖还继续分解，经乳酸和丙酮酸阶段，最终生成挥发性脂肪酸（主要是乙酸、丙酸、丁酸）、甲烷和二氧化碳。在反刍动物和其他草食动物中，挥发性脂肪酸是主要能源物质。

b. 蛋白质消化和代谢。饲料蛋白质进入瘤胃后有50%～80%可被瘤胃微生物的蛋白水解酶水解成肽类和氨基酸。大部分氨基酸迅速被发酵菌的脱氨基酶作用，生成NH_3、短链脂肪酸和其他酸类；某些肽和少量氨基酸可直接进入微生物细胞内合成微生物蛋白质。也有为数不少的微生物必须利用NH_3和挥发性脂肪酸合成氨基酸，再生成菌体蛋白质，故NH_3是合成微生物蛋白质的主要氮源。

c. 脂肪的消化和代谢。饲料中的脂肪大部分能被瘤胃微生物彻底水解，生成甘油和脂肪酸。其中的甘油多半又被发酵成丙酸，少量被转化成琥珀酸或乳酸。由脂肪水解生成的脂肪酸和来自饲料中的脂肪酸，一般不再被细菌分解，而将来源于甘油三酯的不饱和脂肪酸加水氢化，转变成饱和脂肪酸。细菌还能合成磷脂。单胃动物体脂中饱和脂肪酸占36%，而反刍动物则高达55%～62%。

d. 维生素合成。瘤胃微生物能合成多种B族维生素，其中硫胺素多存在瘤胃液中，40%以上生物素、吡哆醇和泛酸存在于微生物体表。而叶酸、核黄素、尼克酸和维生素B_{12}等大都存在于微生物体内。此外，瘤胃微生物还能合成维生素K。所以，一般情况下，即使日粮中B族维生素缺乏，也不会影响成年反刍动物的健康。

B. 前胃的运动。前三个胃的运动是紧密联系的，不间断地对食物进行机械性消化。首先是网胃相继发生两次收缩，第一次收缩较弱，网胃容积减少约一半。将浮在网胃上部的粗饲料压送回瘤胃，然后舒张。接着发生第二次强烈地收缩，内腔几乎完全消失，把比较重的、稀薄的和被微生物初步消化的饲料压入瓣胃，部分食物压入网胃。由于网胃的位置和结构特征，第二次强烈收缩，往往可造成随饲料进来的铁钉等异物穿透胃壁和膈，刺伤心脏而发生创伤性网胃炎或心包炎。因此，在饲料管理上，要采取措施防止尖硬锋利之物被误食。当动物反刍时，网胃第一次收缩之前还增加一次收缩，称为附加收缩。在网胃第二次强烈收缩尚未终止时，瘤胃开始收缩。收缩从瘤胃前庭开始，收缩波沿背囊由前向后迅速传布到背盲囊，使瘤胃内容物由前向后移动混合并推送到腹囊。然后腹囊收缩由后向前依次进行，使食物由后向前移动混合并推送到背囊的上方和前部，部分内容物再进入网胃。这种收缩产生的波称为第一次收缩波或"A"波。瘤胃的收缩运动可以在腹壁的左肷部看到，用听诊器可以听到，一般2～3次/min。瘤胃的运动和瘤胃蠕动音，反映瘤胃的消化机能和机体的健康状况。有时在"A"波之后，瘤胃还发生额外第二次收缩，它通常起始于瘤胃后腹部，由后向前扩布到背囊。它与频频嗳气有关，而与网胃收缩没直接联系，是瘤胃单独产生的波，称为第二次收缩波或"B"波。

C. 反刍。反刍动物采食时，饲料未经充分咀嚼就匆匆经食管吞入瘤胃。瘤胃中的饲料经过胃内的水分和咽下唾液的浸泡软化及一定时间的微生物发酵，当休息时再把这些较粗糙饲料重新逆返回口腔，进行仔细地再咀嚼和再混入唾液，然后再吞咽。这一系列的特殊消化过程称为反刍。反刍是反刍动物极其重要的生理机能，也是反刍动物的健康标志之一。在某些疾病、过度使役或外界环境异常时，常出现反刍停止或反刍次数减少。反刍动物在个体发育过程中，反刍动作的出现是与摄取粗饲料相联系的。犊牛在出生后的 20～30d 开始出现反刍动作，这时动物开始选食草料，瘤胃也开始具备发酵的条件。反刍的次数与饲料的性质有关，吃粗饲料时反刍次数多，而吃精料时少。成年牛一昼夜进行 6～8 次，每次反刍持续时间 40～50min。幼畜反刍次数多，每天可达 16 次。

D. 食管沟反射。食管沟是连于贲门与网瓣胃口之间的沟。犊牛和羔羊在吸吮乳汁或饮水时，能反射地引起食管沟唇闭合成管状，使乳汁或水直接从食管沟到达网瓣口，经瓣胃沟进入皱胃。若用桶给犊牛喂奶，由于缺乏吸吮刺激，食管沟有可能闭合不全，部分乳汁进入瘤胃和网胃，引起异常发酵，导致腹泻。食管沟随着年龄的增长而逐渐失去作用。

E. 嗳气。瘤胃内由于微生物的强烈发酵，不断产生大量的气体（体重 500kg 的牛，每分钟可产生 1L 左右的气体），主要是 CO_2 和 CH_4，间有少量的 H_2、O_2、N_2、H_2S 等，这些气体约有 1/4 被吸收入血经肺排出，一部分被瘤胃微生物利用，大部分通过食管排出。我们把通过食管排出气体的过程，称为嗳气。牛一般每小时嗳气 17～20 次。如嗳气停止，则会引起瘤胃臌气。

②皱胃的消化。皱胃能分泌胃液，主要进行化学性消化。

A. 胃液的性质、成分和作用。纯净胃液为无色、透明、清亮的强酸性液体，pH 为 0.9～1.5。由水、盐酸、消化酶、黏蛋白和无机盐构成。

盐酸：由胃腺壁细胞分泌。其主要作用：有利于蛋白质消化，能抑制和杀灭进入胃内的细菌；进入小肠后，能促进胰液、胆汁和肠液分泌，并刺激小肠运动；使食物中的 Fe^{3+} 被还原为 Fe^{2+}；所形成的酸性环境，有助于铁和钙的吸收。初生幼畜胃液特别缺乏盐酸。胃液过多时可侵蚀胃和十二指肠黏膜。是消化性溃疡的诱因之一。

消化酶：主要是胃蛋白酶和凝乳酶。由胃腺主细胞分泌到胃腔的是无活性的胃蛋白酶原，它在盐酸或已激活的胃蛋白酶作用下，转变为有活性的胃蛋白酶，在酸性环境中胃蛋白酶能分解蛋白质；凝乳酶能使乳汁凝固，延长乳汁在胃内停留的时间，以利于充分消化。

黏蛋白：呈弱碱性，覆盖在胃黏膜表面，有保护作用。

B. 皱胃的运动。皱胃主要进行紧张性收缩和蠕动，有混合胃内容物、增加胃内的压力和推动食糜后移的作用。

（4）小肠内消化。

①小肠的运动。小肠平滑肌经常保持一定的紧张性，这是小肠运动的基础。如果紧张性低，肠壁对食糜刺激对抗力小，混合食糜乏力，食糜转送缓慢；反之，紧张性高，混合和推送食糜加快。小肠运动有 3 种形式：分节运动、蠕动、钟摆运动。

②胰液的消化作用。胰液是胰腺分泌的无色透明、无臭稍微黏稠的碱性液体。胰液中含水 90%，无机物主要为碳酸氢钠和少量氯化钠，有机物是各种消化酶，主要为胰淀粉酶、胰脂肪酶和胰蛋白分解酶。

胰淀粉酶：是一种 α-淀粉酶，能水解淀粉为麦芽糖及葡萄糖。胰淀粉酶作用的最适 pH 为 6.7～7.0。

胰脂肪酶：能将甘油三酯分解为脂肪酸、甘油一酯和甘油。

胰蛋白分解酶：主要是胰蛋白酶，糜蛋白酶及少量的弹性蛋白酶。最初分泌出来时均以无活性的酶原形式存在。胰蛋白酶原分泌到十二指肠后，迅速被肠激活酶激活，使之变为有活性的胰蛋白酶。胰蛋白酶能迅速激活糜蛋白酶原和弹性蛋白酶原。胰蛋白酶和糜蛋白酶的作用很相似，都能将蛋白质分解为脉和胨。二者共同作用时，可进一步分解为小分子多肽和少量氨基酸。糜蛋白酶还有较强的凝乳作用。胰液中还存在羧基肽酶、核糖核酸酶和脱氧核糖核酸酶等，它们分别能水解多肽为氨基酸，水解核酸为单核苷酸。

③胆汁的消化作用。胆汁是由肝细胞分泌的具有强烈苦味的碱性液体，呈暗绿色。胆汁分泌出来后贮存于胆囊中，需要时胆囊收缩，将胆汁经胆囊管排入十二指肠。胆汁由水、胆酸盐、胆色素、胆固醇、卵磷脂和无机盐等组成，其中有消化作用的是胆酸盐。

胆酸盐的作用：激活胰脂肪酶原，增强胰脂肪酶的活性；降低脂肪滴的表面张力，将脂肪乳化为微滴，有利于脂肪的消化；与脂肪酸结合成水溶性复合物，促进脂肪酸的吸收；促进脂溶性维生素（维生素 A、维生素 D、维生素 E、维生素 K）的吸收。因此，胆汁能帮助脂肪的消化吸收，对脂肪的消化具有极其重要的意义。另外，胆汁还有中和胃酸的作用。

④小肠液的消化作用。小肠液是小肠黏膜内各种腺体的混合分泌物。一般呈无色或灰黄色，混浊，呈碱性反应。小肠液含有各种消化酶，如肠激酶、肠肽酶、肠脂肪酶和双糖分解酶（包括蔗糖酶、麦芽糖酶和乳糖酶）。这些消化酶的主要作用是对前部消化器官初步分解过的营养物质进行彻底的消化。如肠肽酶能把多肽分解为氨基酸，肠脂肪酶能把脂肪分解为甘油和脂肪酸，肠双糖分解酶能将双糖分解为葡萄糖。

（5）大肠内消化。食糜经小肠消化吸收后，剩余部分进入大肠。由于大肠腺只能分泌少量碱性黏稠的消化液，不含消化酶，所以大肠的消化除依靠随食糜而来的小肠消化酶继续作用外，主要靠微生物进行生物学消化。

大肠由于蠕动缓慢，食糜停留时间较长，水分充足，温度和酸度适宜，有大量的微生物在此生长、繁殖，如大肠杆菌、乳酸杆菌等。这些微生物能发酵分解纤维素，产生大量的低级脂肪酸（乙酸、丙酸和丁酸）和气体。低级脂肪酸被大肠吸收，作为能量物质利用，气体则经肛门排出体外。另外，大肠内的微生物还能合成 B 族维生素和维生素 K。

反刍动物对纤维素的消化、分解，主要在瘤胃内进行。大肠内的生物学消化作用远不如瘤胃，只能消化少量的纤维素，作为瘤胃消化的补充。

（四）吸收

食物的成分或其消化后的产物，透过消化道黏膜的上皮细胞，进入血液和淋巴的过程称为吸收。

1. 吸收的部位 消化道的不同部位，对物质吸收的程度是不同的。这主要取决于该部位消化管的组织结构、食物的消化程度以及食物在该部停留的时间。口腔和食管，基本不吸收；前胃可吸收大量的挥发性脂肪酸；皱胃可吸收少量的水和醇类；小肠可吸收大量的营养物质和水；大肠可吸收水、挥发性脂肪酸和其他少量营养物质。

小肠是吸收的主要部位。小肠具有适于吸收各种物质的结构，小肠很长，盘曲很多，黏膜具有环状皱褶，并拥有大量指状的肠绒毛，具有很大的吸收面积；食物在小肠内停留的时间也长，且已被消化到适于吸收的状态，易于被吸收。

2. 各种营养物质的吸收 各种营养物质的吸收主要是在小肠内进行的。脂肪酸、甘油一酯、部分单糖、部分氨基酸和维生素（维生素 B_{12} 除外）在十二指肠和空肠前段吸收；大部分氨基酸及部分单糖在小肠中段吸收；胆盐和维生素 B_{12} 在回肠吸收。

（1）糖的吸收。可溶性糖（主要是淀粉）在胰淀粉酶和肠双糖分解酶的作用下，分解为单糖（葡萄糖、果糖、半乳糖）被吸收。纤维素在微生物的作用下，分解成挥发性脂肪酸被吸收。单糖和挥发性脂肪酸被吸收后进入毛细血管，经门静脉入肝。

（2）蛋白质的吸收。蛋白质在胃蛋白酶、胰蛋白酶、羧肽酶和肠肽酶的作用下，分解为各种氨基酸。氨基酸被肠黏膜吸收入血，经门静脉入肝。

（3）脂肪的吸收。脂肪在胃脂肪酶、胰脂肪酶和肠脂肪酶的作用下，分解为甘油和脂肪酸。甘油和脂肪酸被吸收进入肠黏膜上皮细胞后，少部分直接进入血液，经肝门入肝；大部分在细胞内重新合成中性脂肪，经中央乳糜管进入淋巴液。

（4）维生素的吸收。

①水溶性维生素。包括 B 族维生素和维生素 C。一般是以简单的扩散方式被吸收的。维生素 B$_{12}$ 的吸收必须与胃腺壁细胞分泌的内因子结合成复合物，才能不被消化管内的消化酶破坏，到达回肠与黏膜上特异性受体结合后被吸收。

②脂溶性维生素。包括维生素 A、维生素 D、维生素 E 和维生素 K。它们能溶于脂肪，吸收机制与脂类相似，以单纯扩散的方式进入上皮细胞。维生素 D、维生素 K 和胡萝卜素（维生素 A 的前体），需要与胆盐结合进入小肠黏膜表面的静水层方可被吸收。

（5）水和无机盐的吸收。一般说来，肠管对无机盐的吸收具有选择性。一价碱盐如钠、钾、铵的吸收很快，多价碱性盐类则吸收很慢。凡能与钙结合而形成沉淀的盐，如硫酸盐、磷酸盐、草酸盐等则不能被吸收。

水的吸收主要在小肠（约占 80%），少部分在大肠（约占 20%）。盐类主要以溶解状态在小肠被吸收（约占 75%）。不同的盐被吸收的难易程度不相同。氯化钠、氯化钾最易被吸收，其次是氯化钙和氯化镁，最难被吸收的是磷酸盐和硫酸盐。

3. 粪便的形成和排粪　食糜经消化和吸收后，其中的残余部分进入大肠后段，由于水分被大量吸收而逐渐浓缩，形成粪便。

排粪是一种复杂的反射活动。当直肠粪便不多时，肛门括约肌处于收缩状态，粪便停留在直肠内。当粪便积聚到一定数量时，引起肠壁感受器兴奋，经传入神经（盆神经）传到腰荐部脊髓的低级排粪中枢，并由此继续传至高级中枢（位于延髓和大脑皮层）。然后从高级中枢发出神经冲动到低级中枢，并继续沿盆神经传到大肠段，引起肛门内括约肌舒张，直肠壁肌肉收缩，同时腹肌也收缩以增加腹压进行排粪。因此，腰荐部脊髓和脑部损伤，会导致排粪失常。

思考题

1. 名词解释。

消化　　吸收　　齿式

2. 从口腔开始，依次说明反刍动物与马属动物消化系统的顺序组成。

3. 掌握以下器官的体表投影。

牛：瘤胃　网胃　瓣胃　皱胃　小肠

4. 分别说明牛和马属动物消化系统各部的消化特点。

5. 说明各种物质在体内吸收部位和吸收方式。

6. 猪饮水后，主要在何部位、通过何种生理机制被吸收入血？

7. 在牛的饲料中加入少量尿素，为什么可以降低饲养成本？

8. 胃液为什么是酸性的？有何生理作用？

9. 胆汁中没有消化酶，为什么又是重要的消化液？

10. 牛为什么易患创伤性心包炎？

11. 犊牛为什么不宜用桶喂乳？尽早喂草对犊牛有何作用？

12. 填图。

（1）

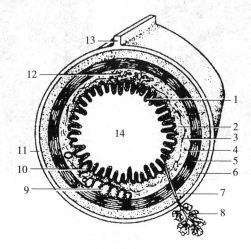

消化管构造

1.　　　　2.　　　　3.　　　　4.　　　　5.　　　　6.　　　　7.

8.　　　　9.　　　　10.　　　　11.　　　　12.　　　　13.　　　　14.

（2）

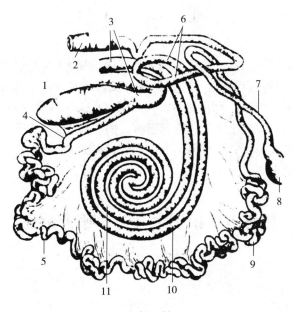

牛的肠管

1.　　　　2.　　　　3.　　　　4.　　　　5.　　　　6.

7.　　　　8.　　　　9.　　　　10.　　　　11.

（3）

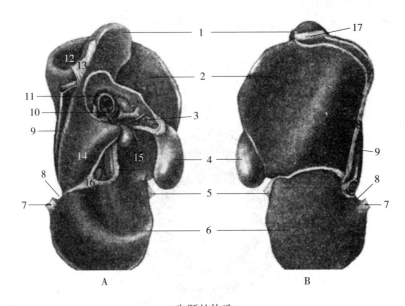

牛肝的构造

A. 脏面　B. 壁面

1.　　　2.　　　3.　　　4.　　　5.　　　6.　　　7.　　　8.　　　9.

10.　　11.　　12.　　13.　　14.　　15.　　16.　　17.

知识链接

牛　百　叶

又称牛柏叶。牛是反刍动物，与其他的家畜不同，最大的特点是有四个胃，分别是瘤胃、网胃（蜂巢胃）、瓣胃（百叶胃，因其黏膜形成百余片大小、宽窄不同的叶片）和皱胃。牛柏叶即牛的瓣胃，可以作食物材料，一般用作火锅、炒食等用途。新鲜的牛柏叶必须经过处理才会爽脆可口。牛肚含蛋白质、脂肪、钙、磷、铁、硫胺素、核黄素、尼克酸等，具有补益脾胃、补气养血、补虚益精、消渴、风眩之功效，适宜于病后虚羸、气血不足、营养不良、脾胃薄弱之人。

任务五　识别牛（羊）呼吸系统

学习目标

◆ 知识目标：

了解呼吸系统的组成。

掌握肺、喉、气管的形态、位置和构造。

了解呼吸运动、呼吸频率、气体交换和气体运输等基本呼吸生理知识。

◆ **技能要求：**

能在牛体上找出肺的体表投影。

在显微镜下识别肺的组织构造。

子任务一　牛（羊）呼吸器官的形态、构造的识别

【目的要求】通过学习，识别呼吸器官的形态、位置和构造。

【材料及设备】牛（羊）的新鲜尸体或呼吸系统标本解剖刀、剪。

【方法步骤】在牛（羊）的新鲜尸体或标本上识别下列器官：喉、气管、支气管和肺，重点识别肺的形状、位置、颜色、质地、分叶。

【技能考核】在牛（羊）新鲜器官或标本上识别上述呼吸器官。

子任务二　气管、肺组织构造的识别

【目的要求】通过学习，识别肺的组织构造。

【材料及设备】显微镜、牛或羊的肺组织切片。

【方法步骤】教师先利用投影、幻灯，向学生讲解肺的组织结构。学生在教师的指导下，利用显微镜观察、识别肺的组织构造，重点识别肺内的各级支气管、肺泡管、肺泡囊和肺泡。

【技能考核】能利用显微镜识别肺的组织构造。

牛（羊）呼吸系统的构造及呼吸生理

家畜在生命活动中，必须不断从外界吸入氧气，也必须随时从体内呼出二氧化碳。机体与外界进行气体交换的过程称为呼吸。

（一）呼吸器官的构造

呼吸系统由鼻腔、咽、喉、气管、支气管和肺构成。鼻腔、咽、喉、气管和支气管是气体出入肺的通道，称为呼吸道，主要起保障气流畅通的作用。肺是呼吸的核心器官，主要作用是发生气体交换。呼吸道和肺在辅助器官协助下共同实现呼吸生理机能。

1. 鼻腔　鼻腔被鼻中隔分为左右两半，前方有鼻孔和鼻翼，后方有鼻后孔。牛鼻翼厚实，鼻孔与上唇间形成鼻唇镜。羊和猪鼻孔与上唇处分别形成鼻镜和吻镜。

鼻腔侧壁有上、下鼻甲骨，将每侧鼻腔分隔为上、中、下3个鼻道。上鼻道通鼻黏膜的嗅区，中鼻道通副鼻窦，下鼻道最宽大，是鼻孔到咽的主要气流通道。鼻中隔两侧面与鼻甲骨之间形成总鼻道，和上、中、下3个鼻道均相通。鼻腔内表面衬有皮肤和黏膜，分为前庭区、呼吸区和嗅区。前庭区位于鼻孔之内，被覆由面部折转而来的皮肤，着生鼻毛，可滤过空气。呼吸区位于鼻腔中部，黏膜中含丰富的血管和腺体，可净化、湿润和温暖吸入的空

气。嗅区位于鼻腔后上部，黏膜形成嗅褶，内有嗅细胞，可感受嗅觉刺激。

在鼻腔周围的头骨内，有的在两层骨板间形成空腔，称为副鼻窦。副鼻窦经狭窄的裂缝与中鼻道相通。窦黏膜含丰富的血管并与鼻腔呼吸区黏膜相延续。副鼻窦有减轻头骨重量、温暖和湿润空气及对发音起共鸣等作用。家畜主要的副鼻窦是额窦和上颌窦。牛的额窦较大，与角突的腔相通。

2. 咽 见"消化系统"。

3. 喉 喉是呼吸通道，也是发声器官。喉位于下颌间隙后方、头颈交界的腹侧，前方通咽和鼻腔，后接气管。喉由喉软骨、喉肌和喉黏膜构成。

喉软骨是喉的支架，由1块环状软骨、1块甲状软骨、1块会厌软骨和1对杓状软骨共4种5块构成。环状软骨与甲状软骨分别构成喉的后部和底、侧壁。会厌软骨与杓状软骨位于喉前部，共同围成喉口并与咽相通。喉口与背侧的食管口相邻。会厌软骨前端游离且向舌根翻转，吞咽时可盖住喉口，防止食物误咽入喉和气管。各喉软骨间借关节、韧带彼此相连。

喉肌附着于喉软骨外侧，可改变喉的形状。

喉的内腔称为喉腔。喉腔内表面衬以黏膜。喉腔中部的黏膜形成一对皱褶，称为声带。两侧声带间的狭隙称为声门裂，气流通过时振动声带便可发声。喉黏膜有丰富的感觉神经末梢，受到刺激会引起咳嗽，将异物咳出。

4. 气管和支气管 气管位于颈、胸椎腹侧。前端接喉，后端进入胸腔中，在心基上方分为右尖叶支气管和左、右支气管（马属动物仅有左、右支气管），分别进入左、右两肺中，并继续分支形成支气管树。

气管呈圆筒状，由一连串U形气管软骨环连接而成，其朝上的缺口间连有富含平滑肌的弹性纤维膜。

气管壁自内向外分为黏膜、黏膜下层和外膜3层。黏膜包括黏膜上皮和固有膜。黏膜上皮是夹有杯状细胞的假复层柱状纤毛上皮，杯状细胞可分泌黏液以吸附气流中的尘粒和细菌，纤毛可向喉部摆动，将黏液排向喉腔，经咳嗽排出。黏膜下层为疏松结缔组织，内含气管腺、血管和神经。外膜由气管软骨环和环间结缔组织构成。

5. 肺

（1）肺的位置、形态和构造。肺位于胸腔内、纵隔两侧，左、右各一，右肺通常大于左肺，两肺占据胸腔的大部分。健康的肺呈粉红色、海绵状，质地柔软而轻，富有弹性。

肺有3个面：肋面、纵隔面和膈面。肋面在外侧，略凸，与胸腔侧壁接触，有肋压迹；纵隔面在内侧，与纵隔接触，前部有心压迹，后上方有肺门，是支气管、肺血管、淋巴管和神经出入肺的门户；膈面在后下方，较凹，与膈肌接触。

肺有3个缘：背缘、后缘和腹缘。背缘钝而圆，位于肋椎沟中。后缘较薄锐，位于外侧壁和膈间的沟中。腹缘位于心包外侧，具有心切迹和其他叶间切迹，使肺出现分叶。

肺的分叶：左肺三叶，由前向后依次分为尖叶、心叶和膈叶；右肺分四叶，由前向后依次为尖叶、心叶、膈叶和副叶。其中右尖叶又可分为前、后两部分，并与右尖叶支气管相连。

由于家畜左肺小，左心压迹深而宽，心脏在纵隔中向左偏移，使左侧心包较多地外露于肺并与左胸壁接触。兽医临床上常将左肺心切迹作为心脏听诊部位，其体表投影近似长方形，与第3～6肋区间对应，上界约在肩关节水平线稍下方。

（2）肺组织结构。肺表面覆盖光滑、湿润的浆膜（肺胸膜），浆膜下的结缔组织伸入肺内，将肺实质分隔成众多肉眼可见的肺小叶。肺小叶是以细支气管为轴心，由更细的逐级支气管和所属肺泡管、肺泡囊、肺泡构成的相对独立的肺结构体，一般呈锥体形，锥底朝肺表面，锥尖朝肺门。家畜小叶性肺炎即肺以肺小叶为单位发生了病变，肺实质包括肺内各级支气管和肺泡管、肺泡囊、肺泡。

主支气管由肺门入肺以后，在继续延伸的过程中反复分支并由粗渐细，形成肺的支气管树和各级支气管。当支气管管径在1mm以下时，称为细支气管；当细支气管管径在0.5mm以下时，称为终末细支气管；当其管径更细小而且壁外连通肺泡管时，称为呼吸性细支气管（图2-14、图2-15）。

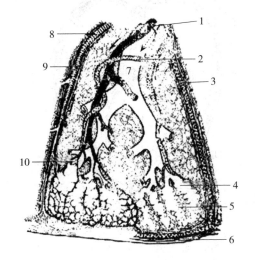

图2-14　肺小叶结构

（左侧省略了血管，右侧省略了淋巴管）

1. 肺动脉　2. 细支气管　3. 淋巴管

4. 肺泡管　5. 肺泡　6. 肺胸膜　7. 气道

8. 肺静脉　9. 小叶间隔　10. 呼吸性细支气管

［马仲华，2002. 家畜解剖学及组织胚胎学（第三版）.］

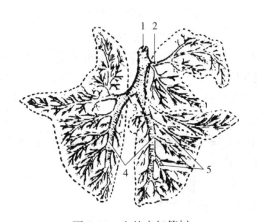

图2-15　牛的支气管树

1. 气管　2. 右尖叶支气管　3. 支气管

4. 主支气管　5. 小支气管

［马仲华，2002. 家畜解剖学及组织胚胎学（第三版）.］

各级支气管的管壁结构起初与肺门外支气管的基本相似，但随着支气管逐级变细小，管壁也逐渐变薄，结构也逐渐变简单，主要变化特征是腺体逐渐减少或消失，软骨环逐渐变成软骨碎片且越来越小乃至消失，管壁平滑肌相对增多，黏膜上皮逐渐由假复层柱状纤毛上皮转为单层柱状纤毛上皮乃至单层立方上皮。由于细支气管壁无软骨片支撑，当某些病因引起管壁平滑肌痉挛时，管腔发生闭塞，便发生呼吸困难。

肺泡管直接连通在呼吸性细支气管壁上。肺泡囊是肺泡管侧壁的众多的梅花状大囊，是数个肺泡向内的共同开口和通道。肺泡是单个的、在肺泡管、肺泡囊壁上膨出的小泡。肺泡壁非常薄，仅由一层夹杂有立方形分泌细胞的单层扁平上皮细胞构成。肺泡呈多面球体，一面有缺口，与肺泡囊、肺泡管相通，其他各面与相邻肺泡的肺泡壁相贴形成肺泡隔，隔内有丰富的毛细血管网和弹力纤维膜包绕肺泡壁，这样的结构有利于肺泡与血液之间发生气体交换，也使肺泡具有良好的弹性，吸气时能扩张，呼气时能回缩。肺泡隔内还有一种吞噬细胞，称为隔细胞。这种细胞可进入肺泡腔内，吞噬肺泡内尘粒和病菌，又称为尘细胞。

在肺实质结构中，从肺内支气管到终末细支气管的各级管道，主要作用是保障和控制肺通气，并无气体交换机能，故称为肺的通气部。从呼吸性细支气管开始到肺泡管、肺泡囊、肺泡，其管壁和泡壁与紧贴其外的毛细血管壁组成气体分子可自由透过的气血屏障，亦称为呼吸膜，成为肺部气体交换的先决条件。因此，呼吸性细支气管、肺泡管、肺泡囊和肺泡又称为肺的呼吸部，主要作用是实现肺的气体交换机能。

6. 胸腔、胸膜腔和纵隔（图 2-16）

（1）胸腔。胸腔是以胸廓为框架并附着胸壁肌和皮肤的截顶圆锥状体腔，该腔在胸壁肌群帮助下可扩大和缩小。

（2）胸膜腔。胸膜腔是衬贴于胸腔内壁面、纵隔表面的胸膜壁层与覆盖于肺表面的胸膜脏层之间的狭窄腔隙，其间仅有少量浆液，起润滑作用。胸膜壁层又分为肋胸膜、纵隔胸膜和膈胸膜，胸膜脏层又称为肺胸膜。胸膜发炎时，胸膜腔出现大量渗出液——胸水，或者胸膜壁层与脏层间发生粘连，均影响家畜的呼吸运动。

（3）纵隔。纵隔是两侧的纵隔胸膜及其之间的所有器官和组织的总称。纵隔内夹有胸腺、心包、心脏、气管、食管和大血管等。纵隔位于胸腔正中，将胸腔和胸膜腔分隔为左右两部。除马属动物外，家畜左、右胸膜腔一般互不相通。

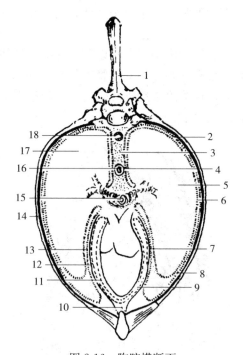

图 2-16　胸腔横断面

1. 胸椎　2. 肋胸膜　3. 纵隔　4. 纵隔胸膜
5. 左肺　6. 肺胸膜　7. 心包胸膜　8. 胸膜腔
9. 心包腔　10. 胸骨心包韧带　11. 心包浆膜脏层
12. 心包浆膜壁层　13. 心包纤维层　14. 肋骨
15. 气管　16. 食管　17. 右肺　18. 主动脉

（范作良，2001. 家畜解剖.）

（二）呼吸生理

呼吸是家畜生命活动的重要特征，呼吸过程包括以下 3 个环节：①外呼吸，即气体（O_2 和 CO_2）在肺泡和血液间的交换，因是在肺内进行故又称为肺呼吸；②气体的运输，即血液流经肺部是获得 O_2，并通过循环带给全身组织，同时把组织产生的 CO_2 运至肺部排出体外；③内呼吸，即血液与组织液之间的气体交换，因是在组织内进行，故又称为组织呼吸。

1. 呼吸运动　呼吸运动是指因呼吸肌群的交替舒缩而引起胸腔和肺节律性扩大或缩小的活动。其中，胸腔和肺一同扩大使外界空气流入肺泡的过程为吸气；胸腔和肺一同缩小将肺泡内的气体逼出体外的过程为呼气。呼吸运动是肺通气的原动力。

（1）吸气和呼气的发生。

①吸气过程。吸气过程是一个主动过程。当吸气肌（肋间外肌和膈肌）收缩时，便引起胸腔两壁的肋骨开张、后壁的膈顶后移和低壁的胸骨稍降，肺会随之发生扩张，肺泡内气压

会迅速降低。当外界气压相对高于肺内压时，空气便从外界经呼吸道流入肺泡。

②呼气过程。呼气过程是一个被动过程。吸气过程一停止，肋间外肌和膈肌便立即舒张，肋骨、膈顶和胸骨便宽息回位，使胸腔和肺得以收缩，肺泡内气压会迅速上升。当外界气压相对低于肺内压时，肺泡气体便经呼吸道呼出体外。

家畜剧烈运动或不安时，伴随着肋间外肌和膈肌的舒张，肋间内肌和腹壁肌也参与呼气，使胸腔和肺缩得更小，肺内压升得更高，于是呼气也比平时更快更多。

（2）胸内负压及其意义。家畜吸气时肺能随胸腔一同扩张的根本原因在于胸内负压。胸内负压指胸膜腔内的压力在呼吸过程中始终低于外界大气压。这种负压是胎儿出生后发展起来的。胎儿时期，肺内为不含气的器官，出生后，胸腔因首次吸气运动而扩大。外界空气经呼吸道进入肺泡后，大气压便通过肺泡壁间接作用于胸膜腔的壁层，又因扩张状态的肺具有一定的弹性回缩力，使胸腔的脏层能抵消一部分大气压后与胸膜腔壁层分离，不含气体的胸膜腔中便出现了负压现象。胸内负压可用下列公式表示：

$$胸内负压＝大气压－肺弹性回缩力$$

胸内负压的存在有重要的生理意义。首先，负压使胸膜腔的壁层和脏层浆膜之间产生二者相吸的倾向，从而确保了肺能跟随胸腔做相应的扩张，也使肺泡内经常能保留一定的余气，有利于持续进行气体交换。另外，负压有利于静脉血和淋巴液的回流，有利于牛、羊反刍时胃内容物逆呕到口腔。但当胸膜腔因胸膜腔穿透损伤等原因破裂时，胸内负压便随着进气（称为气胸）而消失。此时即使胸腔运动仍在发生，由于肺自身因弹性回缩而塌陷，不能随之扩大和缩小，肺通气便不再继续。

（3）呼吸式、呼吸频率和呼吸音。

①呼吸式。家畜的呼吸运动表现有胸式、腹式、胸腹式3种。呼吸时以肋间肌活动为主，胸廓起伏明显者为胸式呼吸；以膈活动为主，起伏明显者为腹式呼吸；肋间肌和膈肌同等程度的运动，胸廓和腹部起伏程度接近一致者为胸腹式呼吸。健康家畜的呼吸常表现为胸腹式呼吸，但呼吸式会因家畜生理状况和疾病而发生改变，当家畜怀孕后期或腹部脏器发生疾病时，常表现胸式呼吸；当胸部脏器发生病变时，常表现腹式呼吸。注意观察呼吸式对诊断疾病和妊娠有实际意义。

②呼吸频率。家畜每分钟的呼吸次数称为呼吸频率。健康牛的呼吸频率为10～30次/min，羊的呼吸频率为10～20次/min。

呼吸频率可因个体生理状况、外界环境和疾病等因素不同而改变，诊断中应综合考虑并加以区别。

③呼吸音。呼吸音为呼吸时气体通过呼吸道及出入肺泡时摩擦产生的声音。家畜呼吸时，在胸廓表面和颈部气管附近发出三种呼吸音：A. 肺泡音，类似"V"的延长音，是肺泡扩张所产生的呼吸音；B. 支气管音，类似"ch"延长音，是气流通过声门裂引起漩涡产生的声音；C. 支气管肺泡音，是肺泡和支气管音混合在一起产生的一种不定性呼吸音，仅在疾患引起肺泡音或支气管音减弱时出现。

当肺部发生病变时，会出现各种病理性呼吸音。

2. 气体交换　实验证明，在家畜吸入的气体和呼出的气体中，O_2 和 CO_2 含量有显著的变化。即吸入气体中 O_2 的含量较呼出气多，而呼出气中 CO_2 的含量较吸入气多。这就说明家畜在呼吸过程中进行了气体交换。气体交换发生在肺和全身组织，交换的动力是气体分压差，交换的先决条件是气体通透膜的通透性。气体分压是指混合气体中某种气体成分在总压中所占的压力份额，在混合气体中某种气体的浓度越高，其气体分压也越高，反之则越低，根据气体分子扩散原理，在通透膜两侧，如某种气体的分压值不相等，则该气体分子可透过通透膜，由气体分压较高的一侧扩散到较低的一侧。

（1）肺换气（肺呼吸）。气体在肺泡和血液之间的交换，肺换气之所以能够进行，是由于具备了以下两个条件：一是呼吸膜很薄，气体分子可以自由通过；二是呼吸膜两侧存在气体分压差，气体分子可以由分压高的一侧向分压低的一侧扩散。据测定，在肺泡腔与毛细血管腔之间发生了如下气体交换：

$$肺泡腔 \underset{CO_2}{\overset{O_2}{\rightleftharpoons}} 毛细血管腔$$

肺换气的主要结果是肺泡壁毛细血管血液发生了气体成分改变，即血液中 O_2 增多，CO_2 减少，静脉血变成了动脉血。

（2）组织换气（组织呼吸）。组织换气是血液与组织间发生了气体成分改变。组织换气之所以能进行，一是由于毛细血管管壁很薄，具有良好的气体通透性，气体分子可以自由通过；二是由于组织细胞在代谢的过程中，不断消耗 O_2，产生 CO_2，因而组织中氧的分压较低，而二氧化碳分压较高，在毛细血管管壁两侧存在气体分压差。因此，毛细血管与组织液之间发生了如下气体交换：

$$毛细血管血液 \underset{CO_2}{\overset{O_2}{\rightleftharpoons}} 组织液$$

毛细血管中的血液与组织间发生气体交换后，血液中 O_2 含量减少，CO_2 含量增多，动脉血转变为静脉血。

3. 气体运输　在呼吸过程中，血液担任气体运输任务，不断把 O_2 从肺运到组织中，又不断把 CO_2 从组织细胞运输到肺部。

（1）O_2 的运输。O_2 进入血液后，少数直接溶解于血液中，随血液运输到组织细胞利用。大多数与血红蛋白结合而运输。在肺部，由于氧分压高，O_2 与红细胞的血红蛋白结合成氧合血红蛋白，呈鲜红色，使血液变成动脉血。在组织内，由于组织细胞不断消耗 O_2，氧分压降低，此时 O_2 与血红蛋白分离，并扩散到组织中，以供利用。

（2）CO_2 的运输。CO_2 在血液中的运输形式有三种，约有 2.7% 直接溶解于血液中，20% 与血红蛋白结合成氨基酸血红蛋白，而绝大部分与水和钠（钾）结合成碳酸氢盐。CO_2 被运输到肺毛细血管时，因二氧化碳分压较低，后两种化合物立即分解，CO_2 从溶解状态中游离出来。

从 O_2 和 CO_2 的运输形式可以看出，血红蛋白因中毒而丧失运输 O_2 和 CO_2 的功能时，就会引起机体缺氧。

4. 呼吸运动的调节　呼吸运动是一种节律性活动，有机体通过神经和体液调节来实现呼吸的节律性并控制呼吸的深度和频率。

（1）神经调节。在中枢神经系统内，有许多调节呼吸运动的神经细胞群，统称为呼吸中枢。它们分布于脑、脊髓的许多部位（包括大脑皮层、间脑、脑桥、延髓和脊髓），其中最基本的中枢在延髓。

延髓呼吸中枢分为吸气中枢和呼气中枢，两者之间存在着交互抑制关系，即吸气中枢兴奋时，呼气中枢抑制，引起吸气运动；呼气中枢兴奋时，吸气中枢抑制，引起呼气运动。

由延髓呼吸中枢发出的神经纤维，控制脊髓中支配呼吸肌的运动神经元，并通过肋间神经和膈神经支配呼吸肌的活动。

肺泡壁上有牵张感受器。当肺泡因吸气而扩张时，牵张感受器受刺激而产生兴奋。冲动沿迷走神经传入延髓的呼吸中枢，引起呼气中枢兴奋，同时吸气中枢受到抑制，从而停止吸气而产生呼气；呼气之后，肺泡缩小，不再刺激牵张感受器，呼气中枢转为抑制，于是又开始吸气。如此循环往复，形成节律性的呼吸运动。上述过程称为肺牵张反射。喉、气管和支气管的黏膜上有感受器，对机械性刺激和化学刺激很敏感。当这些部位受到刺激时，则产生传入冲动，经迷走神经传入延髓，触发一系列反射效应，这种过程称为咳嗽反射；鼻黏膜上也有敏感的感受器，刺激物作用于鼻黏膜时而产生兴奋，冲动沿三叉神经传入延髓，触发一系列反射效应，这种过程称为喷鼻反射。咳嗽反射和喷鼻反射均属于防御性呼吸反射。

在脑桥中具有呼吸调整中枢，对维持呼吸运动的节律性和深度有一定意义。大脑皮层可以控制呼吸运动，使之变慢、加快或暂时停止。

总之，动物正常的节律性呼吸，是延髓呼吸中枢调节的结果。而延髓呼吸中枢的兴奋性又受到肺部传来的迷走神经传入纤维和脑桥呼吸调整中枢的影响。呼吸调整中枢又受脑的高级部位，乃至大脑皮层的控制。

（2）体液调节。调节呼吸运动的体液因素主要是血液中的 CO_2、O_2 浓度和 pH。

①CO_2 浓度对呼吸运动的影响。呼吸中枢对 CO_2 浓度十分敏感，血液中正常的 CO_2 就能刺激呼吸中枢的兴奋。当 CO_2 浓度升高时，呼吸运动增强，反之减弱，甚至使呼吸运动停止。

②O_2 浓度对呼吸运动的影响。血液中缺 O_2 往往与血液中 CO_2 过量同时并存，因此缺 O_2 也可引起呼吸增强，加大肺的通气量，以增加 O_2 的摄取。血液缺 O_2 对延髓呼吸中枢无直接的兴奋作用，它是通过对外周化学感受器（如颈动脉体和主动脉窦的化学感受器）的刺激而引起呼吸变化的。如缺 O_2 严重，将严重抑制呼吸中枢，这时来自外周化学感受器的兴奋性传入冲动，不足以抵抗缺 O_2 对呼吸中枢的抑制作用，因而呼吸减弱，甚至停止呼吸。

③血液 pH 对呼吸的影响。血液 pH 降低时呼吸活动加强，血液 pH 升高时呼吸活动减弱。血液 pH 变化对呼吸运动的影响，主要是通过对延脑中枢的直接作用引起的。血液 pH 也可以通过外周的化学感受器而影响呼吸中枢的活动。

 思考题

1. 名词解释。

外呼吸　内呼吸

2. 如何确定肺和心的听诊部位？

3. 简述牛呼吸系统的组成。

4. 简述气管、肺的组织构造。

5. 说明胸内负压的概念、成因、生理意义及"气胸"的危害。

6. 填图。

（1）

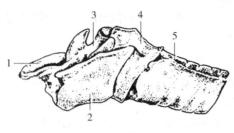

喉软骨

1.　　　2.　　　3.　　　4.　　　5.

（2）

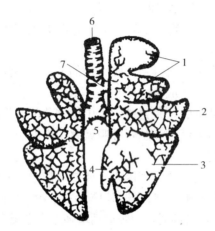

牛肺分叶

1.　　　2.　　　3.　　　4.
5.　　　6.　　　7.

（3）

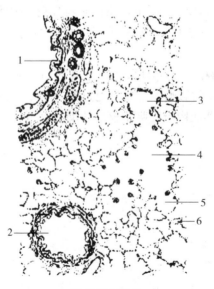

肺的组织结构

1.　　　2.　　　3.
4.　　　5.　　　6.

知识链接

病理性呼吸音

病理性呼吸音包括：

1. 病理性肺泡呼吸音 为肺发生病变时所引起的肺泡呼吸音减弱、增强或性质改变。

（1）肺泡呼吸音减弱或消失。由进入肺泡内的空气量减少，气流速度减慢或声音传导障碍引起。常见于：①呼吸运动障碍。如全身衰弱、呼吸肌瘫痪、腹压过高、胸膜炎、肋骨骨折、肋间神经痛等。②呼吸道阻塞。如支气管炎、支气管哮喘、喉或大支气管肿瘤等。③肺顺应性降低。肺顺应性是指在外力作用下，肺组织的可扩张性。肺顺应性降低可使肺泡壁弹性减退，充气受限而使呼吸音减弱，如肺气肿、肺瘀血、肺间质炎症等。④胸腔内肿物。如肺癌、肺囊肿等。⑤胸膜疾患。如胸腔积液、气胸、胸膜增厚及粘连等。

（2）肺泡呼吸音增强。与呼吸运动及通气功能增强，进入肺泡的空气流量增多，流速加快有关。双侧肺泡呼吸音增强见于运动、发热、甲状腺功能亢进症；贫血、代谢性酸中毒时，可刺激呼吸中枢使呼吸深长，从而引起双侧肺泡呼吸音增强。肺或胸腔病变使一侧或一部分肺的呼吸功能减弱或丧失，则健侧或无病变部分的肺泡呼吸音可出现代偿性增强。

2. 病理性支气管呼吸音 在正常肺泡呼吸音分布的区域内听到支气管呼吸音，即为病理性支气管呼吸音，也称为管呼吸音。常由下列病变引起：

（1）肺组织实变。主要是炎症性肺实变，常见于大叶性肺炎实变期、肺结核（大块渗出性病变），也见于肺脓肿、肺肿瘤及肺梗死。实变部位范围越大、越表浅，则支气管呼吸音越强，反之，则较弱。

（2）肺内大空洞。当肺内大空洞与支气管相通，气流进入空洞产生漩涡振动或支气管呼吸音的音响在空腔内产生共鸣而增强，再加上空腔周围实变的肺组织有利于声波传导，因此，可以听到支气管呼吸音。常见于肺结核、肺脓肿、肺癌形成空洞时。

（3）压迫性肺不张。见于胸腔积液、肺部肿块等，肺组织受压发生肺不张时。

3. 病理性支气管肺泡呼吸音 在正常肺泡呼吸音分布的区域内听到支气管肺泡呼吸音，称为病理性支气管肺泡呼吸音。常见于肺实变区小且与正常肺组织掺杂存在，或肺实变部位较深并被正常肺组织所遮盖。

任务六　识别牛（羊）泌尿系统

学习目标

◆ **知识目标：**

了解泌尿系统的组成。

理解尿生成的机理及影响尿生成的因素。

掌握肾、膀胱的位置、形态、结构和机能。

◆ 技能要求：

能在显微镜下识别肾的组织结构。

子任务一　羊泌尿系统器官的形态、构造的识别

【目的要求】通过学习，使学生识别牛、羊的肾和膀胱的形态、位置和构造。

【材料及设备】牛肾模型、牛尸体或肾及膀胱离体标本、解剖器械。

【方法步骤】

1. 在尸体上识别肾、输尿管、膀胱等器官的位置、形态和构造。

2. 在新鲜肾或肾标本的横断面上识别肾叶、皮质、髓质、肾乳头、肾小盏等构造。

【技能考核】识别肾的形态、构造。

子任务二　肾组织结构的识别

【目的要求】识别肾的组织构造，进一步理解尿的生成过程。

【材料及设备】生物显微镜、牛肾组织切片、投影仪。

【方法步骤】教师先用幻灯片演示并讲解牛肾的组织构造。学生在显微镜下，识别肾的下列结构：肾小球、肾小囊、肾小囊腔和肾小管。

【技能考核】在显微镜下识别牛肾的组织构造。

知识准备

牛（羊）泌尿系统的构造及泌尿生理

在生命过程中，家畜的体内不断产生对自身无用甚至有害的代谢产物。这些产物除部分经皮肤、呼吸器官和消化管排出外，其余须经泌尿器官通过泌尿排泄，因此，泌尿是家畜非常重要的排泄途径。

（一）泌尿器官的构造

泌尿系统由肾、输尿管、膀胱和尿道构成。肾是泌尿器官，主要作用是生成尿液。输尿管、膀胱和尿道分别是输尿、贮尿和排尿器官。

1. 肾

（1）肾的形态、位置和构造（图 2-17）。

牛肾呈红褐色，左右肾不对称。右肾呈长椭圆形，位于第 12 肋间隙至第 2～3 腰椎横突腹面。左肾呈厚三棱形，位于第 3～5 腰椎横突腹面靠近正中线的地方，夹在瘤胃背囊与结肠圆盘之间，可随瘤胃充满程度不同而左右移动。肾的周围包有脂肪，称为肾脂肪囊，具有保护、固定肾的作用。肾的表面紧贴一层白色坚韧的纤维膜。此膜在正常情况下很容易剥离。

肾内缘中部有凹陷称为肾门，是肾动脉、肾静脉、输尿管等出入肾的地方。肾门向肾内部扩大形成的空隙称为肾窦，窦内含有肾盏、肾盂、血管和脂肪。

肾表面有深浅不一并充有脂肪的叶间沟，将肾分为 16～20 个大小不等的肾叶。每个肾

叶由位于浅部的皮质和位于深部的髓质构成。皮质呈红褐色，内有许多细小色暗的颗粒，是肾小体；髓质颜色较浅，内有许多放射状条纹，是成束的肾小管和集合管。髓质由许多呈圆锥形的肾锥体构成，肾锥体的锥底与皮质相连，锥尖伸向肾窦。一个或数个锥尖构成一个肾乳头，肾乳头突入肾窦内相应的肾小盏。几个肾小盏汇合，形成肾大盏，肾大盏进一步汇合形成两条集合管（牛无肾盂），后接输尿管。

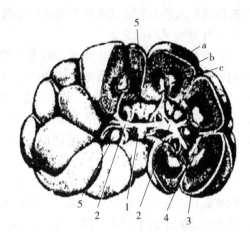

图 2-17　牛肾（部分切开）

1. 输尿管　2. 集收管　3. 肾乳头　4. 肾小盏　5. 肾窦
a. 纤维膜　b. 皮质　c. 髓质
［马仲华，2002. 家畜解剖学及组织胚胎学（第三版）.］

　　由于牛肾的表面有叶间沟，髓质部有大量的肾乳头，故牛肾属有沟的多乳头肾。

　　（2）肾的组织结构。肾实质由肾单位和集合管系组成（图 2-18）。

　　①肾单位。肾单位是肾的基本结构和功能单位。肾单位由肾小体和肾小管构成。

　　肾小体分布于肾皮质，包括肾小球和肾小囊。肾小球位于肾小囊中，它由入球小动脉进入肾小囊后分为数支，盘曲形成分叶状毛细血管球，然后又汇集成出球小动脉离开肾小囊。肾小囊是肾小管起始部盲端膨大凹陷形成的杯状囊，分为内、外两层，外层为壁层，内层为脏层，两层均由单层扁平上皮构成。壁层上皮与近曲小管上皮相延续，脏层上皮（为一层多突的足细胞）与紧贴的肾小球毛细血管壁构成滤过膜，具有良好的选择通透性。肾小囊内外两层间的腔隙称为肾小囊腔，与肾小管腔直接连通。肾小管是一条细长而弯曲的小管，起始于肾小囊腔，顺次分为近曲小管、髓袢（包括降支和升支）和远曲小管，末端汇入集合管。近曲小管在肾小体附近弯曲盘绕，髓袢在皮质和髓质中形成发夹状管袢，远曲小管在皮质中弯曲盘绕。肾小管各段均由单层上皮构成，但细胞形态不同。近曲小管上皮细胞呈锥形，游离面有刷状缘，可增加重吸收面积。髓袢降支上皮细胞呈扁平状，髓袢升支和远曲小管上皮

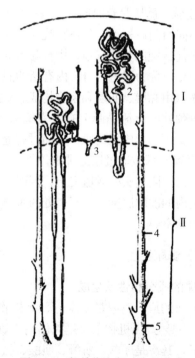

图 2-18　肾单位在肾叶内的分布
Ⅰ. 皮质　Ⅱ. 髓质

1. 髓旁肾单位　2. 皮质肾单位　3. 弓形动脉及小叶间动脉
4. 集合小管　5. 乳头管
［马仲华，2002. 家畜解剖学及组织胚胎学（第三版）.］

细胞呈立方状。肾小管各段管壁厚度也不同，重吸收性能随之不同。

　　②集合管系。包括集合管和乳头管。许多条肾单位的远曲小管在末端陆续汇合就形成较粗的集合管。集合管壁由单层立方上皮或单层柱状上皮构成，也具有良好的重吸收性能。集合管

在肾锥体内汇入乳头管，乳头管末端开口于肾乳头。

（3）肾血液循环特点。

①肾血液循环的途径。由腹主动脉发出的肾动脉，入肾门后分出若干条叶间动脉，走向锥体之间，在皮质与髓质交界处形成弯曲的弓形动脉。弓形动脉向皮质发出许多小叶间动脉，小叶间动脉又分支为入球小动脉。入球小动脉进入肾小球后分为数支毛细血管，盘曲形成肾小球，之后汇合成出球小动脉。出球小动脉离开肾小囊后，在皮质和髓质的肾小管周围再次分支，形成毛细血管网，称为球后毛细血管网。肾小管周围的毛细血管网逐渐汇集成小叶间静脉，小叶间静脉汇集成弓形静脉、叶间静脉，最后经肾静脉开口于后腔静脉。

②肾血液循环的主要特点。肾动脉直接来自腹主动脉，口径粗、行程短、血流量大；入球小动脉短而粗，出球小动脉长而细，因而肾小球内的血压较高；动脉在肾内两次形成毛细血管网，即血管球和球后毛细血管网。第二次形成的毛细血管血压很低，便于物质的吸收。

2. 输尿管　输尿管是一对输送尿液到膀胱的狭而直的细长管道，它起于集合管（牛）或肾盂（羊、猪和马），出肾门后沿腹腔顶壁向后延伸，至盆腔入口，向后延伸开口于膀胱颈部。输尿管末端突入膀胱内，这种结构有利于防止尿液倒流。输尿管壁由黏膜、肌层和外膜3层构成。

3. 膀胱　膀胱是暂时储存尿液的器官，呈梨形。位于骨盆腔底壁前部上方，其位置可因尿充盈度不同而前后移动。公畜膀胱上方为直肠，母畜则为子宫。

膀胱前端钝圆为膀胱顶，中部膨大为膀胱体，后端狭窄为膀胱颈。膀胱颈向后与尿道直接相接，交界口称为尿道内口，内有括约肌。

膀胱壁由黏膜、肌层和浆膜构成。黏膜厚而柔软，衬以变移上皮，空虚时有很多皱褶。在靠近膀胱颈处的背侧黏膜上有左右输尿管的开口。肌层为平滑肌，分为内纵、中环和外纵3层，在膀胱颈部形成括约肌，收缩时有逼尿排出的作用。

4. 尿道　尿液通过尿道排出体外。尿道起于膀胱颈的尿道内口，后段并入生殖道中。公牛尿道外口在阴茎头的尿道突上，因而整个尿道细长而弯曲。母牛尿道比较短，外口隐藏在尿生殖前庭内的前端底壁，在开口处的腹侧面有一凹陷，称为尿道憩室。导尿时切忌将导尿管误插入尿道憩室。

（二）泌尿生理

1. 尿的成分和性状生成

（1）尿的成分。尿是由水分、无机物和有机物组成的。水占96%～97%，无机物和有机物占3%～4%。无机物主要是氯化钠、氯化钾，其次是碳酸盐、硫酸盐和磷酸盐。有机物主要是尿素，其次是尿酸、肌酐、肌酸、氨、尿胆素等。在使用药物时，尿液成分中还会出现残余排泄物。

（2）尿的性状。牛每昼夜排尿量为6～8L，羊为1～1.5L。尿液一般呈碱性，淡黄色。刚排出的尿呈透明水样，但如放置时间较长，则因尿中碳酸钙逐渐沉淀而变得混浊。

2. 尿的生成　包括以下两个阶段。

（1）肾小球的滤过作用。当血液流经肾小球时，由于血压较高，除了血细胞和蛋白质外，血浆中的水和其他物质都能通过滤过膜滤到肾小囊腔内，这种滤出液称为原尿。原尿的生成量与肾小球内的有效滤过压有关。

肾小球的有效滤过压＝肾小球毛细血管血压－（血浆胶体渗透压＋肾小囊内压）

在正常情况下，血浆胶体渗透压与肾小囊内压之和（阻止滤过）小于肾小球入球小动脉端的血压（促进滤过），从而保证了原尿生成。

（2）肾小管和集合管的重吸收、分泌、排泄作用。原尿流经肾小管和集合管时，其中的许多物质被重吸收回血液中，称为重吸收作用。肾小管和集合管的重吸收作用具有一定的选择性。凡是对机体有用的物质，如葡萄糖、氨基酸、钠、氯、钙、重碳酸根等，几乎全部或大部分重吸收；对机体无用或用处不大的物质，如尿素、尿酸、肌酐、硫酸根等，则只有少许被重吸收或完全不被重吸收。

肾小管和集合管能将血浆或肾小管上皮细胞内形成的物质，如 H^+、K^+、NH_3^+ 等分泌到肾小管腔中。同时也能将某些不易代谢的物质（如尿胆素、肌酸）或由外界进入体内的物质（如药物）排泄到管腔中。习惯上把前者称为分泌作用，后者称为排泄作用。

原尿经过肾小管和集合管的重吸收、分泌、排泄作用后形成终尿。终尿由输尿管输送到膀胱贮存。膀胱内的尿液充盈到一定程度时，再反射性地由尿道排出体外。

3. 尿生成的调节　凡能影响肾小球滤过作用和集合管重吸收和分泌作用的因素都可以影响到尿的生成。

（1）影响肾小球滤过膜通透性的改变。在正常情况下，滤过膜的通透性比较稳定。当机体内缺氧或中毒时，肾小球毛细血管壁通透性增加，使原尿生成量增加，同时，会引起血细胞和血浆蛋白滤过，出现血尿或蛋白尿。在发生急性肾小球肾炎时，由于肾小球内皮细胞肿胀，使滤过膜增厚，通透性减少，从而导致原尿生成减少，出现少尿。

（2）有效滤过压的改变。在正常情况下，有效滤过压比较稳定。但当决定尿生成的三个因素发生变化时，有效滤过压也随之发生变化，影响尿的生成。如当动物大量失血时，流入肾的血液量减少，肾小球毛细血管的血压下降，有效滤过压下降，导致原尿生成减少，出现少尿或无尿现象；当血浆蛋白含量减少时（静脉注射大量生理盐水引起单位容积血液中血浆蛋白含量减少），血浆胶体渗透压会降低，有效滤过压增大，原尿生成量增加，出现多尿；当输尿管结石或肿瘤压迫肾小管时，尿液流出受阻，肾小囊腔的内压增高，有效滤过压降低，原尿生成量减少，发生少尿等。

（3）原尿溶质浓度过高。当原尿中溶质的量超过肾小管重吸收限度时，会有部分溶质不能被重吸收。这些溶质使原尿的渗透压升高，阻碍水分的重吸收，引起多尿，这称为渗透性利尿。如静脉注射大量高渗葡萄糖溶液后会引起多尿。

（4）激素。影响尿生成的激素主要有抗利尿素和醛固酮。

思考题

1. 名词解释。

肾单位　肾小球　肾小体　有效滤过压

2. 填空题。

（1）泌尿系统由_____、_____、_____、_____组成。

（2）牛的右肾呈_____形，位于_____腰椎横突腹侧。

（3）从形态结构上看，牛肾为_____，羊肾为_____。

3. 肾小体由哪几部分构成?

4. 从肾乳头渗出的尿液属于原尿还是终尿? 试说明其来源和去路。

5. 机体出现少尿、血尿和蛋白尿的原因有哪些? 试说明其发生机理。

6. 说明家畜大量饮水、大剂量注射生理盐水和注射高渗葡萄糖溶液后出现多尿的原因。

7. 填图。

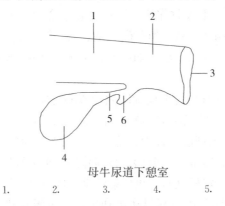

母牛尿道下憩室

1.　　　　2.　　　　3.　　　　4.　　　　5.

关于犬、猫的结石

尿石症　尿石症又称为尿路结石,是肾结石、输尿管结石、膀胱结石和尿道结石的统称。临床上以排尿困难、阻塞部位疼痛和血尿为特征。

病因: 形成的原因尚未完全清楚。一般认为与食物单调或矿物质含量过高、饮水不足、矿物质代谢紊乱、尿液 pH 的改变、尿路感染和病变等因素有关。

尿结石主要在肾(肾小管、肾盏、肾盂)中形成,以后移行至膀胱,并在膀胱中继续增大,故认为膀胱是犬、猫尿结石最常见的场所。肾小管内的尿石多固定不动,但肾盂或膀胱内的结石则可移动,有的移行至输尿管和尿道时,可发生阻塞。结石的阻塞部位刺激尿路黏膜,引起局部黏膜损伤、发炎、出血,导致尿道平滑肌发生痉挛收缩,呈现肾性腹痛。由于尿路阻塞引起排尿困难或尿闭,膀胱积尿,导致膀胱麻痹甚至破裂。

症状:

1. 肾结石　多位于肾盂,肾结石形成初期常无明显症状,随后呈现肾盂肾炎的症状,排血尿,肾区压痛,行走缓慢,步态强拘、紧张。严重时可形成肾盂积水。

2. 输尿管结石　剧烈腹痛,呕吐,患病犬、猫不愿走动,表现痛苦,步行拱背,腹部触诊疼痛。输尿管单侧或不完全阻塞时,可见血尿、脓尿和蛋白尿;若双侧输尿管同时完全阻塞时,无尿进入膀胱,呈现无尿或尿闭,往往导致肾盂肾炎。

3. 膀胱结石　患病犬、猫排尿困难,血尿和频尿,但每次排出量少。膀胱敏感性增高,结石位于膀胱颈部时,可呈现排尿困难和疼痛表现。较大的结石触诊时往往可以被摸到。

4. 尿道结石　多发生于公犬、猫。尿道不完全阻塞时,排尿疼痛,尿液呈滴状或断续状流出,有时排尿带血。尿道完全阻塞时,则发生尿闭、肾性腹痛。膀胱极度充盈,患病犬、猫频频努责,却不见尿液排出。时间拖长,可引起膀胱破裂和尿毒症。

任务七 识别牛（羊）生殖系统

学习目标

◆ **知识目标：**

掌握公、母牛生殖系统的组成，睾丸、卵巢、子宫、阴囊的位置、形态、构造和机能。

掌握性成熟、发情周期、受精、泌乳等生殖生理知识。

掌握精液的组成。

了解精子的构造。

子任务一 羊生殖系统器官的形态、构造的识别

【目的要求】认识公、母牛（羊）生殖系统的形态、构造、位置及它们之间的相互关系。

【材料及设备】显示公、母牛（羊）生殖系统各器官位置关系的尸体标本，牛、羊生殖器官的离体标本。

【方法步骤】用公、母牛（羊）生殖器官的新鲜标本，先观察各器官的外形和位置，然后解剖。

1. 公牛(羊)生殖器官 注意观察阴囊、睾丸、附睾、精索和输精管的形态、结构及它们之间的位置关系。

2. 母牛(羊)生殖器官 注意观察卵巢、子宫的形态、结构、位置及各器官之间的位置关系。

【技能考核】在牛（羊）尸体或标本上识别公、母牛（羊）生殖器官的形态、位置和构造。

子任务二 睾丸和卵巢组织构造的识别

【目的要求】认识睾丸和卵巢的组织结构。

【材料及设备】睾丸和卵巢组织切片、显微镜。

【方法步骤】用显微镜（先用低倍镜，后用高倍镜）观察睾丸和卵巢的组织切片，注意观察睾丸和卵巢各部分组织的结构特点。

【技能考核】在显微镜下识别睾丸和卵巢的组织结构。

知识准备

牛（羊）生殖系统的构造及生殖生理

（一）生殖系统的构造

生殖系统是牛繁殖后代，保证种族延续的一个系统。此外还能产生和分泌性激素，

与神经系统及脑垂体等一起，共同调节生殖器官的活动和促进第二性征的发育。家畜繁殖后代是依靠两性生殖细胞（精子和卵子）的结合而实现的。所以，生殖系统有雄性和雌性之分。

1. 雄性生殖系统 雄性生殖系统由睾丸、附睾、输精管、副性腺、尿生殖道、阴茎及其附属器官（精索、阴囊和包皮）组成（图2-19）。

（1）睾丸。牛的睾丸成对，与附睾一起位于阴囊内。在胚胎时期，家畜的睾丸原位于腹腔内肾的两侧，随着胎儿的发育，睾丸和附睾经腹股沟管下降到阴囊中。如果睾丸没有下降到阴囊内，则为隐睾，这样的公牛不宜种用。

睾丸呈左、右稍扁的椭圆形，分头、体、尾三部分，头向上，尾朝下。睾丸的外面被覆一层浆膜性的固有鞘膜。固有鞘膜的深面是一层较厚的致密结缔组织，称为白膜。白膜从睾丸头部伸入睾丸内形成睾丸纵隔。纵隔中的结缔组织放射状地向睾丸实质伸入，将睾丸分成许多锥形小室，称为睾丸小叶。每个睾丸小叶由2～3条长而紧密盘曲的曲细精管和周围的间质构成（图2-20、图2-21）。

曲细精管是产生精子的地方。在显微镜下，可看到曲细精管有两层结构，外层是很薄的一层基膜，内层是特殊的复层上皮，即生精上皮。上皮中有两类形态结构和生理机能截然不同的细胞：一类是处于不同发育阶段的生精细胞，包括精原细胞、初级精母细胞、次级精母细胞、精子细胞和精子；另一类为

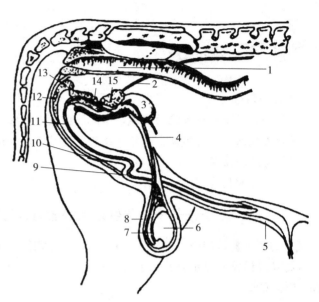

图 2-19　公牛生殖器官

1. 直肠　2. 输尿管　3. 膀胱　4. 输精管　5. 包皮　6. 睾丸
7. 附睾　8. 阴囊　9. 阴茎"乙"状弯曲　10. 阴茎缩肌　11. 雄性尿道　12. 坐骨海绵体肌　13. 尿道球腺　14. 前列腺　15. 精囊腺
［董常生，2001. 家畜解剖学（第三版）.］

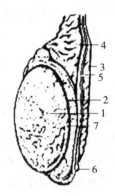

图 2-20　公牛的睾丸

1. 睾丸　2. 附睾　3. 输精管　4. 精索
5. 睾丸系膜　6. 阴囊韧带　7. 附睾窦
（朱金凤，2007. 动物解剖.）

支持细胞，呈高柱状或锥形，游离端朝向管腔。生精细胞镶嵌于支持细胞的胞质凹陷中。支持细胞对各级生精细胞有支持、保护和营养作用，并为生精细胞的分化发育提供适宜的微环境。

间质是填充在曲细精管之间的疏松结缔组织，内有丰富的血管、神经和体积较大的内分

泌细胞，这种细胞在性成熟后能分泌雄性激素，称为间质细胞。

（2）附睾。附睾是贮存精子并使精子进一步成熟的地方。它附着在睾丸的一侧，由输出小管和附睾管组成。附睾可分为头、体、尾三部分。附睾头由睾丸输出小管与附睾管共同构成。附睾管是一条长而高度盘曲的小管，构成附睾体和附睾尾，在附睾尾处管径增大延续为输精管。附睾尾借附睾韧带与睾丸尾端相连。附睾韧带由附睾尾延续到阴囊（总鞘膜）的部分，称为阴囊韧带。去

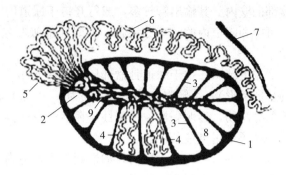

图 2-21　睾丸和附睾结构模式
1. 白膜　2. 睾丸纵隔　3. 睾丸小隔　4. 精曲小管
5. 睾丸输出管　6. 附睾管　7. 输精管　8. 睾丸小叶　9. 睾丸网
（朱金凤，2007. 动物解剖.）

势时切开阴囊后，必须切断阴囊韧带和睾丸系膜，才能摘除睾丸和附睾。

（3）输精管。输精管是输送精子的管道。起始于附睾尾的末端，进入精索，经腹股沟管上行入腹腔，在腹腔内与精索血管分开，进而向后入骨盆腔，沿骨盆腔侧壁移行至膀胱背侧形成输精管壶腹，末端开口于尿道起始部背侧壁的精阜上。

（4）精索。呈扁的圆锥形索状，基部附着于睾丸和附睾上，顶端达腹股沟管腹环。精索内除输精管外，还有血管、淋巴管、神经、平滑肌束（睾内提肌）等。精索的外表面被有固有鞘膜。去势时，要结扎和截断精索。

（5）阴囊。是一个袋状的皮肤囊。内藏睾丸、附睾和大部分精索。阴囊壁由外向内由下列各层构成：

①阴囊皮肤。较薄，其表面正中线上有一条阴囊缝，示阴囊中隔的位置。

②肉膜。贴在阴囊皮肤的内面，不易同皮肤分离。肉膜在阴囊正中形成阴囊中隔，将阴囊分为左、右两个腔。

③阴囊筋膜。是位于肉膜深面的一层结缔组织膜。它的深面有睾外提肌（来自腹内斜肌），包在总鞘膜的后外侧，收缩时可上提睾丸。

④总鞘膜。为腹膜壁层经腹股沟管延续而来的浆膜，衬贴于腹股沟管和阴囊的内壁上。总鞘膜折转覆盖在睾丸和附睾的表面，即形成固有鞘膜。总鞘膜与固有鞘膜之间的空隙，称为鞘膜腔。腔的上段为鞘膜管，经过腹股沟管以鞘膜口（鞘环）与腹腔相通。

（6）尿生殖道。尿生殖道是排尿和排精的共同管道，可分为骨盆部和阴茎部。骨盆部位于骨盆腔内，从膀胱颈到坐骨弓的一段，在骨盆联合与直肠之间。阴茎部位于阴茎海绵体腹侧的尿道沟中，构成阴茎的一部分，其末端开口于阴茎头，开口处称为尿道外口。在尿生殖道起始部的背侧黏膜上有一圆形隆起，称为精阜，是输精管和精囊腺输出管开口的地方。

（7）副性腺。包括精囊腺、前列腺和尿道球腺。

①精囊腺。位于膀胱颈的背面，左右各一，其输出管开口于精阜。牛的精囊腺发达，呈不规则、长卵圆形（羊的呈圆形），表面凹凸不平。精囊腺的分泌物富含果糖，在射精以后可作为能源供应给精子。

②前列腺。由体部和扩散部两部分组成。体部位于尿道起始部的背侧；扩散部位于尿道

骨盆部的壁内。其输出管较多，成行开口于尿道内。前列腺的分泌物含较多的蛋白质，呈碱性，可中和阴道内的酸性分泌物，同时还能吸收精子在代谢中产生的 CO_2，以利于精子的活动。

③尿道球腺。位于尿道骨盆部后端的背外侧，左右成对，略呈半球形（猪的为圆柱形，马的呈卵圆形）。每侧腺体以一条（马为6～8条）输出管开口于尿道骨盆部后端背侧。尿道球腺的分泌物，透明黏滑，呈碱性，在射精以前排出，有冲洗尿道和中和阴道内酸性物的作用，为精子通过创造条件。

副性腺的分泌物称为精清，输送到尿生殖道内与精子混合共同构成精液。凡是幼龄去势的家畜，所有副性腺都不能正常发育。

（8）阴茎。阴茎是排尿、排精和交配器官。家畜的阴茎由阴茎海绵体和尿生殖道阴茎部构成，平时是柔软的，隐藏在包皮之内，交配时海绵体血窦内充满血液，使阴茎变硬和伸长（勃起），便于交配。马的阴茎海绵体发达。

阴茎可分为阴茎根、阴茎体和阴茎头三部分。阴茎根以两个阴茎脚附着于坐骨结节腹面，然后合并为阴茎体。阴茎头为阴茎的游离端。各种家畜阴茎形状不一样，牛、羊的阴茎呈圆柱状，细而长，在阴囊的后方形成乙状弯曲，勃起时伸直；阴茎头尖而扭转（羊的阴茎头较膨大，并形成阴茎头帽和略细的阴茎头颈）。

（9）包皮。包皮是皮肤转折而成的管状鞘，有容纳和保护阴茎头的作用。

2. 雌性生殖系统　雌性生殖系统包括卵巢、输卵管、子宫、阴道、尿生殖前庭和阴门（图2-22）。

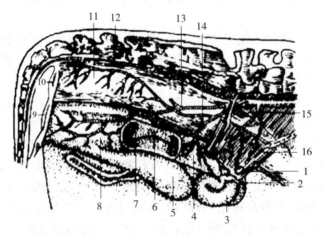

图 2-22　母牛生殖器官位置关系（右侧观）
1. 卵巢　2. 输卵管　3. 子宫角　4. 子宫体　5. 膀胱　6. 子宫颈管
7. 子宫颈阴道部　8. 阴道　9. 阴门　10. 肛门　11. 直肠　12. 荐中动脉
13. 尿生殖动脉　14. 子宫动脉　15. 卵巢动脉　16. 子宫阔韧带
［董常生，2001. 家畜解剖学（第三版）.］

（1）卵巢。卵巢是产生卵子和分泌雌性激素的成对器官，由卵巢系膜悬于腰椎下面。随着性周期的变化，因有成熟卵泡和黄体突出于卵巢表面，而使卵巢外表不平整，直肠检查时可以触及。未怀孕过的母牛卵巢多位于骨盆腔内，经产母牛的卵巢位于腹腔内，在耻骨前缘的前下方（图2-23）。

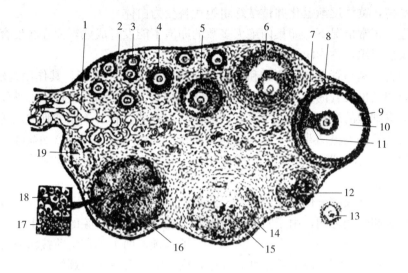

图 2-23 卵巢结构

1. 血管 2. 生殖上皮 3. 原始卵泡 4. 早期生长卵泡（初级卵泡）
5、6. 晚期生长卵泡（次级卵泡） 7. 卵泡外膜 8. 卵泡内膜 9. 颗粒层
10. 卵泡腔 11. 卵丘（成熟卵泡） 12. 血体 13. 排出的卵 14. 正在形成的黄体
15. 黄体中残留的凝血 16. 黄体 17. 膜黄体细胞 18. 颗粒黄体细胞 19. 白体
[马仲华，2002. 家畜解剖学及组织胚胎学（第三版）.]

①被膜。包括生殖上皮和白膜。卵巢表面覆盖着一层上皮，称为生殖上皮。此层上皮在幼年时呈柱状或立方形，以后随年龄增长逐渐变成扁平。生殖上皮下面有一薄层致密结缔组织，称为白膜。

②皮质。位于卵巢的外周部，白膜的下面，占卵巢的大部分。由基质、卵泡、黄体和闭锁卵泡组成。

基质：有致密结缔组织构成，含有大量网状纤维和少量弹性纤维。

卵泡：由位于中央的卵母细胞和位于周围的卵泡细胞构成，根据发育程度不同，可分为初级卵泡、生长卵泡、成熟卵泡。

初级卵泡：呈球形，位于卵巢皮质表层，数量很多，体积小，由初级卵母细胞和周围的一层扁平的卵泡细胞所组成。

生长卵泡：由初级卵泡发育而成。卵泡中的初级卵母细胞体积增大，细胞周围出现一层厚膜称为透明带。卵泡细胞不断分裂增殖，由单层变成多层，细胞间并出现腔体为卵泡腔，内含卵泡液。到后期由于卵泡液的挤压，一部分卵泡细胞包围着卵细胞并移到卵泡的一侧形成卵丘，另一部分卵泡细胞衬于卵泡膜的内面形成颗粒层。

成熟卵泡：次级卵泡发育到最后阶段为成熟卵泡。其体积显著增大（牛的直径约15mm，羊、猪的为 5～8mm，马的约 70mm），并突出于卵巢表面。成熟卵泡的颗粒细胞和卵泡细胞能分泌雌激素。围绕在卵细胞外的卵泡细胞变为疏松，呈放射状排列，形成放射冠。

黄体：排卵时，由于成熟卵泡破裂，同时会伴随出血，血液进入原来卵泡腔内，使该处明显变红，称为红体。随着周围血管伸入卵泡，逐渐将血液吸收，颜色变黄，称为黄体。此时，原来存在于卵泡中的颗粒细胞发育成为粒性黄体细胞，粒性黄体细胞可分泌孕激素。如果卵细胞未受精，黄体逐渐退化并被结缔组织代替变为白体。

闭锁卵泡：正常情况下，卵巢内绝大多数的卵泡不能发育成熟，而在各发育阶段中逐渐退化或形成瘢痕组织，称为闭锁卵泡。

（2）输卵管。输卵管是位于卵巢和子宫角之间的两条弯曲细管，其作用是输送卵细胞，卵细胞受精和卵裂也在管内进行。输卵管的管壁由黏膜、肌层和浆膜构成。黏膜上皮为单层柱状上皮，上皮细胞的游离缘上有纤毛，能向子宫端颤动，有助于卵细胞的运送。

输卵管的前端扩大呈漏斗状，称为输卵管漏斗，其边缘不整齐，形如荷叶边，称为输卵管伞，漏斗的中央有输卵管腹腔口，与腹腔相通，卵细胞由此口进入输卵管；末端借输卵管子宫口与子宫角相通。

（3）子宫。子宫大部分位于腹腔内（经产母牛的子宫全部位于腹腔内），小部分位于骨盆腔内，在直肠和膀胱之间，由子宫阔韧带附着于腰下部和骨盆腔的侧壁上。

子宫可分为两个子宫角、一个子宫体和一个子宫颈。两个子宫角前接输卵管，向后汇合为子宫体。子宫颈为子宫后段的缩细部，壁厚，内腔窄，形成子宫颈管，其前端以子宫颈内口与子宫体相通，后端突入阴道内（猪例外），称为子宫颈阴道部，其开口称为子宫颈外口。

子宫壁由黏膜、肌层和浆膜三层构成。黏膜又称为子宫内膜，内有大量子宫腺，其分泌物经腺管排至子宫内膜表面，称为子宫乳，可提供胚胎早期发育所需的营养。肌层主要由内环、外纵两层平滑肌构成。两层平滑肌之间含有丰富的血管和神经。子宫壁的最外层是浆膜层。

子宫的主要功能是提供胎儿发育成长所需要的内环境。

（4）阴道。既是母畜的交配器官又是产道。呈左右压扁的管状，位于骨盆腔内。背侧为直肠，腹侧为膀胱和尿道。阴道前部因有子宫颈突入，而形成环形或半环形的陷凹，称为阴道穹隆。阴道向后与尿生殖前庭相连续，二者在腹侧壁的交界处有尿道外口。

（5）尿生殖前庭和阴门。尿生殖前庭为阴门至阴道之间的部分。其前端腹侧有一横行的黏膜褶，称为阴瓣，紧靠阴瓣的后方为尿道外口。尿道外口的后方两侧有前庭小腺的开口，背侧有前庭大腺的开口。阴门是尿生殖前庭的外口，由两片阴唇构成，两阴唇之间的垂直裂缝，称为阴门裂。在阴门裂的下联合内，有一小而短的阴蒂，它与公畜的阴茎是同源器官。

（二）生殖生理

生殖是生物繁殖后代保证种族延续的生理过程。生殖系统具有产生生殖细胞（卵子和精子）、分泌生殖激素、繁殖后代的作用。生殖包括生殖细胞的形成、交配、受精、妊娠、分娩和泌乳等生理环节。

1. 性成熟与性季节

（1）性成熟。哺乳动物生长发育到一定时期，生殖器官基本发育完全，并具备繁殖能力，这一时期称为性成熟。达到性成熟的动物，其性腺能形成成熟的生殖细胞和产生性激素，出现各种性反射，能完成交配、受精、妊娠和胚胎发育等生殖过程。性成熟是一个发展过程，它的开始阶段称为初情期。公畜的初情期不易判断，一般以动物开始出现各种性行为（如阴茎勃起、爬跨母畜、交配等）为标志。母畜初情期的主要表现是第一次发情。

牛达性成熟后，身体组织继续发育，直到具有成年动物固有的形态和结构特点，称为体成熟。动物性成熟时，虽然具备了生殖能力，但身体还未发育完全，不能配种和繁殖；只有在达到体成熟，动物各器官系统的功能才发育较完善，才允许用于繁殖。牛性成熟年龄为10～18个月，初配年龄为2～3岁；羊性成熟年龄为5～8个月，初配年龄为1～1.5岁。

（2）性季节。性季节是指在一年中的一定季节内，某些动物出现周期性的发情并且能够进行繁殖的季节。在性季节里，雌性动物重复多次出现发情现象，如马、羊等，这类发情属于季节性多次发情，在性季节以外的季节里无发情现象。有的动物（如牛、猪），在一年中除了妊娠期以外，都可能周期性地反复出现发情，这类发情属于终年多次发情。这类动物虽然全年都可以发情，但在温暖的季节里，发情周期正常，发情症状也明显；而在寒冷的季节里，发情就可能停止。

在自然条件下，只有当外界环境的气候适宜，有丰富的食物来源时，才有可能为动物的怀孕和新生命的诞生提供生活条件，才有利于刚出生动物的成活和发育。也只有在这种条件下，动物的繁殖活动才有实际意义。可见，动物的季节性发情是一种适应性表现。

动物的季节性繁殖，是受内外因素共同作用的结果。气温、光照、食物来源等外界因素的变化，尤其是光照的刺激，通过神经系统作用于下丘脑和垂体等，引起下丘脑-垂体-性腺轴的周期性活动，从而使动物发情。但是，雄性动物的生殖一般不受季节的限制。

2. 雄性生殖生理

（1）性反射。公牛的性活动（交配）是复杂的神经反射活动，统称为性反射。性反射共有4种，在交配活动中按一定的顺序出现。

①阴茎勃起反射。某些性刺激通过公牛的嗅觉、视觉、听觉和触觉等，引起腰荐部脊髓的勃起中枢兴奋，进而引起阴茎海绵体充血，使阴茎勃起而伸出包皮外。

②爬跨反射。公牛爬跨在母牛的后躯上面，呈拥抱状，故又称为"拥抱反射"。

③抽动反射。在前两个反射之后，抽动反射由臀部的肌肉强烈收缩所形成，是将阴茎插入母牛阴道所必需的动作，以阴茎接触到阴道时表现最为明显。

④射精反射。附睾尾、输精管、副性腺、尿道和阴囊等由于腰荐脊髓的射精中枢的兴奋而引起的强烈收缩和分泌，结果使精液排出。牛、羊的射精过程只有几秒钟。

（2）精液。精液是浅白色、黏稠不透明的液体，有特殊臭味，pH 为 7.0～7.3，渗透压和血液相似，公牛一次交配的射精量平均为 2～10mL，公羊为 1mL。

①精子。精子是在睾丸的曲细精管内产生，贮存于附睾并由附睾排出的。它是雄性动物的生殖细胞，带有父本遗传信息。

精子由头、颈和尾三部分组成。头部呈扁圆形，内有一个核，核的前面为顶体。颈部很短，内含供能物质。尾部很长，在精子运行中起重要的作用。精子形态异常，如头部狭窄、尾弯曲、双头、双尾等都是精液品质不良的表现。

精子活动性是评定精子生命力的重要标志。精子运动形式有3种：直线前进运动、原地转圈运动和原地颤动。只有呈直线前进运动的精子，才具有受精能力。

离体后的精子容易受外界因素的作用而影响活力，甚至造成死亡。如在 0℃下，精子呈不活动状态；阳光直射、40℃以上、偏酸或偏碱环境、低渗或高渗环境及消毒液的残余等都会造成精子迅速死亡。在处理精液时，要注意避免不良因素的影响。

②精清。为公牛副性腺分泌的混合液体，呈弱碱性，含有果糖、蛋白质、柠檬酸、磷脂化合物以及钠、钾、钙、镁等无机盐。

精清的主要生理作用有：A. 稀释精子，便于精子的运行和输入雌性动物的生殖道。B. 提供精子运动和存活的适宜环境。C. 提供精子活动的能源（精清含有果糖、山梨醇、甘油磷酸和胆碱等能源物质）。D. 保护精子，防止氧化剂对精子的损害（精清中的巯基组氨酸、三甲基钠盐具有抗氧化作用）并防止精子凝集（精清中含有抗精子凝集素）。E. 精清中的前列腺素能刺激雌性生殖道的运动，有利于精子的运行。F. 有些动物的精清能在雌性生殖道内凝固成栓塞，防止精液倒流。

3. 雌性生殖生理

（1）性周期。母畜性成熟以后，卵巢中就规律性地出现卵泡成熟和排卵过程。哺乳动物的排卵是周期性发生的。伴随每次排卵，母畜的机体特别是生殖器官，发生一系列的形态和生理性变化。我们把家畜从这一次发情开始到下次发情开始的间隔时间，称为性周期（发情周期）。掌握性周期的规律有重大的实践意义，如能够在畜牧业生产中有计划地繁殖家畜，调节分娩时间和畜群的产乳量，防止畜群的不孕或空怀等。根据母牛生殖器官所发生的变化，一般可把发情周期分为发情前期、发情期、发情后期和休情期。

①发情前期。这是发情周期的准备阶段和性活动的开始时期。在这期间，卵巢上有一个或两个以上的卵泡迅速发育生长，充满卵泡液，体积增大，并突出于卵巢表面。此时生殖器官开始出现一系列的生理变化，如子宫角的蠕动加强，子宫黏膜内的血管大量增生，阴道上皮组织增生加厚，整个生殖道的腺体活动加强。但看不到阴道流出黏液，也没有交配欲的表现。

②发情期。发情期是性周期的高潮时期。这时卵巢中出现排卵，整个机体和其他生殖器官表现一系列的形态和生理变化。如兴奋不安，有交配欲；子宫呈现水肿，血管大量增生；输卵管和子宫发生蠕动，腺体大量分泌；子宫颈口开张，外阴部肿胀、潮红并流出黏液等。这些变化均有利于卵子和精子的运行与受精。

③发情后期。发情后期是发情结束后的一段时期，这时期母牛变得比较安静，不让公牛接近。生殖器官的主要变化是卵巢中出现黄体，黄体分泌孕激素（孕酮）。在孕酮作用下，子宫内膜增厚，腺体增生，为接受胚胎附植做准备。如已妊娠，发情周期结束，进入妊娠阶段，直到分娩后再重新出现性周期。如未受精，即进入休情期。

④休情期。休情期是发情后期之后的相对静止期。这个时期的特点是生殖器官没有任何显著的性活动过程，卵巢内的卵泡逐渐发育，黄体逐渐萎缩。卵巢、子宫、阴道等都从性活动生理状态过渡到静止的生理状态，随着卵泡的发育，准备进入下一个发情周期。

（2）排卵。成熟卵泡破裂，卵细胞（卵子）和卵泡液同时流出的过程称为排卵。排卵可在卵巢表面任何部分发生。排出的卵细胞经输卵管伞进入输卵管（表 2-2）。

（3）受精。受精是指精子和卵子结合而形成合子的过程。

①精子的运行。精子在母畜生殖道内由射精部位移动到受精部位的运动过程，称为精子的运行。精子的运行除本身具有运动能力外，更重要的是借助于子宫和输卵管的收缩和蠕动。趋近卵子时，精子本身的运动是十分重要的。

精子进入母畜生殖道之后，须经过一定变化后才能具有受精的能力，这一变化过程称为精子的受精获能过程（或称为受精获能作用）。在一般情况下，交配往往发生在发情开始或盛期，而排卵发生在发情结束时或结束后。因此精子一般先于卵子到达受精部位，在这段时间内精子可以自然地完成获能过程。公牛精子的获能时间为 5～6h，羊的为 1.5h。

表 2-2 牛羊发情周期、发情期和排卵时间

畜别	发情周期	发情期	排卵时间
乳牛	21～22d	18～19h	发情结束后 10～11h
黄牛	20～21d	1～2d	发情结束后 10～12h
水牛	20～21d	1～3d	发情结束后 10～12h
绵羊	16～17d	24～36h	发情开始后 24～30h
山羊	19～21d	33～40h	发情开始后 30～36h

②卵子保持受精能力的时间。卵子在输卵管内保持受精能力的时间就是卵子运行至输卵管峡部以前的时间，牛为 8～12h，绵羊为 16～24h。卵子受精能力的消失也是逐渐的。卵子排出后如未遇到精子，则沿输卵管继续下行，并逐渐衰老，包上一层输卵管分泌物，精子不能进入，即失去受精能力。

③受精过程。受精过程包括如下几个阶段：

精子和卵子相遇：公畜一次射精中精子的总数相当可观，但到达输卵管壶腹的数目却很少，精子射出后，一般在 15min 之内到达受精部位。

精子进入卵子：精子与卵子相遇之后释放出透明质酸酶，溶解卵子周围的放射冠，穿过放射冠到达透明带，然后精子固定在透明带某点上。精子依靠自身的活力和蛋白水解酶的作用穿过透明带，头部与卵黄表面接触，激活卵子，使其开始发育。最终精子的头穿过卵黄膜，进入卵子。精子通过卵子透明带具有种族选择性，一般只有同种或近似种的精子才能通过。

原核形成和配子组合：精子进入卵子后，头部膨大，细胞核形成雄性原核。卵子的核形成雌性原核。两个原核接近，核膜消失，染色体进行组合，完成受精的全过程。

（4）妊娠。受精卵在母体子宫体内生长发育为成熟胎儿的过程称为妊娠。妊娠期间所发生的生理变化如下：

①卵裂和胚泡附植。受精卵（合子）沿输卵管向子宫移动的同时，进行细胞分裂，称为卵裂。约 3d，即变成 16～32 个细胞的桑葚胚。约 4d，桑葚胚即进入子宫，继续分裂，体积扩大，中央形成含有少量液体的空腔，此时的胚胎称为囊胚。囊胚逐渐埋入子宫内膜而被固定，称为种植（附植）。此时胚胎就与母体建立起了密切的联系，开始由母体供应养料和排出代谢产物。

从受精到附植牢固所需的时间：牛为 45～75d，羊为 16～20d。

②胎膜。胎膜是胚胎在发育过程中逐渐形成的一个暂时性器官，在胎儿出生后，即被弃掉。胎膜由羊膜、尿囊膜和绒毛膜组成。

羊膜：羊膜包围着胎儿，形成羊膜囊，囊内充满羊水，胎儿浮于羊水中。羊水有保护胎儿和分娩时润滑产道的作用。

尿囊膜：尿囊膜在羊膜的外面，分内外两层，围成尿囊腔，囊腔内有尿囊液，贮存胎儿的代谢产物。牛、羊的尿囊分成左、右两支，不完全包围羊膜。

绒毛膜：绒毛膜位于最外层，紧贴在尿囊膜上，表面有绒毛。牛、羊的绒毛在绒毛膜的表面聚集成许多丛，称为绒毛叶。除绒毛叶外，绒毛膜的其他部分平整光滑，无绒毛。

③胎盘。胎盘是胎儿的绒毛膜和母体的子宫内膜共同构成的。牛、羊的胎盘是由绒毛叶与子宫肉阜互相嵌合形成的，为绒毛叶胎盘或子叶型胎盘。

胎盘不仅实现胎儿与母体间的物质交换，保证胎儿的生长发育，而且分泌雌激素、孕激素和促性腺激素。胎盘对妊娠期母体和胎儿有重要意义。

④妊娠时母畜的变化。母畜妊娠后，为了适应胎儿的成长发育，各器官生理机能都要发生一系列的变化。首先是妊娠黄体分泌大量孕酮，除了促进种植、抑制排卵和降低子宫平滑肌的兴奋性外，还与雌激素协同作用，刺激乳腺腺泡生长，使乳腺发育完全，准备分泌乳汁。

随着胎儿的生长发育，子宫体积和重量也逐渐增加，腹部内脏受子宫挤压向前移动，这就引起消化、循环、呼吸、排泄等一系列变化。如呈现胸式呼吸，呼吸浅而快，肺活量降低；血浆容量增加，血液凝固能力提高，血沉加快。

到妊娠末期，血中碱储减少，出现酮体，形成生理性酮血症；心脏因工作负担增加，出现代偿性心肌肥大；排尿排粪次数增加，尿中出现蛋白质等。母体为适应胎儿发育的特殊需要，甲状腺、甲状旁腺、肾上腺和脑垂体表现为妊娠性增大和机能亢进；母畜代谢增强，食欲旺盛，对饲料的利用率增加，显得肥壮，被毛光亮平直。妊娠后期，由于胎儿迅速生长，母体需要养料较多，如饲料和饲养管理条件稍差，就会逐渐消瘦。

⑤妊娠期。妊娠期从卵受精开始，到胎儿出生为止（表2-3）。

表2-3 牛、羊的妊娠期

动物种类	平均妊娠（d）	变动范围（d）
黄牛	282	240～311
水牛	310	300～327
羊	152	140～169

（5）分娩。分娩是发育成熟的胎儿从生殖道排出母体的过程。母牛临近分娩时有分娩预兆，主要表现为阴唇肿胀，有透明条状黏液自阴道流出；乳房红肿，并有乳汁排出；臀部肌肉塌陷等。分娩通常可分为三期：

①开口期。子宫有节律的收缩，把胎儿和胎水挤入子宫颈。子宫颈扩大后，部分胎膜突入阴道，最后破裂流出胎水。

②娩出胎儿期。子宫更为频繁而持久的收缩，加上腹肌和膈肌收缩的协调作用，使子宫内压极度增加，驱使胎儿经阴道排出体外。

③胎衣排出期。胎儿排出后，经短时间的间歇，子宫又收缩，使胎衣与子宫壁分离，随后排出体外。胎衣排出后，子宫收缩压迫血管裂口，阻止继续出血。

由此可见，胎儿从子宫中娩出的动力是靠子宫肌和腹壁肌的收缩来实现的。当妊娠接近结束时，由于胎儿及其运动刺激子宫内的机械感受器，通过神经和体液的作用，子宫肌等收缩逐渐增强，呈现节律性收缩与间歇，通常称为阵缩。阵缩的强度、持续时间与频率随着分娩时间逐渐增加。阵缩的意义在于使胎儿和胎盘的血液循环不致因子宫肌长期收缩而发生障碍，导致胎儿窒息或死亡。

（三）乳腺和泌乳

1. 乳腺 乳腺为哺乳动物所特有。母畜的乳腺在家畜繁殖过程中具有哺乳仔畜的功能。乳腺虽雌雄都有，但只有雌性家畜才能发育并具有泌乳的能力。

（1）乳腺的形态位置。牛的乳腺位于两股之间，悬吊于耻骨部，外被皮肤，形成乳房。

母牛有四个乳房，紧密结合在一起，左右以纵沟分开，前后以横沟为界。乳房呈倒圆锥形，分为基部、体部和乳头部。乳头多呈圆柱状，顶端有一个乳头孔，为乳头管的开口。前部乳头比后部乳头长。

羊的乳房呈圆锥形，有两个，乳头基部有较大的乳池。

（2）乳房的构造。乳房由皮肤、筋膜和实质构成。

皮肤薄而柔软，长有稀疏的细毛。乳房后部至阴门裂之间，有明显的带有线状毛流的皮肤褶，称为乳镜。乳镜愈大，乳房愈能舒展，含乳量就愈多。因此，乳镜在鉴定产乳能力方面有重要作用。

筋膜位于皮肤深层，分为浅筋膜和深筋膜。筋膜含有丰富的弹性纤维，在两侧乳房中间形成乳房悬韧带，有固定乳房的作用。深筋膜的结缔组织伸入到实质中，形成小叶间结缔组织，把乳房实质分成很多腺小叶，腺小叶由腺泡和腺小管构成。

乳房的实质是腺泡和导管。腺泡呈管状或泡状，其上皮为单层立方上皮。腺泡分泌乳汁，经导管（包括小叶内导管、小叶间导管、较大的输乳管）进入乳池。每个乳头上有一个乳头管与乳池相通，其开口处由括约肌控制。乳汁经乳池、乳头管排出。

（3）乳腺的生长发育。母畜的乳腺随着机体的生长而逐渐发育。性成熟前，主要是结缔组织和脂肪组织增生；性成熟后，在雌激素的作用下导管系统开始发育；妊娠后，乳腺组织生长迅速，不仅导管系统增生，而且每个导管的末端开始形成没有分泌腔的腺泡。妊娠中期，导管末端发育成为有分泌腔的腺泡，此时乳腺的脂肪组织和结缔组织逐渐被腺体组织代替。妊娠后期，腺泡的分泌上皮开始分泌初乳。分娩后，乳腺开始正常的泌乳活动。

经过一定时期的泌乳活动后，腺泡的体积又逐渐缩小，分泌腔逐渐消失，与腺泡直接联系的细小乳导管萎缩。于是腺体组织又被脂肪组织和结缔组织所代替，乳房体积缩小，最后乳汁分泌停止。待下一次妊娠时，乳腺组织又重新形成，腺泡腔重新扩大，并开始再次泌乳活动。如此反复进行，直到失去生殖能力。

2. 泌乳　乳腺组织的分泌细胞从血液中摄取营养物质生成乳汁后，分泌入腺泡腔内，这一过程称为泌乳。乳的生成过程是在乳腺腺泡和细小输乳管的分泌上皮细胞内进行的。生成乳汁的各种原料都来自血液，其中乳汁的球蛋白、酶、激素、维生素和无机盐等均由血液直接进入乳中，是腺乳分泌上皮对血浆选择性吸收和浓缩的结果；而乳中的酪蛋白、乳白蛋白、乳脂和乳糖等则是上皮细胞利用血液中的原料，经过的复杂的生物合成而来的。乳汁中含有仔畜生长发育所必需的一切营养物质，是仔畜理想的营养物。黄牛和水牛的泌乳期90~120d，而经人工选育的乳用牛，泌乳期长达300d左右。

乳可分为初乳和常乳两种。

（1）初乳。在分娩期或分娩后最初3~5d内，乳腺产生的乳称为初乳，初乳较黏稠、浅黄，如花生油样，稍有咸味和臭味，煮沸时凝固。

初乳内含有丰富的蛋白质、无机盐（主要是镁盐）和免疫物质。初乳中的蛋白质可被消化道迅速吸收入血液，以补充仔畜血浆蛋白质的不足；镁盐具有轻泄作用，可促进胎粪的排出；免疫物质被吸收后，使新生幼畜产生被动免疫，以增加抵抗疾病的能力。因此，初乳是初生仔畜不可替代的食物。喂给初生动物以初乳，对保证初生仔畜的健康成长，具有重要的意义。

（2）常乳。初乳期过后，乳腺所分泌的乳汁，称为常乳。各种动物的常乳，均含有水、蛋白质、脂肪、糖、无机盐、酶和维生素等。蛋白质主要是酪蛋白，其次是白蛋白和球蛋白。当乳变酸时（pH4.7），酪蛋白与钙离子结合而沉淀，致使乳汁凝固。乳中还含有来自饲料的各种维生素和植物性饲料中的色素（如胡萝卜素、叶黄素等）以及血液中的某些物质（抗毒素、药物等）。

（3）排乳。在仔畜吮乳或挤奶之前，乳腺泡的上皮细胞生成的乳汁，连续地分泌到腺泡腔内。当腺泡腔和细小输乳管充满乳汁时，腺泡周围的肌上皮细胞和导管系统的平滑肌反射性收缩，将乳汁转移入乳导管和乳池内。乳腺的全部腺泡腔、导管、乳池构成蓄积乳的容纳系统。当哺乳或挤乳时，引起乳房容纳系统紧张度改变，使贮积在腺泡和乳导管系统内的乳汁迅速流向乳池。这一过程称为排乳。

排乳是一种复杂的反射过程。由于哺乳或挤乳时，刺激了母畜乳头的感受器，反射性地引起腺泡和细小输乳管周围的肌上皮收缩，于是腺泡乳就流入导管系统，接着乳道或乳池的平滑肌强烈收缩，乳池内压迅速升高，乳头括约肌弛缓，乳汁就排出体外。在挤乳期间，乳池内压力保持较高水平，并在一定范围内波动，方可保证乳汁不断流出。最先排出的乳是乳池内的乳，之后排出的是从乳腺腺泡及乳导管所获得的乳，称为反射乳。哺乳或挤乳刺激乳房不到1min，就可引起牛的排乳反射。

排乳反射能建立条件反射。挤乳的地点、时间、各种挤乳设备、挤乳操作、挤乳人员的出现等，都能作为条件刺激物形成条件反射。在固定的时间、地点、挤乳设备和熟悉的挤乳人员以及按操作规程进行挤乳，可提高产乳量。

反之，不正规挤乳、不断地更换挤乳人员、嘈杂环境均可抑制排乳，降低产乳量。因此，在畜牧业生产中必须根据生理学原理，进行合理的挤乳才能获取高产效益。

 思考题

1. 名词解释。

性成熟　性季节　性周期　排卵　受精　妊娠　分娩

2. 选择题

（1）构成睾丸小叶的结构是（　　　）。

　　A. 曲细精管　　B. 直细精管　　C. 间质细胞　　D. 间质

（2）无子宫颈阴道部的家畜是（　　　）。

　　A. 牛　　B. 羊　　C. 猪　　D. 马

（3）精子具有受精能力的运动形式是（　　　）。

　　A. 直线前进　　B. 原地转圈　　C. 原地颤动

3. 填空题。

（1）阴囊壁由外向内由_____、_____、_____和_____构成。

（2）给公畜去势，切开阴囊后，首先要剪断_____和_____，才能结扎_____，除去睾丸和附睾。

（3）卵泡是由中央的_____细胞和围绕在其周围的_____细胞组成。

（4）卵巢的实质可分为_____和_____两部分

（5）家畜的正常发情周期可分为_____、_____、_____和_____四个时期。

（6）家畜的妊娠期：牛平均为_____d，羊为_____d，猪为_____d。

（7）胎盘是由胎儿的_____和母体_____的_____共同构成的；牛羊的胎盘为_____型胎盘，猪马的胎盘为_____型胎盘。

（8）分娩过程可分为三个阶段：即第一阶段是_____；第二阶段是_____；第三阶段是_____。

4. 雌、雄性生殖系统各由哪些器官组成？各器官有何作用？

5. 精清为何物？其作用是什么？

6. 如何掌握各种家畜配种的时机？

7. 什么是初乳？为什么说初乳是新生仔畜不可代替的食物？

8. 填图。

（1）

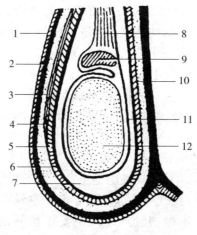

阴囊结构

1.　　　2.　　　3.　　　4.　　　5.　　　6.

7.　　　8.　　　9.　　　10.　　　11.　　　12.

（2）

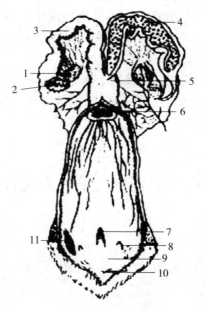

母牛生殖器官结构

1.　　2.　　3.　　4.　　5.　　6.　　7.　　8.　　9.　　10.　　11.

牛 初 乳

初乳是雌性哺乳动物产后3~5d内所分泌的乳汁的统称。一般乳牛分娩七天内采集的乳汁都称为牛初乳。初乳中由于含有β胡萝卜素故色黄，感观不佳，有异臭，味苦，黏度大，热稳定性差。

初乳中的蛋白质含量远远高出常乳。特别乳清蛋白质含量高。初乳内含比正常乳汁多5倍的蛋白质，尤其是其中含有比常乳更丰富的免疫球蛋白、乳铁蛋白、生长因子、巨噬细胞、中性粒细胞和淋巴细胞。这些物质都有防止感染和增强免疫的功能。

初乳中的维生素含量也显著高于常乳。维生素 B_2 在初乳中有时较常乳中含量高出3~4倍，尼克酸在初乳中含量也比常乳高。

初乳中乳糖含量低，灰分高，特别是钠和氯含量高。微量元素铜、铁、锌等矿物质的含量显著高于常乳，口感微咸。初乳中含铁量为常乳的3~5倍，铜含量约为常乳的6倍。

另外，初乳中还含大量的生长因子，尤其是上皮生长因子，可以促进新生畜胃肠道上皮细胞生长，促进肝及其他组织的上皮细胞迅速发育，还参与调节胃液的 pH。

初乳由于其感观不佳，口感微咸，以及热稳定性差等特点，不适用于加工成日常饮用乳。目前市面上也出现了不少初乳产品，主要保留的活性物质是初乳中的免疫球蛋白。

初乳内各种成分的含量与常乳相差悬殊。干物质含量很高，含有丰富的球蛋白、清蛋白、酶、维生素、溶菌素等，但乳糖的含量较少，酪蛋白的含量相对比例较少。其中蛋白质能直接被吸收，增强幼畜的抗病能力。初乳中的维生素 A 和维生素 C 比常乳中高 10倍，维生素 D 比常乳中高 3 倍。初乳中含有较高的无机盐，特别富含镁盐，能促进消化管蠕动，有利于消化活动。

在分娩后的1~2d内，初乳的成分接近于母畜的血浆。以后初乳的成分几乎逐日都有明显变化，蛋白质和无机盐的含量逐渐减少，乳糖含量逐日增加，酪蛋白比例逐日上升，经过 6~15d 的时间转变为常乳。

任务八　识别牛（羊）心血管系统

◆ **知识目标：**
掌握心脏的形态、位置、构造和机能。

了解血管在全身的分布。

了解血液的组成和各种血细胞的形态机能。

理解血液的理化特性和血液凝固的机理。

理解心脏的生理特性、心动周期、血压、脉搏等概念。

◆ **技能要求：**

能在标本或模型上识别牛心脏各部分的结构。

在活体上找出心脏的体表投影和常用的静脉注射、脉搏检查部位。

能正常地进行心音听诊和脉搏检查。

子任务一 羊心脏形态、结构的识别

【目的要求】认识羊心脏的形态、构造。

【材料及设备】羊心脏的新鲜标本、解剖器械。

【方法步骤】

（1）观察心包，注意心包的壁层和紧贴心脏的心外膜之间构成的心包腔，腔内有少量滑液。

（2）剥去心包，观察心脏的外形、冠状沟、室间沟、心房、心室及连接在心脏上的各类血管。

（3）切开右心房、右心室和右房室口。观察右心房、后腔静脉入口，观察右心房和肺动脉口的瓣膜、右心室的厚度、乳头肌、腱索。

（4）切开左心房、左心室和左房室口。观察左心室壁，观察左房室口的瓣膜，并和右房室瓣做比较。观察左心房，找到肺静脉的入口。并沿左房室瓣深面找到主动脉口并做纵行切口，观察主动脉瓣的结构。

【技能考核】在羊的新鲜心脏标本上或模型上识别心基、心尖、冠状沟、心房、心室、房室瓣、动脉瓣和进出心脏的血管。

子任务二 血细胞形状构造的识别

【目的要求】准确识别血液中各种血细胞的形态、构造。

【材料及设备】显微镜、血涂片。

【方法步骤】用高倍镜或油镜观察血涂片，识别红细胞和各种白细胞的形态结构。

【技能考核】绘出各种血细胞的形态、结构。

子任务三 羊心脏体表投影位置与静脉注射、脉搏检查

【目的要求】能准确地在活体上找到羊心脏的体表投影位置和静脉注射、脉搏检查部位，正确地听诊心音和检查脉搏。

【材料及设备】羊、保定设备、采血针头、听诊器。

【方法步骤】

（1）将羊驻立保定。

（2）心脏体表投影的确定。左侧，肩关节水平线下，第2～5肋间的肘窝处，用听诊器听心音，并分辨第一心音和第二心音。

（3）采血与静脉注射部位的确定。确定羊颈静脉沟的位置，在教师的指导下，用采血针采血，确认常用的采血、静脉注射部位。

（4）脉搏的检查。检查股内动脉时，检查者一手（左手）握住羊一侧后肢的下部，另一手（右手）的食指及中指放于股内侧的股动脉上，拇指放于股外侧。健康羊的脉搏每分钟跳动 70～80 次，频率与心搏基本一致，在教师的指导下检查脉搏。

【技能考核】在羊活体上指出羊心脏体表投影、静脉注射和脉搏检查的部位，能正确听诊心音，检查脉搏。

心血管系统包括心脏、血管和血液。其中心脏是动力器官，血管是循环管道，血液在心和血管搏动的推动下，沿血管不停地在全身循环流动，以给全身各处的细胞组织运来所需的各种营养物质和氧气，运走代谢产物，从而维持体内细胞组织的正常形态结构和机能。

一、心脏的形态结构

（一）心脏

1. 心脏的形态和位置　心脏是一个中空的肌质器官，呈倒圆锥形。锥底朝向前上方，称为心基，有大血管进出；锥尖朝向后下方称为心尖，前缘稍凸，后缘平直。靠近心基处有环绕心脏的冠状沟把心脏分为上部的心房和下部的心室。冠状沟的下面右前方有窦下室间沟（右纵沟），左后方有对应的圆锥旁室间沟（左纵沟），相当于室中隔的附着部。两沟的右前方为右心室，构成心脏的前缘，左后方为左心室，构成心脏的后缘，心脏呈右前左后状态，冠状沟和室间沟容纳有冠状血管和脂肪。

心脏位于胸腔纵隔中的两肺之间，略偏左侧并稍向前倾。牛的心脏位于第 3～6 肋骨之间，心基位于肩关节水平线上，心尖在膈的前方 2～5cm 或正对第 6 肋骨，距胸骨约 2cm 处。

2. 心脏的内部结构

（1）心腔的构造。心脏的内腔借房中隔和室中隔分为互不相通的左右两部分，而每一部分又都分为上部的心房和下部的心室，心房和心室之间以房室口相连通。因此，心腔可分为右心房、右心室、左心房、左心室 4 个腔。

右心房构成心基的右前上部，由静脉窦和右心耳两部分构成。心耳是房侧壁突出形成的锥形盲囊；静脉窦为静脉入口部，前方有前腔静脉入口，后方有后腔静脉入口，二者之间有奇静脉入口。右心房下部有右房室口，通右心室。在靠近后腔静脉入口处的房中隔上，有卵圆窝。

右心室位于右心房之下，心的右前部，下端不到心尖。入口为右房室口，由弹性纤维环围成，在纤维环上附着三片三角形的瓣膜，称为三尖瓣，瓣膜的游离缘朝向心室，并有腱索连接到心室壁的乳头肌上，防止关闭时过度翻转。右心室的出口为肺动脉口，通肺动脉。在肺动脉口周围的纤维环上有三个袋口朝向肺动脉的半月状瓣膜，称为肺动脉瓣。

左心房位于心基的左后部，其构造与右心房相似。也由心耳和静脉窦构成，在静脉窦的上壁和后壁有7～8条肺静脉的入口，左心房的下部有左房室口与左心室相通。

左心室位于左心房下方，心的左后部，较右心室狭长，下端到达心尖。其构造近似右心室。入口为左房室口，口上有两个大的瓣膜，称为二尖瓣，瓣膜的游离缘朝向心室，并有腱索与心室壁的乳头肌相连。在房室口的前上方有主动脉口通主动脉，其周围亦有三个半月状瓣，附着在主动脉口的纤维环上，袋口朝向主动脉。

（2）心壁的构造。心壁分3层，由表及里分别称为心外膜、心肌和心内膜。心外膜实际上是心包膜的脏层浆膜，表面光滑，湿润，紧贴于心肌表面。心肌由心肌细胞构成，呈红褐色。心内膜薄而光滑，紧贴心肌内表面，可延续为血管内膜并在房室口处打褶形成房室瓣。

（3）心脏的血管。心脏本身的血管是营养性血管，包括冠状动脉和心静脉。冠状动脉由主动脉基部分出，分别行走于左右冠状沟和室间沟内，称为左、右冠状动脉，并分支于心房和心室壁内，在心肌内形成丰富的毛细血管网，最后汇集成心静脉返回右心房。

（4）心脏的传导系统。心脏中除具有收缩机能的心肌细胞外，尚有些特殊分化的细胞，可自动地产生兴奋，并进行传导，从而使心脏有节律地收缩与舒张，称为自律细胞。这些自律细胞，组成了心脏的传导系统。传导系统包括窦房结、结间束、房室结、房室束、浦肯野氏纤维。其中窦房结细胞的自律性最高，为心正常功能的起搏点，心脏的起搏总是从窦房结开始，沿上述顺序依次传播，从而引起心脏有节律的收缩和舒张（图2-24）。

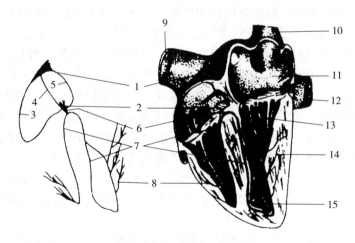

图2-24 心脏的传导系统

1. 窦房结　2. 房室结　3. 结间前束　4. 结间中束　5. 结间后束　6. 房室束
7. 左右束支　8. 浦肯野氏纤维　9. 前腔静脉　10. 肺静脉　11. 左心房
12. 后腔静脉　13. 腱索　14. 心肌　15. 心内膜

[山东省畜牧兽医学校，2000. 家畜解剖生理（第三版）.]

3. 心包 心包是包围心脏的纤维浆膜囊，分为脏层和壁层。脏层即心外膜，在心基处向外折转而成壁层，二者之间的腔隙称为心包腔，内有少量滑液，称为心包液，起润滑作用。壁层下部构成心包韧带与胸骨相连（图2-25）。

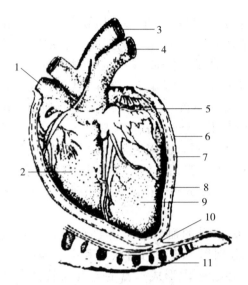

图 2-25　心包的构造

1. 前腔静脉　2. 右心室　3. 主动脉　4. 肺动脉　5. 心包脏层
6. 纤维膜　7. 心包壁层　8. 心包腔　9. 左心室　10. 胸骨心包韧带　11. 胸骨

［山东省畜牧兽医学校，2000. 家畜解剖生理（第三版）.］

二、血　　管

（一）血管的种类和构造

血管是血液流通的管道，根据其结构和机能的不同可分为动脉、静脉和毛细血管 3 种。

1. 动脉　凡是输送血液出心脏的血管称为动脉。动脉的特点是管壁厚，富弹性，管腔空虚时不塌陷，血管破裂时，血液呈喷射状流出。其管壁分为 3 层：外层由结缔组织构成，称为外膜；内层由内皮细胞、薄层胶质纤维和弹性纤维组成，称为内膜；中层由平滑肌、弹性纤维和胶质纤维组成，称为中膜。由于动脉口径大小差异很大，所以其结构中各种组织之间的比例也有很大差别。其中大动脉管壁以弹性纤维为主，因而具有较大弹性，可以承受心脏射血时的巨大压力，使血压不致过度升高，且能将心脏射出的血液变成连续的血流。从中动脉到小动脉，管壁弹性纤维逐渐减少，平滑肌逐渐增加，到小动脉时则以平滑肌为主。

2. 静脉　凡是输送血液返回心脏的血管称为静脉。其构造与动脉相似，也分三层，但中膜很薄，弹性纤维不发达，外膜较厚。静脉管壁薄，易塌陷，比同名动脉口径大，出血时呈流水状。

3. 毛细血管　毛细血管是连接动脉和静脉之间的微细血管。短而密，互相吻合成网。管壁非常薄，仅由一层内皮细胞构成。最小的毛细血管管壁甚至仅由 1～2 个内皮细胞围成。管壁具有很大的通透性，是血液和组织间液及细胞进行物质交换的主要场所。另外，位于肝、脾、骨髓等处的毛细血管，形成不规则的膨大部，称为血窦。血窦内血流缓慢，有利于进行物质交换和发挥巨噬细胞的吞噬作用。

（二）血管在全身的分布

血管连接在心脏上，由心脏给血液一个原动力，使其进入动脉，沿动脉管到全身各处毛细血管，进行物质交换后，又沿静脉把血液送回心脏，如此周而复始、川流不息，实现血液的循环。家畜全身的血管可分为大循环和小循环。

1. 体循环 又称为大循环，是把富含氧的血液从左心室运出，经主动脉而达全身各组织器官，再将含有二氧化碳的血液经腔静脉运回右心房。其循环途径为：左心室→主动脉→体毛细血管→腔静脉→右心房。

（1）体循环的动脉。体循环起于左心室的主动脉口，呈弓形向后上方伸延至第 6 胸椎腹侧，此段为主动脉弓。主动脉弓向后伸延至膈的主动脉裂孔处，此段称为胸主动脉。胸主动脉穿过膈的主动脉裂孔伸延为腹主动脉，腹主动脉在骨盆腔前口处分出左、右髂外动脉和左、右髂内动脉，其主干移行为荐中动脉、尾中动脉（图 2-26）。

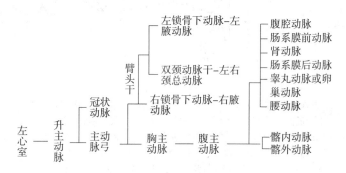

图 2-26　牛体循环动脉

①主动脉弓及分支。主动脉弓为主动脉的第一段，在起始部分出左、右冠状动脉后，向前分出一支臂头动脉总干和胸主动脉。臂头动脉总干是分布于头颈、前肢及胸前部的动脉主干，沿气管腹侧向前上方伸延至第 3 肋处，分出左锁骨下动脉，主干延续为臂头动脉。臂头动脉在气管腹侧继续前行至第 1 肋附近，分出一支颈动脉总干，主干向右移行为右锁骨下动脉。左、右锁骨下动脉分出一些分支后分别绕过第 1 肋出胸腔，移行为腋动脉（图 2-27）。

颈动脉总干很短，在胸前口处分为左、右颈总动脉，分别沿左、右颈静脉沟深层向前伸延，至环枕关节处分为枕动脉、颈内动脉（仅犊牛存在，成年牛退化）和颈外动脉。枕动脉向上伸延通过枕骨大孔入颅腔，主要分布于脑脊髓和脑膜上。颈外动脉向前上伸至下颌关节处延续为颌内动脉，分布于头部大部分器官及肌肉皮肤上。它在下颌支内侧分出一支颌外动脉，绕过下颌骨血管切迹转至面部，移行为面动脉。

前肢动脉是由锁骨下动脉延伸而来，在肩关节内侧称为腋动脉，在臂部称为臂动脉，在前臂部位于前臂内侧的正中沟内，称为正中动脉，在掌部称为指总动脉，指总动脉分为指内、外侧动脉，分别沿指间下行至指端。前肢动脉干各段均有分支分布于相应部位的肌肉、皮肤、骨骼等处。

②胸主动脉及分支。胸主动脉是主动脉弓向后的直接延续，其分支有肋间动脉和支气管食管动脉。肋间动脉有 13 对，前 3 对由左锁骨下动脉和臂头动脉的分支分出，后 10 对均由胸主动脉分出，主要分布于胸部脊柱附近的肌肉和皮肤。支气管食管动脉在第 6 胸椎处以一主干起自于胸主动脉腹侧，然后分为支气管动脉和食管动脉，分别分布于肺组织和食管。

③腹主动脉及分支。腹主动脉为腰腹部的动脉主干，其分支可分为壁支和脏支。壁支主要为腰动脉，有 6 对，分布于腰部肌肉、皮肤及脊髓脊膜等处；脏支主要分布于腹腔、盆腔的器官上，由前向后依次为腹腔动脉、肠系膜前动脉、肾动脉、肠系膜后动脉和睾丸动脉

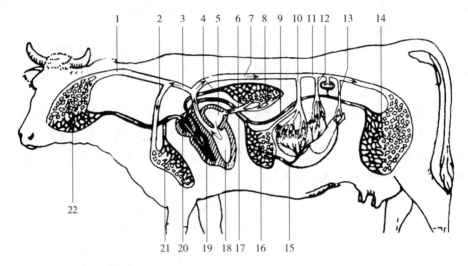

图 2-27　成年家畜血管分布

1. 颈总动脉　2. 腋动脉　3. 臂头干　4. 肺干　5. 左心房　6. 肺静脉
7. 胸主动脉　8. 肺毛细血管　9. 后腔静脉　10. 骨盆动脉　11. 腹主动脉
12. 肠系膜前动脉　13. 肠系膜后动脉　14. 骨盆部和后肢的毛细血管
15. 门静脉　16 肝毛细血管　17. 肝静脉　18. 左心室　19. 右心室
20. 右心房　21. 前肢毛细血管　22. 头颈毛细血管

［山东省畜牧兽医学校，2000. 家畜解剖生理（第三版）．］

（卵巢动脉）。

　　腹腔动脉：在膈的主动脉裂孔稍后处由腹主动脉分出，主要分布于脾、胃、肝、胰及十二指肠。

　　肠系膜前动脉：在第 1 腰椎腹侧处由腹主动脉分出，主要分布于小肠、结肠、盲肠和胰（图 2-28）。

　　肾动脉：在第 2 腰椎处由腹主动脉发出，成对，分布于肾。

　　肠系膜后动脉：在第 4～5 腰椎处由腹主动脉发出，比较细，主要分布于结肠后段和直肠。

　　睾丸动脉（卵巢动脉）：在肠系膜后动脉附近由腹主动脉分出。公畜称为睾丸动脉，向后下行走进入腹股沟管的精索，分支分布于睾丸、输精管、附睾和睾丸鞘膜。母畜称为卵巢动脉，在子宫阔韧带中向后延伸，分支为卵巢动脉和子宫前动脉，分布于卵巢、输卵管和子宫角上。

　　④骨盆部及荐尾部动脉。分布于骨盆部及尾部的动脉为髂内动脉，在第 5～6 腰椎腹侧由腹主动脉分出，沿荐骨腹侧及荐坐韧带内侧向后伸延，分布于骨盆腔器官和荐臀部、尾部的肌肉、皮肤。

　　⑤后肢动脉。分布于后肢的动脉主干为左、右髂外动脉，它们在第 5 腰椎处由腹主动脉向后左、右侧分出，沿髂骨前缘和后肢内侧面下伸至趾端。在股部为股动脉，在膝关节后为腘动脉，在胫骨背侧面为胫前动脉，在趾骨背侧为趾背侧动脉，向下分为第 3 趾、第 4 趾动脉。主干沿途形成分支，分布于后肢相应部位的骨骼、肌肉和皮肤。在耻骨前缘部，髂外动脉分支出阴部腹壁动脉干，其分支为阴部动脉（在母牛为乳房动脉），分布于乳房上。

（2）静脉。

①前腔静脉系。前腔静脉是汇集头颈部、前肢部和部分胸壁血液的静脉干，在胸前口处由左、右颈静脉和左、右腋静脉汇合而成，位于气管和臂头动脉总干的腹侧，沿纵隔内向后延伸，注入右心房。在注入右心房前还接纳了胸壁、胸椎等部位的静脉支。

前腔静脉系最主要的血管是颈静脉，它沿颈静脉沟向后延伸，在胸前口处汇入前腔静脉。在临床上，颈静脉是静脉注射和采血的常用部位。

②后腔静脉系。后腔静脉在骨盆腔入口处由左右髂总静脉汇合而成，沿腹主动脉右侧向前伸延，穿过膈的腔静脉孔进入胸腔，注入右心房。后腔静脉收集后肢、骨盆及盆腔器官、腹壁、腹腔器官及乳房的静脉血。

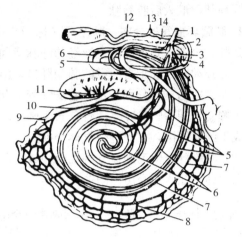

图 2-28　牛肠系膜前、后动脉分布

1. 肠系膜前动脉　2. 胰十二指肠后动脉　3. 结肠中动脉
4. 回结肠动脉　5. 结肠右动脉　6. 结肠支　7. 侧副支
8. 空肠动脉　9. 回肠动脉　10. 回肠系膜支　11. 盲肠动脉
12. 乙状结肠动脉　13. 肠系膜后动脉　14. 结肠左动脉
［山东省畜牧兽医学校，2000. 家畜解剖生理（第三版）.］

乳房的静脉：乳房的静脉血大部分经阴部外静脉注入髂外静脉；一小部分经腹皮下静脉注入胸内静脉。乳房两侧的阴部外静脉、腹皮下静脉和会阴静脉在乳房基部互相吻合，形成一个大的乳房基部静脉环，当其中任何一支静脉血流受阻时，其他静脉可起代偿作用（图2-29）。

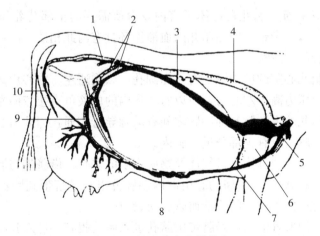

图 2-29　母牛乳房血管分布

1. 髂内动、静脉　2. 髂外动、静脉　3. 后腔静脉　4. 胸主动脉
5. 前腔静脉　6. 心脏　7. 胸内动、静脉　8. 腹壁皮下静脉
9. 阴部外动、静脉　10. 会阴动、静脉
（范作良，2001. 家畜解剖.）

门静脉：门静脉位于后腔静脉的下方，是腹腔内一条大的静脉干，它收集胃、脾、胰、小肠、大肠（直肠后部除外）的静脉血，经肝门入肝，在肝内分成数支毛细血管网，再汇成

数支肝静脉，汇入后腔静脉。

2. 肺循环血管的分布　肺循环又称为小循环，把含有二氧化碳的血液由右心室经肺动脉运到肺，再把含有氧气的血液经肺静脉运回左心房。

（1）肺动脉。起于右心室的肺动脉口，沿主动脉弓的左侧向后上方伸延，至心基的后上方分为左、右两支，分别与左、右支气管一起从肺门入肺。右侧支在入肺前还向右肺尖叶分出一小侧支，随右肺尖叶支气管分布于肺。肺动脉在肺内随支气管进行分支，最后在肺泡周围形成毛细血管网，在此进行气体交换。

（2）肺静脉。由毛细血管网汇合而成，随肺动脉和支气管行走，最后汇成 6 条肺静脉，由肺门出肺，注入左心房（图 2-30）。

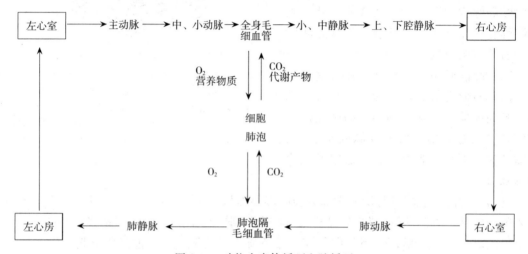

图 2-30　动物全身体循环和肺循环

3. 胎儿血液循环特征　胎儿在母体子宫内发育所需的全部营养物质和氧气均由母体供应，代谢产物也由母体带走，因而胎儿的血液循环具有与此相适应的一些特点。

（1）心脏和血管的构造特点。

①卵圆孔。在胎儿心脏的房中隔上有一卵圆孔，以沟通左、右心房。孔的左侧有一卵圆形瓣膜，而且右心房压力高于左心房，所以右心房内的血液可直接流向左心房。

②动脉导管。胎儿的主动脉和肺动脉之间有动脉导管相通，因此右心室的大部分血液都经动脉导管流入主动脉，仅有少部分进入肺内。

③胎盘。胎盘是胎儿与母体进行气体及物质交换的器官，借脐带与胎儿相连。脐带内有两条脐动脉和两条脐静脉（牛）。脐动脉由髂内动脉分出，经脐带到胎盘，在胎盘上形成毛细血管网，在此处与母体子宫上的毛细血管交换物质。

脐静脉由胎盘毛细血管汇成，经脐带由脐孔进入胎儿腹腔，进入腹腔后合为一条，沿肝的镰状韧带伸延，经肝门入肝。

（2）血液循环路径。胎盘内富含营养物质和氧气较多的动脉血，经脐静脉进入胎儿肝内，最终汇成数支肝静脉注入后腔静脉（有部分脐静脉血不入肝，直接到后腔静脉），与来自身体后部的静脉相混合，进入右心房。右心房内的血液大部分通过卵圆孔进入左心房，经左房室口进入左心室，再经主动脉及其分支，大部分分布到了头、颈和前肢（图2-31）。

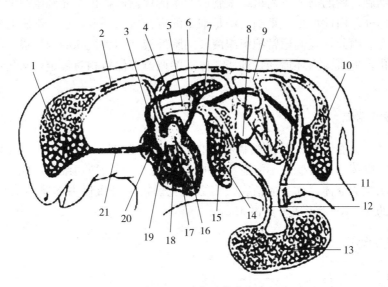

图 2-31　胎儿血管分布

1. 臂头干　2. 肺干　3. 后腔静脉　4. 动脉导管　5. 肺静脉　6. 肺毛细血管
7. 腹主动脉　8. 门静脉　9. 骨盆部和后肢毛细血管　10. 脐动脉　11. 胎盘毛细血管
12. 脐静脉　13. 肝毛细血管　14. 静脉导管　15. 左心室　16. 左心房　17. 右心室
18. 卵圆孔　19. 右心房　20. 前腔静脉　21. 头、颈部毛细血管
［董常生，2001. 家畜解剖学（第三版）.］

来自身体前部（头颈部和前肢）的静脉血，经前腔静脉入右心房到右心室，再入肺动脉，因肺没有活动机能，大部分血液经动脉导管入主动脉到身体后半部，并经脐动脉到胎盘。

（3）胎儿出生后血液循环的变化。

①脐动脉和脐静脉退化。出生后脐带被剪断，脐动脉、静脉血停止，血管逐渐萎缩，在体内的一段形成韧带，脐动脉形成膀胱圆韧带，脐静脉变为肝圆韧带。

②动脉导管闭锁。因肺开始呼吸，肺扩张，肺内血管的阻力减少，肺动脉压降低，动脉导管因管壁肌组织收缩而发生功能性闭锁，形成动脉导管索或动脉韧带。

③卵圆孔封闭。因肺静脉回左心房的血液量增多，血压增高，致使卵圆孔瓣膜与房中隔贴连，结缔组织增厚，将卵圆孔封闭，形成卵圆窝。为此，心脏的左半部和右半部完全分开，左半部为动脉血，右半部为静脉血。

三、血　　液

（一）体液和机体内环境

体液是指动物机体内的水以及溶解于水中的物质总称。体液占体重的 60%～70%，其中存在于细胞内的称为细胞内液，占体重的 40%～45%；存在于细胞外的称为细胞外液，包括血浆、组织液、淋巴液和脑脊液等，占体重的 20%～25%，各种体液彼此隔开而又相互联系，通过细胞膜和毛细血管壁进行物质交换。

家畜从外界吸入的氧气和各种营养物质，都先进入血浆，然后由毛细血管扩散到组织液，以供组织细胞代谢的需要。而组织细胞所产生的代谢产物也是先到组织液中，然后扩散入血浆再排出体外。由此可见，组织液即是细胞的直接生活环境，也是细胞与外界环境进行物质交换的媒介。因此，我们通常把组织液或细胞外液又称为机体的内环境。尽管机体外环境不断发生变化，但机体内环境却在神经、体液的调节下保持相对稳定，从而保证细胞的正常生命活动。

（二）血液的组成

血液是流动在心血管内的红色黏稠状液体，由血浆和有形成分组成。当血液流出血管时，血浆中的纤维蛋白原转变成不溶解状态的纤维蛋白，并网罗血细胞形成血块，在其周围析出淡黄色透明状的液体，称为血清。大多数哺乳动物全身血量占体重的 7%～8%，血浆约占血液容积的 55%，有形成分约占 45%。

（三）血液的有形成分

1. 红细胞

（1）红细胞的形态和数量。哺乳动物的成熟红细胞无核，呈双面凹的圆盘状。在血涂片标本上，中央染色较浅，周围染色较深。单个红细胞呈淡黄绿色，大量红细胞聚集在一起则呈红色。红细胞在血细胞中数量最多，其正常数量随动物种类、品种、性别、年龄、饲养管理和环境条件而有所变化。如高产品种的红细胞比低产品种的红细胞多，幼龄的比成年的多，雄性的比雌性的多，高原的比平原的多，去势的比不去势的多，强健的比衰弱的多，饲养条件好的比差的多。红细胞的细胞质内充满大量血红蛋白，约占红细胞成分的 33%。血红蛋白的含量受品种、性别、年龄、饲养管理等因素的影响。血红蛋白含量常以每升血液中含有的克数表示（表 2-4）。

表 2-4　成年牛、羊红细胞数量和血红蛋白含量

动物种类	红细胞数（$\times 10^{12}$个/L）	血红蛋白含量（g/L）
牛	7.0（5.0～10.0）	110（80～150）
绵羊	10.0（8.0～12.0）	120（80～160）
山羊	13.0（8.0～18.0）	110（80～140）

（2）红细胞的功能。红细胞具有运载 O_2 和 CO_2 的能力，这一运载功能是由血红蛋白来完成。另外，红细胞对机体所产生的酸性或碱性物质起着缓冲作用。

（3）红细胞的生成与破坏。红细胞主要在红骨髓生成而进入血液循环。在体内存活的时间平均为 120d。最后衰老的红细胞由脾、肝、骨髓中的巨噬细胞吞噬、破坏。

2. 白细胞　白细胞数量较少，体积较大，多呈球形，有细胞核（表 2-5）。

（1）中性粒细胞。粒细胞中数量最多的一种。胞体呈球形，胞质中有许多细小而分布均匀的淡紫色中性颗粒，可被酸性、碱性染料着色。细胞核呈蓝紫色，其形状分为杆状核和分叶核。中性粒细胞具有很强的变形运动和吞噬能力，能吞噬进入血中的细菌、异物和衰老死亡的细胞，对机体起保护作用。

（2）嗜酸性粒细胞。数量较少，细胞呈球形。胞核多分两叶。细胞质内充满粗大而均匀的圆形嗜酸性颗粒，一般染成橘红色。嗜酸性粒细胞能以变形运动穿出毛细血管进入结缔组

织，在过敏性疾病或某些寄生虫疾病时明显增多。

（3）嗜碱性粒细胞。数量最少，细胞呈球形。细胞核常呈 S 形。细胞质内含有大小不等、分布不均的嗜碱性颗粒，被染成深紫色，胞核常被颗粒掩盖。颗粒内有肝素、组织胺。组织胺对局部炎症区域的小血管有舒张作用，能加大毛细血管的通透性，有利于其他白细胞的游走和吞噬活动。肝素具有抗凝血作用。

（4）单核细胞。白细胞中体积最大的细胞，呈圆形或椭圆形。细胞核呈肾形、马蹄形或不规则形，着色较浅，呈淡紫色。细胞质呈弱嗜碱性，内有散在的嗜天青颗粒，常被染成浅灰蓝色。

（5）淋巴细胞。数量较多，呈球形。一般按直径大小分为大、中、小 3 种。健康动物血液中，小淋巴细胞较多。细胞核较大，呈圆形或肾形，呈深蓝或蓝紫色。胞质很少，仅在核周围形成蓝色的一薄层。淋巴细胞主要参与体内免疫反应。

白细胞大多数由骨髓产生，寿命比较短，只有几小时或几天。衰老的白细胞，除大部分被单核吞噬细胞系统的巨噬细胞清除外，有相当数量的粒性白细胞由唾液、尿、胃肠黏膜和肺排出，有的在执行任务时被细菌或毒素所破坏。

表 2-5　牛、羊白细胞数及白细胞分类百分比（％）

动物种类	白细胞总数（$\times 10^9$个/L）	中性粒细胞	嗜酸性粒细胞	嗜碱性粒细胞	淋巴细胞	单核细胞
牛	8.0	31.0	7.0	0.7	54.3	7.0
绵羊	8.2	37.2	4.5	0.6	54.7	3.0
山羊	9.6	42.2	3.0	0.8	50.0	4.0

3. 血小板　血小板是一种无色，呈圆形或卵圆形的小体，有细胞膜和细胞器，但无细胞核，体积比红细胞小，是骨髓巨核细胞的胞质脱落碎片。其主要机能为促进止血和加速血液凝固。

（四）血浆

血浆是血液中的液体成分，其化学成分中水分占 90％～92％，溶质占 8％～10％。

1. 血浆蛋白　血浆蛋白占血浆总量的 6％～8％。包括清蛋白、球蛋白和纤维蛋白原三种。其中白蛋白最多，球蛋白次之，纤维蛋白原最少。血浆蛋白可形成血浆胶体渗透压，调节血液与组织液之间水分平衡；可形成蛋白缓冲对，调节血液的酸碱平衡。

某些球蛋白含有大量的抗体，参与体液免疫；纤维蛋白原可参与血液凝固。

2. 血糖　血液中所含的葡萄糖称为血糖，占 0.06％～0.16％。

3. 血脂　血液中脂肪称为血脂，占 0.1％～0.2％，大部分以中性脂肪的形式存在，少部分以磷脂、胆固醇等形式存在。

4. 无机盐　血浆中无机盐的含量为 0.8％～0.9％，均以离子状态存在于血液中，如 Na^+、K^+、Ca^{2+}、Cl^-、HCO_3^- 等，它们对维持血浆渗透压、酸碱平衡和神经肌肉的兴奋性有重要作用。

5. 其他物质　血浆中含有维生素、激素、酶等物质，虽然含量甚微，但对机体的代谢及生命活动却有重要的作用。

(五) 血液的理化特性

1. 血液的相对密度和黏滞性 血液的相对密度主要取决于红细胞的浓度，其次取决于血浆蛋白质的浓度。红细胞数越多，血液的相对密度越大。

血液是一种黏滞性较大的液体，以水的黏度为 1 计，血液的相对黏度为 4～5。血液黏滞性大小主要取决于它所含红细胞数量和血浆蛋白质的数量。

2. 渗透压 水通过半透膜向溶液中扩散的现象称为渗透。溶液促使水向半透膜另一侧溶液中渗透的力量，称为渗透压。血浆的渗透压是相对恒定的。血液的渗透压由两部分构成，一种是由血浆中的无机盐离子和葡萄糖等晶体物质构成，称为晶体渗透压，约占总渗透压的 99.5%，对维持细胞内外水平衡起重要作用；另一种是由血浆蛋白质等胶体物质构成，称为胶体渗透压，仅占总渗透压的 0.5%，对维持血浆和组织液间水平衡起重要作用。

血液渗透压与 0.9% 的氯化钠溶液或 5% 的葡萄糖溶液相等，凡与血液渗透压相等的溶液称为等渗溶液。临床上输液应以等渗溶液为主。

3. 酸碱度 动物的血液呈弱碱性，pH 在 7.2～7.5。在正常情况下，血液 pH 之所以保持稳定，是因为血液中含有许多成对的既可中和酸又可中和碱的缓冲对。如 $NaHCO_3/H_2CO_3$、Na_2HPO_4/NaH_2PO_4、Na-蛋白质/H-蛋白质等，其中以 $NaHCO_3/H_2CO_3$ 最为重要。

临床上把每 100mL 血浆中含有的 $NaHCO_3$ 的量称为碱储。在一定范围内，碱储增加表示机体对固定酸的缓冲能力增强。

(六) 血液的凝固

血液从血管流出以后，很快会形成胶冻状的固体，这种现象称为血凝。

1. 血凝过程 血凝是一个复杂的连锁性生化反应过程，大体可分为三步：

(1) 凝血酶原激活物的形成。凝血酶原激活物不是一种单纯物质，而是由多种凝血因子经过一系列的化学反应而形成的复合物。当组织受到损伤（外源性系统）或血管内皮损伤（内源性系统）时，就会使体内原来存在的一些没有活性的组织因子和接触因子被激活，这些因子进一步活化凝血因子，在 Ca^{2+} 的参与下，即可形成凝血酶原激活物。

(2) 凝血酶原转变成凝血酶。凝血酶原激活物在 Ca^{2+} 的参与下，使血浆没有活性的凝血酶原转变为有活性的凝血酶。

(3) 纤维蛋白原转变为纤维蛋白。凝血酶在 Ca^{2+} 的参与下，使纤维蛋白原转变为非溶解状态的纤维蛋白。纤维蛋白呈细丝状，互相交织成网，把血细胞网罗在一起，形成胶冻状的血凝块。

血液在血管内流动时一般不发生凝固，其原因为：一方面是心血管内皮光滑，上述反应不易发生；另一方面是血浆中存在一些抗凝血物质，如肝素，可抑制凝血酶原激活物的形成，阻止凝血酶原转化为凝血酶，抑制血小板黏着、聚集，影响血小板内凝血因子的释放。此外，如果血液在心血管中由于纤维蛋白的出现而产生凝血时，血浆中存在的纤维蛋白溶解酶也往往被激活，迅速将纤维蛋白溶解，使血液不再凝固，保证血液正常运行。

2. 抗凝和促凝的措施

（1）抗凝或延缓血凝的方法。

①低温。血液凝固主要是一系列酶促反应，而酶的活性受温度影响最大，把血液置于较低温度下可降低酶促反应而延缓凝固。

②加入抗凝剂。在凝血的三个阶段中，都有 Ca^{2+} 的参与。如果设法除去 Ca^{2+} 可防止血凝。血液化验时常用的抗凝剂有草酸盐、柠檬酸盐等。

③将血液置于特别光滑的容器内或预先涂有石蜡的器皿内，可以减少血小板的破坏，延缓血凝。

④使用肝素。肝素在体内、外都有抗凝血作用。

⑤脱纤维。若将流入容器内的血液，迅速用木棒搅拌，或容器内放置玻璃球加以摇晃，由于血小板迅速破裂等原因，加快了纤维蛋白的形成，并使形成的纤维蛋白附着在木棒或玻璃球上，血液不再凝固。

（2）加速血凝的方法。

①升高温度。血液加温后能提高酶的活性，加速凝血过程。

②提高创面粗糙度。可促进凝血因子的活化，促使血小板解体，释放凝血因子，最后形成凝血酶原激活物。

③注射维生素 K。维生素 K 可促使肝合成凝血酶原，并释放入血，还可促进某些凝血因子在肝合成。因此，维生素 K 对出血性疾病具有止血的作用。

（七）血量和失血

血液的总量一般可按体重百分比计算，牛约 8.0％。这些血液在安静时并不全部参加血液循环，总有一部分交替贮存于脾、肝、皮肤的毛细血管等处。这些具有贮存血液机能的脏器或部位称为血库，其贮存的血量为血液总量的 8％～10％。在机体剧烈活动或大失血时会迅速放出，参加血液循环。因此家畜一次失血如果不超过 10％，不会影响健康；但如果一次性失血超过 20％，机体生命活动会受到影响；短时间内失血超过 30％，可能危及生命。

四、心脏生理

（一）心肌的生理特性

1. 自动节律性　心脏在没有神经支配的情况下，在若干时间内仍能维持自动而有节律的跳动，这一特性称为自动节律性。自动节律性源于心脏的传导系统。心脏传导系统的各个部位，都具有产生自律性的能力，但自律性高低不一。

窦房结的自律性最高，成为心脏正常活动的起搏点，其他部位自律细胞的自律性依次逐渐降低，在正常情况下不自动产生兴奋，只起兴奋传导作用。以窦房结为起搏点的心脏节律性活动，称为窦性心律。当窦房结的功能出现障碍，兴奋传导阻滞或某些自律细胞的自律性异常升高时，潜在起搏点也可以自动发生兴奋而引起部分或全部心脏活动。这种以窦房结以外的部位为起搏点的心脏活动，称为异位心律。

2. 传导性　传导性是指心肌细胞的兴奋沿着细胞膜向外传播的特性。正常生理情况下，由窦房结发出的兴奋可以按一定途径传播到心脏各部，顺次引起整个心脏中的全部心肌细胞进入兴奋状态。兴奋在房室结的传导速度明显放慢，并有约 0.07s 的短暂延搁，保证心房完全收缩把全部血液送入心室，使心室收缩时有充足的血液射出。

3. 兴奋性 心肌对适宜刺激发生反应的能力，称为兴奋性。当心肌兴奋时，它的兴奋性也发生相应的周期性变化。

（1）绝对不应期。心肌在受到刺激而出现一次兴奋后，有一段时间兴奋性极度降低到零，无论给予多大的刺激，心肌细胞均不发生反应，这一段时间称为绝对不应期。心肌细胞的绝对不应期比其他任何可兴奋细胞都长得多，对保证心肌细胞完成正常功能极其重要。

（2）相对不应期。在心肌开始舒张的一段时间内，给予较强的刺激，可引起心肌细胞产生兴奋，称为相对不应期。此期心肌的兴奋性已逐渐恢复，但仍低于正常。

（3）超常期。在心肌舒张完毕之前的一段时间内，给予较弱的刺激，就可引起兴奋，此期称为超常期。超常期过后，心肌细胞的兴奋性恢复至正常水平。

4. 收缩性 心肌兴奋的表现是肌纤维收缩，称为收缩性。心肌收缩的最大特点是单收缩，而不像骨骼肌的强直收缩，从而使心脏保持舒缩活动交替进行，保证心脏射血和血液回流。

在心脏的相对不应期内，如果给予心脏一个较强的额外刺激，则心脏会发生一次比正常心律提前的收缩，称为额外收缩（期外收缩）；额外收缩后，往往发生一个较长的间歇期，称为代偿间歇，恰好补偿上一个额外收缩所缺的间歇期时间，以保证心脏有充足的补偿氧和营养物质的时间，而不致发生疲劳。

（二）心动周期和心率

1. 心动周期 心脏每收缩和舒张一次，称为一个心动周期。在一个心动周期中，心脏各部分的活动遵循一定的规律，又有严格的顺序性，一般分为三个时期：

（1）心房收缩期。左、右心房基本上同时收缩，两心室处于舒张状态。

（2）心室收缩期。左、右心室收缩，两心房已收缩完毕，进入舒张状态。

（3）间歇期。心室已收缩完毕，进入舒张状态，而心房仍然保持舒张状态。

在心动周期中，由于心房和心室收缩期都比舒张期短，所以心肌在每次收缩后能够有效地补充氧和营养物质以及排出代谢产物。由于心房的舒缩对射血意义不大，所以一般都以心室的舒缩为标志，把心室的收缩期称为心缩期，而把心室的舒张期称为心舒期。

2. 心率 健康家畜单位时间内心脏搏动的次数称为心跳频率，简称心率。心率可因动物种类、年龄、性别、所处环境、地域等情况不同而不同。黄牛的心率为 60～80 次/min，水牛的心率 30～50 次/min，羊的心率为 70～80 次/min。

（三）心脏的泵血过程

1. 心房收缩期 此期正处于间歇期末，心室的压力低于心房的压力，房室瓣仍处于开放状态，所以心房收缩时，房内压升高，血液便通过开放的房室瓣进入心室，使心室血液更充盈。

2. 心室收缩期 心房收缩后，心室即开始收缩，室内压逐渐升高，当超过房内压时，将房室瓣关闭，使血液不能逆流回心房。室内压继续升高，当超过主动脉和肺动脉内压时，血液冲开动脉瓣，迅速射入主动脉和肺动脉内。心室收缩时，心房已处于舒张期，可吸引静脉血液流入心房。

3. 间歇期　心室开始舒张，室内压急剧下降，低于动脉内压时，动脉瓣立即关闭，防止血液逆流回心室。尔后心室内压继续下降至低于房内压时，房室瓣开放，吸引心房血液流入心室，为下一个心动周期做准备。

（四）心音

心动周期中，由于心肌收缩、瓣膜启闭，引起血流振动产生的声音，称为心音。通常在胸壁的心区内可以听到。它由"通-嗒"两个声音组成，分别称为第一心音和第二心音。

第一心音为心缩音，在心脏收缩时，由于房室瓣关闭、腱索弹性振动，血液冲开主动脉瓣、肺动脉瓣及血液在动脉根部的振动以及心肌收缩心室壁的振动而产生。其特点是音调低而持续时间长。

第二心音为心舒音，在心脏的舒张期，心室内压突然下降、引起心室壁振动，主动脉瓣、肺动脉瓣关闭产生的振动。其特点是音调高而持续时间短。

（五）心排血量及其影响因素

1. 每搏输出量和每分输出量　心脏收缩时，从左右心室射进动脉的血量基本上是相等的。每一个心室每次收缩排出的血量称为每搏输出量。每个心室每分钟排出的血液总量称为每分输出量。一般所说的心排血量是指每分输出量，它是衡量心脏功能的一项重要指标。每分输出量大致等于每搏输出量和心率的乘积，即：

$$心排血量＝每搏输出量×心率$$

正常时，心排血量是随着机体新陈代谢的强度而改变。新陈代谢增强时，心排血量也会相应增加。心脏这种能够增加心排血量来适应机体需要的能力，称为心脏的储备力。当心脏的储备力发挥到最大限度后，仍不能适应机体的需要时，即发生心力衰竭。

2. 影响心排血量的主要因素　决定心排血量的因素是每搏输出量和心率，而每搏输出量的大小主要受静脉回流量和心室肌收缩力的影响。

（1）静脉回流量。当静脉回心血量增加时，心室容积相应增大，收缩力加强，每搏输出量就增多；反之，静脉回心血量减少，每搏输出量也减少。

（2）心室肌收缩力。在静脉回流量和心舒末期容积不变的情况下，心肌可在神经系统和各种体液因素的调节下，改变心肌的收缩力量。心肌收缩力量增强，使心缩末期的容积比正常时进一步缩小，减少心室的残余血量，从而使每搏输出量明显增加。

（3）心率。心率加快在一定范围内能够增加心排血量。但心率过快会使心动周期的时间缩短，特别是舒张期的时间缩短。这样就能造成心室还没有被血液完全充盈的情况下进行收缩，结果每搏输出量减少。此外，心率过快会使心脏过度消耗供能物质，从而使心肌收缩力降低。所以，动物心力衰竭时，尽管心率增快，但并不能增加心排血量而使循环功能好转。

五、血管生理

（一）动脉血压和动脉脉搏

1. 动脉血压　血压是指血液在血管内流动时对血管壁产生的侧压力，通常用千帕

（kPa）来表示。通常所说的血压是指动脉血压。

在一个心动周期中，动脉血压随心室的舒缩而不断变化。在心室收缩期，动脉血压升高，其最高值，称为收缩压。在心室舒张期末，动脉血压降至最低值，称为舒张压。收缩压与舒张压的差值，称为脉搏压，它可以反映动脉管壁的弹性。动脉管壁弹性良好可使脉搏压减小，弹性下降则脉搏压上升。

动脉血压的数值主要取决于心排血量和外周阻力。因此，凡是能影响心排血量和外周阻力的各种因素，都影响动脉血压。

2. 动脉脉搏

（1）动脉脉搏的形成。每次心室收缩时，血液射向主动脉，使主动脉内压在短时间内迅速升高，富有弹性的主动脉管壁向外扩张。心室舒张时，主动脉内压下降，血管壁又发生弹性回缩而恢复原状。因此，心室的节律性收缩和舒张使主动脉壁发生同样节律扩张和回缩的振动。这种振动沿着动脉管壁以弹性压力波的形式传播，形成动脉脉搏。通常临床上所说的脉搏就是指动脉脉搏。

（2）动脉脉搏的临床意义。由于脉搏是心搏动和动脉管壁的弹性所产生，它不但能够直接反映心率和心动周期的节律，而且能够在一定程度上通过脉搏的速度、幅度、硬度、频率等特性反映整个循环系统的功能状态。所以检查动脉脉搏有很重要的临床意义。

检查脉搏一般选择比较接近体表的动脉，牛在尾中动脉。

（二）静脉血压和静脉血回流

血液对静脉管壁的侧压力，称为静脉血压。右心房作为体循环的终点，血压最低，接近于零。血液在静脉内的流动，主要依赖于静脉与右心房之间的压力差。能引起这种压力差发生变化的任何因素都能影响静脉内的血流，从而改变由静脉流回右心室的血量，即静脉回心血量。影响静脉回流量最主要的因素有：

1. 血压差促使血液回流 动物躺卧时，全身各大静脉大都与心脏在同一水平，由于远心段静脉血压依次向近心段降低，所以单靠静脉系统中各段的血压差就可以推动血液流回心脏。

2. 胸腔负压的抽吸作用 呼吸运动时胸腔内产生的负压变化，是影响静脉回流的另一因素。胸腔内压比大气压低，吸气时更低。由于静脉管壁薄而柔软，故吸气时，胸腔内的大静脉受到负压牵引而扩张，使静脉容积增大，内压下降，因而对静脉回流起抽吸的作用。

3. 骨骼肌的挤压作用 骨骼肌收缩时能挤压附近静脉，提高静脉内压力，使其中的血液推开瓣膜产生向心性流动。

（三）微循环及其特点

血液循环的主要功能是完成体内的物质运输，实现血液与组织细胞间的物质交换。血液与组织间的物质交换是在微动脉与微静脉之间的毛细血管网实现的，这部分血管网的结构机能具有适应于物质交换需要的特性，因此将毛细血管网的血液循环称为微循环。

典型的微循环由微动脉、后微动脉、毛细血管前括约肌、真毛细血管、通血毛细血管、动-静脉吻合支和微静脉等部分组成。微动脉的管壁有环形的平滑肌，其收缩和舒张可控制微血管的血流量。在真毛细血管起始端通常有1～2个平滑肌细胞，形成一个环，即毛细血管前括约肌，该括约肌的收缩状态决定进入真毛细血管的血流量。

在微循环系统中，血液由小动脉到小静脉有三条不同的途径：

1. 直捷通路 其基本路径是微动脉→后微动脉→通血毛细血管→微静脉。这一通路途径较短，血流快并经常处于开放状态，物质交换功能较小。这一途径主要是促使血液迅速通过微循环而由静脉回流入心。

2. 营养通路 又称迂回通路，其基本路径是微动脉→后微动脉→真毛细血管网→微静脉。这一通路管壁薄，途径长，血流速度慢，通透性好，有利于物质交换，是血液与组织细胞进行物质交换的主要场所。

3. 动-静脉短路 其基本路径是微动脉→动静脉吻合支→微静脉。这一通路管壁较厚，途经最短，血流速度快，但经常处于关闭状态。它基本无物质交换作用，但对体温调节有一定的作用。

（四）组织液与淋巴液

存在于血管外组织细胞间隙中的液体，称为组织液。体内绝大部分组织液呈凝胶状态，不能自由流动，故组织液不会因重力作用而流向身体的低垂部位。它构成了组织细胞与血液之间进行物质交换的必需环境。

1. 组织液的生成与回流 组织液来自毛细血管血液。因毛细血管壁具有通透性，故除血细胞和大分子物质（如高分子蛋白质）外，水和其他小分子物质，如营养物质、代谢产物、无机盐等，都可以弥散或滤过的方式透过毛细血管壁，在血液和组织液之间进行交换。因此，组织液中各种离子成分与血浆相同，但蛋白质浓度明显低于血浆。

组织液是血浆滤过毛细血管壁形成的。液体通过毛细血管壁的滤过和重吸收取决于四个因素：即毛细血管血压、组织液胶体渗透压、组织液静水压、血浆胶体渗透压。其中，毛细血管血压和组织液胶体渗透压是促使液体由毛细血管内向血管外滤过的力量（生成压），组织液静水压和血浆胶体渗透压是将液体从血管外重吸收入毛细血管内的力量（回流压）。滤过的力量和重吸收的力量之差，称为有效滤过压。

有效滤过压＝（毛细血管血压＋组织液胶体渗透压）－（组织液静水压＋血浆胶体渗透压）

如果有效滤过压为正值，则血浆中的液体由毛细血管滤出，形成组织液；如果为负值，则组织液回流入血液。一般在毛细血管动脉端组织液生成，在静脉端部分组织液回流入血液。

一部分组织液进入毛细淋巴管内生成淋巴液，简称淋巴。

2. 影响组织液和淋巴液生成的因素 组织液的生成与回流是由有效滤过压决定的，因此影响有效滤过压的因素，均可影响组织液和淋巴液的生成。

（1）毛细血管血压。凡能使毛细血管血压升高的因素都可促进组织液和淋巴液的生成。

（2）血浆胶体渗透压。在正常生理状况下，血浆胶体渗透压的变化幅度很小，不会成为引起有效滤过压明显变化的因素。在病理状况下，如某些肾疾患，因有大量蛋白尿，使血浆蛋白质损失，血浆胶体渗透压降低，导致有效滤过压升高，组织液生成量增加，回流减少，可出现水肿。

（3）毛细血管壁的通透性。组织活动时代谢增强，能使局部温度升高，pH 降低，O_2

消耗增加等，这些都可以使毛细血管壁通透性增大，促进组织液和淋巴液的生成。

（4）淋巴回流。由于一部分组织液经淋巴管回流入血液，因此，如淋巴回流受阻，在受阻部位远端的组织间隙中组织液积聚，也可引起水肿，如丝虫病引起的肢体水肿等。

 思考题

1. 名词解释。

体液　内环境　血浆　血清　碱储　血压　心动周期　心音　心率　脉搏　心排血量血窦

2. 绘图说明心脏的形态、结构和位置。

3. 血管分哪几类？各有什么特点？

4. 简述血液凝固的机理，并分别列举一个促凝和抗凝的措施。

5. 简述血液的组成。

6. 什么是等渗溶液？列出临床上常用的两种等渗溶液。

7. 结合组织液的生成和回流，说明水肿发生的机理。

8. 影响静脉回流的因素有哪些？

9. 填图。

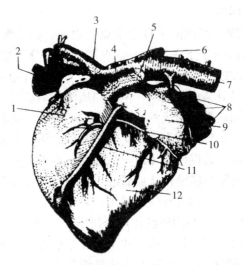

心及基部血管（左侧面）

1.　　2.　　3.　　4.　　5.　　6.

7.　　8.　　9.　　10.　　11.　　12.

 知识链接　　**心音最强（佳）听取点**

在心脏部任何一点，都可以听到两个心音，但由于心音沿血液方向传导，因此只能在一定部位听诊才听得最清楚。临床上把心音听得最清楚的部位，称为心音最强（佳）听取点。

各种动物心音最佳听取部位				
畜别	第一心音区		第二心音区	
	二尖瓣口	三尖瓣口	主动脉口	肺动脉口
马	左侧第5肋间，胸廓下1/3的中央水平线上	右侧第4肋间，胸廓下1/3的中央水平线上	左侧第4肋间，肩关节水平线下2～3cm处	左侧第3肋间，肘头的稍上方
牛	左侧第4肋间，主动脉口听取点的下方	右侧第4肋间，胸廓下1/3的中央水平线上	肩关节水平线下2～3cm处	左侧第3肋间，肘头的稍上方
猪	左侧第4肋间，主动脉口听取点的下方	右侧第4肋间肋骨和肋软骨结合部稍下方	左侧第4肋间，臂骨结节线的直下方	左侧第3肋间，接近胸骨处
犬	左侧第4肋间	右侧第3肋间	左侧第3肋间	左侧第3肋间

任务九　识别牛（羊）免疫系统

学习目标

◆ **知识目标：**

掌握牛常检淋巴结、脾、胸腺的形态、位置和机能。

了解免疫细胞、免疫组织、免疫器官的概念及免疫系统的组成和作用。

◆ **技能要求：**

能在显微镜下识别淋巴结、脾的组织构造。

在尸体上找到常检淋巴结。

子任务一　羊淋巴结、脾形态、结构的识别

【目的要求】在新鲜标本上识别主要淋巴结和脾。

【材料及设备】羊的尸体标本、解剖器械。

【方法步骤】在牛（羊）的尸体标本上找到下颌淋巴结、颈深淋巴结、肩前淋巴结、腋淋巴结、肘淋巴结、股前（膝上）淋巴结、腘淋巴结、腹股沟深淋巴结、腹股沟浅淋巴结、纵隔后淋巴结、腹腔淋巴结、肠系膜淋巴结和脾。

【技能考核】在牛或羊的标本上，识别上述淋巴结和脾。

子任务二　淋巴结和脾组织结构观察

【目的要求】识别淋巴结和脾的组织构造。

【材料及设备】淋巴结和脾的组织切片、显微镜。

【方法步骤】

1. 淋巴结的观察　先用低倍镜后用高倍镜观察淋巴结切片的下列构造：被膜、淋巴小

结、副皮质区、皮质淋巴窦、髓索和髓窦。

2. 脾的观察 先用低倍镜后用高倍镜观察脾组织切片的下列构造：被膜、脾小梁、脾小体、髓索和髓窦。

【技能考核】在显微镜下找到淋巴结和脾的主要结构，绘出淋巴结和脾的组织结构图。

一、免疫系统的组成与作用

（一）免疫系统的组成

免疫系统由免疫器官、免疫细胞和免疫分子构成。其中免疫器官又分为中枢免疫器官和周围免疫器官。

（二）免疫系统的作用

1. 免疫防御 免疫系统可阻止病原生物侵入机体，抑制其在体内繁殖、扩散，并可清除病原微生物及其产物。这种机能降低可导致重复感染。但如过高又可导致机体过敏，产生变态反应。

2. 免疫稳定 免疫系统可清除体内多种衰老的细胞和被破坏、损伤的细胞，以保持体内各类细胞的自身稳定。

3. 免疫监视 指免疫系统能够识别、杀伤和清除体内的突变细胞。突变细胞是机体自发地或在某些病毒、化学药品诱发下产生的一种细胞，如不能及早发现、清除，则易发展成为肿瘤。

免疫系统的上述作用可由两种方式获得：一是由先天遗传而获得，称为先天免疫。如皮肤、黏膜的屏障作用，吞噬细胞的吞噬作用，自然杀伤细胞的杀伤作用及多种体液成分（如补体、溶菌酶等）的免疫作用。它们能非特异地清除入侵体内的微生物及体内突变、死亡的细胞，所以又称为非特异性免疫。二是个体出生后，由于机体感染了某种病原微生物或接触了异种、异体抗原而获得的仅是针对某种微生物或抗原的免疫力，称为特异性免疫（获得性免疫）。这种免疫清除相应抗原的能力显著强于非特异性免疫，是进行人工免疫的基础。但是，它不能遗传，作用范围受局限。

二、免疫器官

（一）中枢免疫器官

中枢免疫器官又称为一级免疫器官，包括骨髓、胸腺、鸟类法氏囊或其同功器官。中枢免疫器官主导免疫活性细胞的产生、增殖和分化成熟，对外周淋巴器官发育和全身免疫功能起调节作用。

1. 胸腺 位于胸腔纵隔内和颈部。既是淋巴器官，又是内分泌器官。来自骨髓的淋巴干细胞在胸腺中受胸腺素和胸腺生成素等的诱导作用，增殖分化、成熟为具有免疫功能的 T

细胞，而后进入外周淋巴器官，参与机体的免疫反应。

牛的胸腺为粉红色的分叶状器官，质地柔软。犊牛胸腺发达，分颈、胸两部。颈部分左、右两叶，自胸前口沿气管、食管向前延伸至甲状腺的附近；胸部位于心前纵隔内。胸腺在性成熟以后逐渐退化，但并不完全消失，即使在老年期，在胸腺原位的结缔组织中，仍可发现小块有活动的胸腺遗迹。

2. 骨髓　骨中的红骨髓可以生成血液中的一切血细胞，如骨髓中多数干细胞经过增殖和分化，成为髓系干细胞和淋巴系干细胞。髓系干细胞是颗粒白细胞和单核吞噬细胞的前身；淋巴系干细胞则演变为淋巴细胞。淋巴细胞在骨髓内即可分化、成熟为 B 淋巴细胞，然后进入血液和淋巴，参与机体的免疫反应。

（二）周围免疫器官

包括淋巴结、脾和消化道黏膜内的淋巴小结。它们是 T 细胞、B 细胞定居和对抗原刺激进行免疫应答的场所。

1. 淋巴结

（1）淋巴结的形态结构。淋巴结位于淋巴管径路上，多位于凹窝或隐藏之处，大小不一，大的几厘米，小的只有 1mm，多成群分布。形态有球形、卵圆形、扁圆形等。淋巴结在活体上呈淡红色，肉尸上略呈灰白色，淋巴结的一侧凹陷为淋巴结门，是血管、神经和淋巴管出入的地方；另一侧凸出，有多条输入淋巴管注入。

（2）淋巴结的功能。淋巴结是体内最重要、分布广泛的免疫器官，通过淋巴细胞参与机体的免疫活动；巨噬细胞具有很强的吞噬能力，能吞噬由淋巴带来的异物和微生物；淋巴结还产生淋巴细胞，是重要的造血器官。

（3）淋巴结的组织构造。淋巴结由被膜和实质构成。

①被膜。被膜为覆盖在淋巴结表面的结缔组织膜。被膜结缔组织伸入实质形成许多小梁并相互连接成网，与网状组织共同构成淋巴结的支架。进入淋巴结的血管沿小梁分布。

②实质。淋巴结的实质可分为皮质和髓质。

A. 皮质。位于淋巴结的外周，颜色较深。由淋巴小结、副皮质区和皮质淋巴窦组成。淋巴小结位于皮质区浅层，呈圆形或椭圆形，可分为中央区和周围区。中央区着色淡，除网状细胞外，主要有 B 淋巴细胞、巨噬细胞、少量的 T 淋巴细胞和浆细胞等。此区的淋巴细胞增殖能力较强，称为生发中心。周围区着色较深，聚集大量的小淋巴细胞。副皮质区为弥散淋巴组织，位于淋巴小结之间和皮质、髓质的交界处，是 T 淋巴细胞的主要分布区。在抗原的刺激下，该区的淋巴细胞可大量繁殖，离开淋巴结，经淋巴管而进入血液。皮质淋巴窦是位于被膜下、淋巴小结与小梁之间互相通连的腔隙，是淋巴流经的部位。窦内存在着网状细胞、淋巴细胞和巨噬细胞。窦壁由内皮细胞构成，壁上有孔，淋巴细胞和淋巴液可以自由进出。

B. 髓质。位于中央部和门部，颜色较淡。由髓索和髓质淋巴窦组成。髓索是排列呈索状的淋巴组织，彼此吻合成网状，其主要成分是 B 淋巴细胞，还有浆细胞和巨噬细胞。淋巴结功能活跃时，淋巴索发达，浆细胞多，产生抗体。髓质淋巴窦位于髓索之间和髓索与小梁之间，结构与皮质淋巴窦相同，接受来自皮质淋巴窦的淋巴，并将淋巴液汇入输出淋巴管。

（4）畜体的主要淋巴结。淋巴结位于免疫系统的通路上。畜体的每一个局部或器官的附近，都有一个淋巴结群，以接受该区域或器官流来的淋巴。如内脏器官门处（肺门、肝门、肾门等）的门淋巴结，肌肉或血管附近的区域性淋巴结等。畜体的淋巴结都固定于一定的位置，浅层的都分布于皮下，可用手触摸到；深部淋巴结则位于内脏器官附近和血管附近。它们通过淋巴结的输入淋巴管不断接受一定区域或器官的淋巴。当该区域的组织器官发病时，必然导致这些淋巴结首先出现症状，如发炎、肿胀、疼痛等。因此，在进行临床检查和动物检疫时，常通过淋巴结的变化来诊断某些疾病。

淋巴结的名称一般以存在的部位而命名。兽医临床和动物检疫常检的畜体淋巴结有：

①畜体主要浅在淋巴结。

下颌淋巴结：位于下颌间隙，牛的在下颌间隙后部，其外侧与颌下腺前端相邻；在猪位置更加靠后，表面有腮腺覆盖；在马则与血管切迹相对。

腮腺淋巴结：位于颞下颌关节后下方，部分或全部被腮腺覆盖。

颈浅淋巴结：又称为肩前淋巴结，位于肩前，在肩关节上方，被臂头肌和肩胛横突肌（牛）覆盖。猪的颈浅淋巴结分背侧和腹侧两组，背侧淋巴结相当于其他家畜的颈浅淋巴结，腹侧淋巴结则位于腮腺后缘和胸头肌之间。

髂下淋巴结：又称为股前淋巴结，位于膝关节上方，在股阔筋膜张肌前缘皮下。

腹股沟浅淋巴结：位于腹底壁皮下，大腿内侧，腹股沟皮下环附近。公畜的位于阴茎两侧，称为阴茎背侧淋巴结；母畜的位于乳房的后上方，称为乳房上淋巴结。此淋巴结在母猪位于倒数第2对乳头的外侧。

腘淋巴结：位于臀股二头肌与半腱肌之间，腓肠肌外侧头的脂肪中。

②畜体主要深在淋巴结。

咽后淋巴结：每侧均有内、外两组，内侧组位于咽的背侧壁。

颈深淋巴结：分为前、中、后3组。颈前淋巴结位于咽、喉的后方，甲状腺附近，前与咽淋巴结相连；颈中淋巴结分散在颈部气管的中部；颈后淋巴结与颈前淋巴结无明显界限；外侧组位于腮腺深面。位于颈后部气管的腹侧，表面被覆有颈皮肌和胸头肌。

肺淋巴结：位于肺门附近，气管的周围。

肝淋巴结：位于肝门附近。

脾淋巴结：位于脾门附近。

肠淋巴结：位于各段肠管的肠系膜内。

肠系膜前淋巴结：位于肠系膜前动脉起始部附近。

髂内淋巴结：位于髂外动脉起始部附近。

髂外淋巴结：位于旋髂深动脉前、后支分叉处。

2. 脾

（1）脾的形态结构、位置。脾是体内最大的淋巴器官，结构类似淋巴结。牛的脾呈扁平的椭圆形，蓝紫色，质柔软，位于瘤胃背囊的左前方。羊的脾呈扁平的三角形，位于瘤胃左侧。

（2）脾的构造。脾靠近瘤胃的一面，称为脏面。在脏面上有血管和神经出入，称为脾门。脾的表面有结缔组织被膜，内含丰富的弹性纤维和平滑肌；被膜深入脾内部并形成小梁，构成脾的支架。

实质比较柔脆，分为白髓和红髓。白髓是淋巴细胞聚集之处，沿中央小动脉呈鞘状分布，富含 T 细胞，相当于淋巴结的副质区。白髓中还有淋巴小结，是 B 细胞居留之处，受抗原刺激后可出现生发中心。脾中 T 细胞占总淋巴细胞数的 35％～50％，B 细胞占50％～65％。红髓位于白髓周围，可分为脾索和血窦。脾索为网状结缔组织形成的条索状分支结构；血窦为迂曲的血管，其分支吻合成网。红髓与白髓之间的区域称为边缘区，中央小动脉分支由此进入，是再循环淋巴细胞入脾之处。与淋巴结不同，脾没有输入淋巴管，只有一条平时关闭的输出淋巴管与中央动脉并行，发生免疫应答时淋巴细胞由此进入再循环池。

（3）脾的功能。脾有如下功能：①造血功能。脾在胚胎期是重要的造血器官，出生后造血功能停止，但仍然是血细胞尤其是淋巴细胞再循环池的最大储库和强有力的过滤器；②储血机能。脾能储存一定量的血液，是体内重要的血库；③过滤血液机能。脾内的吞噬细胞可吞噬进入脾的细菌、异物和衰老死亡的细胞；④免疫机能。与淋巴结相似，脾是发生免疫应答的重要基地，脾内的淋巴细胞能产生抗体，参与免疫反应。

3. 其他淋巴器官

（1）扁桃体。位于舌、软腭和咽的黏膜下组织内，形状和大小因动物种类而不同。扁桃体无淋巴管输入又处于暴露位置，故抗原可由口腔直接感染。它在抗原的刺激下，产生淋巴细胞，参与免疫反应。

（2）淋巴小结。在消化道、呼吸道黏膜内，常有淋巴细胞密集形成的淋巴组织，称为淋巴小结。有的单个存在，称为孤立淋巴小结（淋巴孤结）；有的集合成群，称为结合淋巴小结（淋巴集结）。

（3）血淋巴结。位于血液循环的通路上，其构造与淋巴结基本相同。在大失血后血淋巴结常能产生红细胞和有粒白细胞。

三、免疫细胞

（一）免疫细胞的种类

凡能参与免疫反应的细胞统称为免疫细胞，主要有如下几种：

1. 淋巴细胞 淋巴细胞大小不一，一般在 $5～18\mu m$，胞核大，胞质少。它随血液周流全身，因而在机体的每个组织中都能找到。淋巴细胞不但能识别外来的"非己"物质，而且能辨别自己体内的成分，这种能力是淋巴细胞的主要特征，也是免疫反应的起点。现已发现的淋巴细胞有如下几种：

（1）T 细胞。骨髓的淋巴干细胞在胸腺分化、成熟的淋巴细胞，也称为胸腺依赖性淋巴细胞，用胸腺（thymus）一词英文字头"T"来命名。该细胞成熟后进入血液和淋巴液，参与细胞免疫。

（2）B 细胞。淋巴干细胞直接在骨髓分化、成熟的淋巴细胞，为骨髓依赖性淋巴细胞。用骨髓（bone marrow）一词英文字头"B"命名。B 淋巴细胞进入血液和淋巴后在抗原刺激下分化成浆细胞，产生抗体，参与体液免疫。

（3）K 细胞。发现较晚的淋巴样细胞，分化途径尚不明确，具有非特异性杀伤功能。它能杀伤与抗体结合的靶细胞，且杀伤力较强。

（4）NK 细胞。又称为自然杀伤细胞，它不依赖抗体，不需抗原作用即可杀伤靶细胞。

尤其是对肿瘤细胞及病毒感染细胞，具有明显的杀伤作用。

2. 单核巨噬细胞系统 它是指分散在许多器官和组织中的一些具有很强的吞噬能力的细胞，这些细胞都来源于血液的单核细胞。主要包括疏松结缔组织中的组织细胞、肺内的尘细胞、肝血窦中的枯否氏细胞、血液中的单核细胞、脾和淋巴结内的巨噬细胞、脑和脊髓内的小胶质细胞等。血液中的中性粒细胞虽有吞噬能力，但不是由单核细胞转变而来，且只能吞噬细胞而不能吞噬较大的异物，因此不属于单核巨噬细胞系统。

单核巨噬细胞系统的主要机能是吞噬侵入体内的细菌、异物以及衰老、死亡的细胞，并能清除病灶中坏死的组织和细胞；在炎症的恢复期参与组织的修复；肝中的枯否氏细胞还参与胆色素的制造等。

3. 抗原提呈细胞 指在特异性免疫应答中，能够摄取、处理、转递抗原给 T 细胞和 B 细胞的细胞，其作用过程称为抗原提呈。有此作用的细胞主要有巨噬细胞、B 细胞、周围淋巴器官中的树突状细胞、指状细胞及真皮层中的郎格罕氏细胞等。

4. 粒性白细胞 细胞质中含有颗粒的白细胞称为粒性白细胞。其中，中性粒细胞除具有吞噬细菌、抗感染能力外，尚可与抗原、抗体相结合，形成中性粒细胞-抗体-抗原复合物，从而大大加强对抗原的吞噬作用，参与机体的免疫过程；嗜碱性粒细胞主要参与体内的过敏性反应和变态反应；嗜酸性粒细胞与免疫反应过程密切相关，常见于免疫反应的部位，有较强的吞噬能力，抗寄生虫的作用也较强。

（二）免疫细胞的作用

淋巴细胞、巨噬细胞是免疫活动的骨干细胞。淋巴细胞能首先识别抗原为外来物，而后给以应答，不同的淋巴细胞采取不同的应答方式：一种是淋巴细胞分化为浆细胞，进而产生抗体；另一种是淋巴细胞分化成能执行细胞免疫的细胞，而后由这种细胞去直接破坏抗原。巨噬细胞的免疫则较少有特异性，其免疫方式主要是直接吞噬抗原，或以免疫原的形式将抗原提供给淋巴细胞群。巨噬细胞和淋巴细胞间相互作用，并与免疫系统发生广泛的联系。

四、淋　　巴

淋巴是免疫系统重要的组成部分，同时又是体内主要的体液之一，它和血液、组织液关系密切。淋巴液来源于组织液，组织液来源于血液，而淋巴液最后又回到了血液，三者密切相关，任何一方出现变化都将对其他发生影响。

（一）淋巴的生成

淋巴是组织液透过毛细淋巴管壁进入毛细淋巴管而形成的。毛细淋巴管以盲端起始于组织间隙，管壁极薄，通透性极强，允许较大的蛋白质分子和脂肪微粒直接进入淋巴管。在生理条件下，组织液压力大于毛细淋巴管内的压力，所以组织液可顺利进入毛细淋巴管盲端而生成淋巴。当运动时，血流量增大，静脉压升高，淋巴的生成速度也加快。

（二）淋巴管

淋巴生成后，沿毛细淋巴管→淋巴管→淋巴导管→前腔静脉或颈静脉回流到血液。

1. 毛细淋巴管 以盲端起始于组织间隙，并彼此吻合成网，通透性大于毛细血管，可使组织液中的大分子物质如细菌、异物等较易进入毛细淋巴管内。因而当动物受到感染时，其炎症病灶首先要在淋巴系统表现出来。

2. 淋巴管 由毛细淋巴管汇合而成，其形态构造与静脉相似，但管径较细，数量较多，管壁较薄，管内瓣膜较多。淋巴管行进过程中要经过许多淋巴结。

3. 淋巴导管 全身的淋巴管最后汇集成两条最大的淋巴导管，并与静脉血管相连接。

（1）胸导管。起始于最后胸椎到第 2、3 腰椎腹侧面的乳糜池（长梭形，是胸导管的起始段，收集肠道来的淋巴，因含有大量脂肪，呈乳白色，所以称为乳糜池），而后沿主动脉右侧前行，在胸腔通过食管和支气管左侧下行，注入前腔静脉左侧或左颈静脉。乳糜池和胸导管沿途主要收集后肢、腹壁、腹腔、骨盆壁及骨盆腔内器官、左侧胸壁、左肺、左心、左头颈部、左前肢的淋巴。

（2）右淋巴导管。由右侧头颈部、右前肢、右侧胸壁的淋巴导管汇集而成。较胸导管短小，位于斜角肌深层。最后注入右颈静脉或前腔静脉右侧。

（三）淋巴的生理意义

淋巴是体液的重要组成部分，其生理意义在于：

1. 调节血浆和组织细胞之间的体液平衡 淋巴的回流虽然缓慢，但对组织液的生成与回流平衡却起着重要的作用。如果淋巴回流受阻，可引起淋巴淤积而出现组织液增多，局部肿胀等症状。

2. 免疫、防御、屏障作用 淋巴在循环、回流入血过程中，要经过免疫系统的许多器官，而且液体中含有大量免疫细胞，能有效地参与免疫反应，清除细菌、异物等抗原，产生抗体。所以，淋巴系统具有重要的免疫、防御、屏障作用。

3. 回收组织液中的蛋白质 由毛细血管动脉端滤出的血浆蛋白，不可能逆浓度差从组织间隙重吸收入毛细血管，只有经过淋巴回流，才不至于在组织液中堆积。据测定，每天经淋巴回流入血的血浆蛋白约占循环血浆蛋白总量的四分之一。

4. 运输脂肪 由小肠黏膜上皮细胞吸收的脂肪微粒，主要经肠绒毛内毛细淋巴管回收，然后经过乳糜池-胸导管回流入血。因而胸导管内的淋巴液呈现白色乳糜状。

 思考题

1. 名词解释。

免疫　免疫监视　先天性免疫　获得性免疫　淋巴液

2. 免疫系统主要由哪些器官和细胞组成？它们各自的形态、位置、结构和机能是什么？

3. 血液、组织液、淋巴液三者之间有何关系？

4. 兽医临床和卫生检疫常检的淋巴结主要有哪些？淋巴结的主要结构和机能是什么？

5. 为什么检查淋巴结可判定动物是否患病？

6. 给猪注射猪瘟疫苗后为什么不易再患猪瘟？这种疫苗对其他传染病有无免疫作用？

7. 填图。

（1）

（图）

牛淋巴结构造

1.　　　2.　　　3.　　　4.　　　5.　　　6.

7.　　　8.　　　9.　　　10.　　　11.

（2）

（图）

牛体浅层主要淋巴结

1.　　　2.　　　3.　　　4.　　　5.　　　6.

任务十　识别牛（羊）神经系统和感觉系统

◆ 知识目标：

了解神经系统的组成及功能。

掌握植物性神经的结构与功能特点。

理解条件反射的概念、形成机理。

了解眼球的构造及辅助装置。

◆ **技能要求：**

能识别脑、脊髓的形态结构，并能通过脊蛙反射实验理解反射弧的组成。

知识准备

有机体是由许多系统组成的，神经系统是体内起主导作用的系统，其功能表现在两个方面，一是调节体内各器官系统的功能活动，使之完整统一；二是调节机体与外界环境之间的统一，使之适应外界环境的变化。

构成神经系统的基本结构和功能单位是神经元。神经元的胞体主要位于中枢神经内，胞体集中的地方形成灰色的结构，构成脑和脊髓的灰质。在脑干内神经元胞体的集团称为神经核；被覆于大脑半球和小脑表面的灰质，分别称为大脑皮质（层）和小脑皮质（层）。在外周神经中，神经元胞体集中的地方，称为神经节。

神经元的突起，特别是长的突起称为神经纤维。在中枢神经内集合成束的神经纤维称为神经传导束（路）；许多神经束集合在一起，呈白色，称为白质。在外周神经中，集合成束的神经纤维称为神经。

神经系统在形态和功能上都是一个完整的不可分割的整体，为了学习方便，按其结构和功能把神经系统区分为中枢神经系统和外周神经系统两部分。中枢神经系统包括位于颅腔内的脑和椎管内的脊髓；外周神经系统包括有与脑连接的脑神经，与脊髓连接的脊神经和控制平滑肌、心肌、腺体活动的植物性神经。

一、神经系统的构造

（一）中枢神经系统

中枢神经系统包括位于颅腔内的脑和位于椎管内的脊髓。脑和脊髓是各种反射弧的中枢部分。

1. 脊髓

（1）脊髓的位置与外形。脊髓位于椎管内，呈背腹向略扁的圆柱状，前端经枕骨大孔与延髓相连，后端达荐骨中部。按脊髓在椎管中的部位，分为颈髓、胸髓、腰髓和荐髓。脊髓全长粗细不等，有两个膨大部，在颈、胸交界处的膨大，称为颈膨大，由此发出支配前肢的神经；腰荐交界处的膨大，称为腰膨大，由此发出支配后肢的神经。膨大的形成是由于该处的神经细胞和纤维较多（图 2-32）。脊髓背侧有一背正中沟，腹侧有一腹正中裂。脊髓两侧发出成对的脊神经根，每一脊神经根又分背根和腹根。在较粗的背

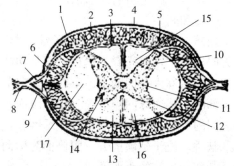

图 2-32 脊髓横断面

1. 硬膜 2. 蛛网膜 3. 软膜 4. 硬膜下腔
5. 蛛网膜下腔 6. 背根 7. 脊神经节 8. 脊神经
9. 腹根 10. 背角 11. 侧角 12. 腹角 13. 白质
14. 灰质 15. 背索 16. 腹索 17. 侧索

［山东省畜牧兽医学校，2000. 家畜解剖生理（第三版）.］

根上有一膨大部，称为脊神经节，是感觉神经元的胞体所在处。背根就是感觉神经元的中枢突进入脊髓而形成的，专管感觉，所以又称为感觉根。腹根是由腹角运动神经元轴突，穿出脊髓而形成的专管运动，所以又称为运动根。背根和腹根在椎间孔处合并为脊神经出椎间孔。

（2）脊髓的内部结构。在新鲜脊髓横断面上观察，可见脊髓是由中央的灰质和外周的白质构成。脊髓灰质形似蝴蝶。正中有纵贯脊髓全长的脊髓中央管，向前通第四脑室。白质位于灰质周围，是由许多神经纤维束构成。其中上行纤维束可将脊髓各段的感觉上传到脑，下行纤维束可将脑发出的运动信息传至脊髓各段。

（3）脊髓的功能。

①传导功能。全身（除头外）深、浅部的感觉以及大部分内脏器官的感觉，都要通过脊髓白质才能传导到脑，产生感觉。而脑对躯干、四肢横纹肌的运动调节以及部分内脏器官的支配调节，也要通过脊髓白质的传导才能实现。若脊髓受损伤时，其上传下达功能便发生障碍，引起一定的感觉障碍和运动失调。

②反射功能。有许多低级反射中枢，如肌肉的牵张反射中枢，排尿排粪中枢及性功能活动的低级反射中枢，均存在于脊髓。

2. 脑 脑是神经系统的高级中枢。脑实质结构与脊髓有许多共同之处，也是由灰质和白质构成，但其形态和功能均较脊髓复杂。脑可分为大脑、小脑和脑干三部分。大脑在前，脑干位于大脑和脊髓之间，小脑位于脑干背侧（图2-33、图2-34、图2-35）。

（1）脑干。脑干由后向前依次为延髓、脑桥、中脑和间脑。

①延髓。延髓是脊髓向前的延续，与

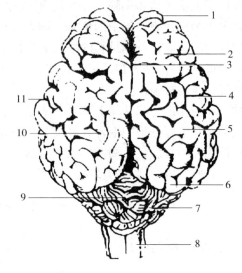

图 2-33　牛脑（背侧面）
1. 嗅脑　2. 额叶　3. 大脑纵裂　4. 脑沟　5. 脑回　6. 枕叶
7. 小脑半球　8. 延髓　9. 小脑蚓部　10. 顶叶　11. 颞部
［董常生，2001. 家畜解剖学（第三版）.］

脊髓无明显界限，但比脊髓稍粗，而且功能也有很大差异。延髓前连脑桥，上面是小脑，与小脑间的腔隙称为第四脑室。第四脑室向前通大脑导水管（中脑水管），向后通脊髓中央管，并由顶部的小孔通蛛网膜下腔。延髓腹面有两个纵行隆起，称为锥体。锥体实际上是由脊髓与脑之间的上下行纤维构成，这些纤维在锥体内向对侧交叉，称为锥体交叉。

②脑桥。位于延髓前方，腹侧面为横向隆起，内含有许多神经纤维，是连接中枢神经系统前后各部和小脑的重要通道。

③中脑。位于脑桥的前方，间脑的后方。在腹侧有一对楔状隆起，称为大脑脚。中脑背侧有两对圆形隆起，称为四叠体。前方一对较大，为前丘，是视觉皮质下中枢；后方一对较小，为后丘，是听觉皮质下中枢。四叠体和大脑脚之间有大脑导水管，前连第三脑室，后通第四脑室。

④间脑。位于中脑前方，大部分被大脑半球所覆盖。分为丘脑和丘脑下部。

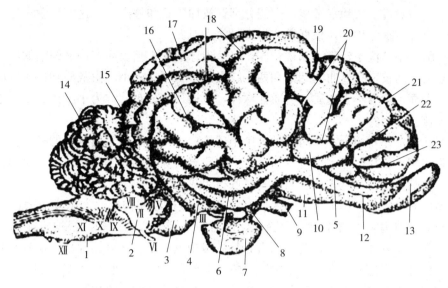

图 2-34　牛脑（外侧面）

1. 延髓　2. 斜方体　3. 脑桥　4. 大脑脚　5. 嗅沟　6. 梨状叶　7. 垂体　8. 漏斗　9. 视神经　10. 脑岛　11. 嗅三角　12. 嗅回　13. 嗅球　14. 小脑　15. 大脑横裂　16. 外薛氏沟　17. 外缘沟　18. 上薛氏沟　19. 横沟　20. 大脑外侧沟　21. 冠状沟　22. 背角沟　23. 前薛氏沟　Ⅲ. 动眼神经　Ⅴ. 三叉神经　Ⅵ. 外展神经　Ⅶ. 面神经　Ⅷ. 前庭耳蜗神经　Ⅸ. 舌咽神经　Ⅹ. 迷走神经　Ⅺ. 副神经　Ⅻ. 舌下神经

［董常生，2001. 家畜解剖学（第三版）.］

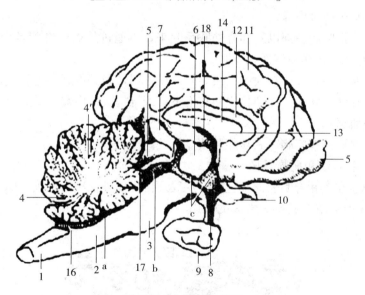

图 2-35　牛脑的矢状面

1. 脊髓　2. 延髓　3. 脑桥　4. 小脑　4′. 小脑树　5. 四叠体　6. 丘脑间黏合　7. 松果体　8. 灰结节和漏斗　9. 垂体　10. 视神经　11. 大脑半球　12. 胼胝体　13. 穹隆　14. 透明中隔　15. 嗅球　16. 后髓帆和脉络丛　17. 前髓帆　18. 第三脑室脉络丛　a. 第四脑室　b. 中脑导水管　c. 第三脑室

［董常生，2001. 家畜解剖学（第三版）.］

丘脑：位于背侧，是一对卵圆的灰质块。丘脑周围环状空隙称为第三脑室，它的前上方以室间孔通侧脑室，后连大脑导水管。

丘脑下部：位于丘脑腹侧，在其结构中有脑垂体，属内分泌腺。另外，在丘脑下部的神经核团中，有一对视上核和室旁核，它们分别释放加压素和催产素，这两种激素通过神经元的轴突输送至神经垂体贮存，根据机体需要释放入血。

（2）小脑。小脑位于延髓和脑桥背侧，略呈现球形。小脑表面有许多凹陷的沟和凸出的回。小脑分为中间较窄且卷曲的蚓部和两侧膨大的小脑半球。小脑由灰质和白质构成，灰质主要覆盖于表面，称为小脑皮质；白质在深部，呈树枝状分布，称为小脑树。白质中有分散存在的神经核。

（3）大脑。由左右两个完全对称的大脑半球构成。两大脑半球由巨大的横行神经纤维束构成的胼胝体相连。在每侧半球内有一个环形的狭窄裂隙，称为侧脑室，各经室间孔与第三脑室相通。大脑半球由大脑皮质、白质和基底核组成。

①大脑皮质。大脑皮层为表面的灰质，由5～6层神经元构成。大脑皮质表面有很多深浅不同的沟，沟与沟之间的隆起称为脑回，可增加大脑皮质的面积。根据机能和位置的不同，常把大脑皮质分为若干叶，各叶内有各种高级中枢。半球背外侧前部（额叶）有运动中枢，背侧（顶叶）有感觉中枢，外侧部（颞叶）有听觉中枢，外侧后部（枕叶）有视觉中枢，半球内侧面靠近白质的边缘部分（边缘叶）有内脏活动的高级中枢。

②大脑白质。位于皮质深面，由3种神经纤维构成。

联合纤维：是联系左右半球的横向纤维，主要是胼胝体。

联络纤维：是联系同侧半球的纤维。

投射纤维：是联系大脑皮质与皮质下中枢的纤维。分上行（感觉）和下行（运动）两种。这些纤维都集中通过内囊。

以上这些纤维把脑的各部以及和脊髓联系起来，再通过外周神经和各个器官联系起来，因而大脑皮质能支配机体的所有的活动。

③基底核。基底核是埋藏在大脑白质中的灰质核团，因其位置接近脑底面而得名。其中最主要的是尾状核和豆状核。在两核之间有上下行纤维构成的内囊。基底核在大脑皮质控制下，可调节骨骼肌运动。

在大脑半球底面还有嗅脑，其功能与嗅觉有关。

3. 脑脊膜、脑脊液和血脑屏障

（1）脑脊膜。在脑和脊髓表面都包有3层膜，由内向外依次为软膜、蛛网膜和硬膜（如图2-36）。它们有保护和支持脑、脊髓的作用。

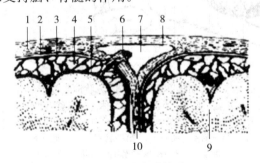

图 2-36　脑脊膜构造

1. 硬膜　2. 硬膜下腔　3. 蛛网膜　4. 蛛网膜下腔　5. 软膜　6. 蛛网膜绒毛
7. 静脉窦　8. 内皮　9. 大脑皮质　10. 大脑镰

［山东省畜牧兽医学校，2000. 家畜解剖生理（第三版）.］

①软膜。薄而富有血管，紧贴于脑和脊髓表面，分别称为脑软膜和脊软膜。脑软膜和膜上的毛细血管突入各脑室腔内形成脉络丛，可产生脑脊液。

②蛛网膜。也很薄，包在软膜的外面。蛛网膜与软膜之间有一较阔的腔隙，称为蛛网膜下腔，内有脑脊液。

③硬膜。硬膜是一层较坚韧的纤维膜，包被脑的部分称为脑硬膜，包被脊髓的部分称为脊硬膜。脑硬膜紧贴颅腔壁，其间无腔隙存在。在脊硬膜与椎管之间有一较宽的腔隙，称为硬膜外腔，腔内含有静脉和脂肪。兽医临床上做硬膜外麻醉就是将麻醉药从腰荐间隙处注入硬膜外腔，以麻醉脊神经根。在硬膜与蛛网膜之间的狭窄腔隙，称为硬膜下腔。

（2）脑脊液。脑脊液是由各脑室脉络丛产生的无色透明的液体。这种平衡若遭到破坏，便可引起脑积水和颅内压升高，脑组织受到压迫，而出现神经症状。

脑脊液充满于各脑室、脊髓中央管和蛛网膜下腔中，具有缓冲作用，可以保护脑和脊髓免受外力的震荡。此外，脑脊髓还可通过脑脊液与血液间进行物质交换，即由脑脊液供给脑脊髓营养，同时运走其代谢产物。

（3）血脑屏障。有人曾将一种称为台盼蓝的染料注入兔的静脉，结果除脑组织以外的体内其他器官都被染成蓝色。这一事实说明血液和脑组织之间存在着某种屏障，这种屏障称为血脑屏障。血脑屏障的构成与脑内毛细血管结构特点有关：脑内毛细血管内皮上无孔；而且内皮细胞间连接紧密，无间隙；同时脑内毛细血管的外表面有一层由神经胶质细胞突起形成的胶质膜包围着，它使血管不与神经细胞直接接触。所以，血脑屏障可防止有害物质（如毒素、药物、病原微生物等）进入脑内损害神经细胞。

（二）外周神经系统

外周神经系统包括脊神经、脑神经和植物性神经。它们一端连于脊髓或脑，另一端连于全身的感受器或效应器。根据功能不同，可分为3类，即将感觉冲动由感受器传向中枢的感觉神经（也称传入神经），和将神经冲动由中枢传向器官而引起肌肉收缩或腺体分泌的运动神经（也称传出神经），以及既有感觉神经纤维又有运动神经纤维构成的混合神经。

1. 脊神经　脊神经连于脊髓，由感觉神经纤维合成背根进入脊髓的背角，由脊髓的腹角发出的运动神经纤维合成腹根，背根和腹根在出椎间孔前相合而成脊神经。所以，脊神经是混合神经。脊神经出椎间孔后，分为背侧支和腹侧支，每支也都是混合神经。背侧支细，分布于脊柱背侧如颈背部、鬐甲、背腰部等的肌肉和皮肤，腹侧支较粗，分布于脊柱腹侧（胸腹壁）及四肢的肌肉和皮肤。

按照脊神经从脊髓发出的部位不同，可分为颈神经、胸神经、腰神经、荐神经和尾神经。各种家畜脊神经的数目不同，牛为37对，马属动物为42～43对。

脊神经分支很多，分布很广，现将牛及马属动物在生产中常用脊神经腹侧支的分支分布情况介绍如下。

（1）躯干神经。

①膈神经。由第5、6、7对颈神经腹侧支连合而成，经胸前口入胸腔，沿纵隔后行，分布于膈。

②肋间神经。为胸神经腹侧支。在每一肋间沿肋间动脉后缘下行，分布于肋间肌。其中最后1对肋间神经在第1腰椎横突末端前下缘进入腹壁，分布于腹肌和腹部皮肤。

③髂下腹神经。为第 1 腰神经腹侧支。牛的经过第 2、3 腰椎横突之间（马属动物的则在第 2 腰椎横突末端的后下缘）进入腹壁肌肉，分布于腹肌和腹部皮肤。

④髂腹股沟神经。为第 2 腰神经的腹侧支。牛的沿第 4 腰椎横突末端的外侧缘（马属动物的则沿第 3 腰椎横突末端的后下缘）延伸于腹肌之间，分布于腹肌、股内侧皮肤及外生殖器。

掌握上述神经的行程及分布，与腹壁手术时的腰旁传导麻醉有密切关系。

（2）前肢神经。分布于前肢的神经由臂神经丛发出。牛的臂神经丛是由最后 3 对颈神经腹侧支和第 1 对胸神经腹侧支连合而成，位于肩关节内侧。由此丛发出的神经有肩胛上神经、肩胛下神经、腋神经、桡神经、尺神经和正中神经等。其中正中神经是前肢最长的神经，由臂神经丛向下伸延到蹄。临床上常见的是由肩胛上神经和桡神经麻痹引起的跛行。

①肩胛上神经。分布于冈上肌与冈下肌。肩胛上神经麻痹时，则使上述肌肉失去收缩能力而发生跛行。

②桡神经。桡神经是臂神经丛中最粗的分支。由臂神经发出后向后下方延伸至腕、掌部，分布于第三、四指的背侧。马的桡神经分布于肘、腕、指关节的伸肌和前臂外侧皮肤。桡神经损伤后，可影响上述肌肉的机能而使患肢不能提举。

（3）后肢神经。分布于后肢的神经由腰荐神经丛发出。腰荐神经丛由后 3 对腰神经及前 2 对荐神经腹侧支构成，位于腰荐部腹侧。由此丛发出的神经有股神经、坐骨神经、胫神经、腓神经、跖内侧神经和跖外侧神经。临床上常见的是由股神经和坐骨神经麻痹引起的跛行。

①股神经。位于后肢上部，主要分布于股四头股。

②坐骨神经。坐骨神经是全身最粗大的神经，扁平宽，直达后肢下部。它除分布于臀部肌肉和皮肤外，在髋关节后下方，又分为腓神经和胫神经，分支分布于后肢小腿部以下的肌肉和皮肤。

2. 脑神经 脑神经共 12 对，与脑直接相连。根据脑神经所含神经纤维的性质不同，分为感觉神经（第 Ⅰ、Ⅱ、Ⅷ 对脑神经）、运动神经（第 Ⅲ、Ⅳ、Ⅵ、Ⅺ、Ⅻ 对脑神经）和混合神经（第 Ⅴ、Ⅶ、Ⅸ、Ⅹ 对脑神经）。其中第 Ⅲ、Ⅶ、Ⅸ、Ⅹ 对脑神经中还含有副交感神经纤维。脑神经分布见表 2-6。

表 2-6 脑神经分布列表

顺序及名称	连脑部位	性质	分布范围	机 能
Ⅰ嗅神经	嗅球	感觉	鼻黏膜嗅区	嗅觉
Ⅱ视神经	间脑	感觉	视网膜	视觉
Ⅲ动眼神经	中脑	运动	眼球肌	眼球运动
Ⅳ滑车神经	中脑	运动	眼球肌	眼球运动
Ⅴ三叉神经	脑桥	混合	头部肌肉、皮肤、泪腺、结膜、口腔、齿髓、舌、鼻腔等	头部皮肤、鼻腔、口腔、舌等感觉；咀嚼肌运动
Ⅵ外展神经	延髓	运动	眼球肌	眼球运动
Ⅶ面神经	延髓	混合	鼻唇肌肉、耳肌、眼睑肌、唾液腺等	面部感觉、运动；唾液分泌

（续）

顺序及名称	连脑部位	性质	分布范围	机　　能
Ⅷ听神经	延髓	感觉	内耳	听觉和平衡觉
Ⅸ舌咽神经	延髓	混合	舌、咽	咽肌运动、味觉、舌部感觉
Ⅹ迷走神经	延髓	混合	咽、喉、食管、胸腔、腹腔内大部分脏器和腺体等	咽、喉及内脏器官的感觉和运动
Ⅺ副神经	延髓和颈部脊髓	运动	斜方肌、臂头肌、胸头肌	头、颈、肩带部的运动
Ⅻ舌下神经	延髓	运动	舌肌	舌的运动

脑神经名称记忆口诀：

一嗅二视三动眼，四滑五叉六外展；

七面八听九舌咽，十迷一副舌下全。

3. 植物性神经　植物性神经是指分布到平滑肌、心肌及腺体的神经。

（1）植物性神经与躯体神经的区别。植物性神经与躯体神经（脊神经和脑神经）在分布、机能和形态结构上的区别如下：躯体神经支配骨骼肌，植物性神经支配平滑肌、心肌和腺体；在功能上，躯体神经都受意识支配；而植物性神经则不受意识的直接控制。如家畜可随意支配肢体活动，但不能随意支配心脏的跳动。在结构上，躯干神经从中枢发出后直达所支配的骨骼肌；而植物性神经从中枢发出后，不直达效应器。因此，植物性神经从中枢到达效应器有两个神经元，第一个神经元为节前神经元，其胞体在中枢内，它发出的轴突称为节前纤维；第二个神经元为节后神经元，其胞体在植物性神经节内，它发出的轴突称为节后纤维。

（2）植物性神经的分类、结构。根据中枢位置和功能不同，将植物性神经分交感神经与副交感神经。

①交感神经。交感神经节前神经元的胞体位于胸部及腰部前半部分脊髓的灰质侧柱内，从此发出的节前纤维随脊神经腹侧根至脊神经，出椎间孔后离开脊神经到达交感神经干。交感神经干是由许多椎神经节和连接这些椎神经节的交感神经纤维组成。交感神经干分为颈部、胸部、腰部和荐尾部。颈部交感神经干与迷走神经并行，外包结缔组织膜，称为迷走交感干。交感神经节前纤维进入椎神经节后，一部分在椎神经节内交换神经元，其节后纤维离开交感神经干，又返回到脊神经，随脊神经分布到体壁和四肢的血管、汗腺、竖毛肌等处。另一部分在一定的椎神经节内交换神经元，其节后纤维有的分布于头面部的平滑肌和腺体，有的分布于心、肺、食管等器官。还有一部分节前纤维，只是通过椎神经节而至椎下神经节内交换神经元，其节后纤维分布到腹腔、骨盆腔内的器官。

交感神经节后神经元的胞体位于椎神经节或椎下神经节内。椎神经节是指位于交感神经干上的神经节，其中主要的有颈前神经节和星状（颈胸）神经节。椎下神经节位于交感神经干之处，距离器官较近的部位，其中主要的有腹腔肠系膜前神经节和肠系膜后神经节。

②副交感神经。副交感神经节前神经元的胞体位于脑干和荐部脊髓灰质侧柱内。因此，常将副交感神经分为头部副交感神经和荐部副交感神经两部分。其节后神经元胞体

位于所支配器官壁内或附近的副交感神经节内，故副交感神经的节前纤维较长，节后纤维较短。

副交感神经不分布于四肢和体壁的血管、皮肤汗腺和竖毛肌。

（3）交感神经与副交感神经的主要区别。交感神经和副交感神经都是内脏运动神经，且多数是共同支配一个器官。但两者在起始部位、形态结构、分布范围和生理机能等方面各有特点。

中枢部位不同：交感神经的低级中枢位于胸腰段脊髓的侧角；副交感神经的低级中枢，分布于中脑、延髓和荐部脊髓。

周围神经节的部位不同：交感神经节位于脊柱两旁的椎神经节和脊柱腹侧的椎下神经节；副交感神经节位于所支配器官的附近和器官壁内。

节前和节后神经元的比例不同：一个交感神经元的轴突可与许多节后神经元形成突触；而一个副交感神经元的轴突则与较少的节后神经元形成突触。所以交感神经的作用范围较广泛，而副交感神经比较局限。

分布范围不同：目前一般认为，交感神经在外周分布范围较广，除分布胸腹腔器官外，遍及头颈各器官以及全身的血管和皮肤；副交感神经的分布则不如交感神经广泛，汗腺、竖毛肌、肾上腺皮质以及大部分的血管均无副交感神经支配。

交感神经与副交感神经的作用是拮抗的，但又是协调统一的，从而使各器官的功能活动维持动态的平衡。

二、神经生理

（一）神经纤维生理

生理学上，把沿着神经纤维传播的兴奋，称为神经冲动。

1. 神经纤维兴奋的产生

（1）静息电位。细胞、组织兴奋时发生的电位变化，称为生物电。实验证明，神经纤维和其他细胞一样，在静息状态下，细胞膜表面上的各点之间电位是相等的，而膜内外有明显的电位差，即内负、外正的电位，这种细胞膜内外的电位差，称为静息电位（或膜电位）。细胞膜保持外正、内负的这种状态，称为极化。这种极化状态是神经纤维实现其特殊传导功能的先决条件，也是它对于刺激产生兴奋或抑制的物质基础。各种因素凡能消除或降低这种极化状态时，就将产生兴奋。反之，就会产生抑制。

静息电位的产生，一般用"离子学说"来解释，是由于一些离子在细胞膜内外两侧不均衡的分布而造成的，细胞内 K^+ 浓度高，为膜外的 20～40 倍，而细胞膜外的 Na^+ 浓度约为膜内的 20 倍。在静息状态下，内侧的 K^+ 外流，而有机负离子不能外流，这样形成内负、外正的电位差。之所以产生上述电位和变化的电位，是由于细胞膜在不同情况下对不同离子有不同的通透能力。

（2）动作电位。神经或肌肉细胞在兴奋时所产生的可传播的电位变化，称为动作电位。当神经纤维受到刺激而兴奋时，引起细胞膜的通透性改变，此时细胞膜对 Na^+ 的通透性突然发生瞬间的增大。膜外的 Na^+ 就依靠膜内外原有的 Na^+ 浓度差和外正内负的电位差的推动，而迅速向膜内扩散，先使膜内外原有的电位差迅速缩小，直至消除静息时膜两侧的极化状态，这个过程为去极化；随着更多的 Na^+ 继续流入膜内，去极化进一步发展，从而使膜内带正电位，膜外带负电位，这个过程为反极化；最后，使细胞膜恢复原来的通透性，又恢复为膜外为正、膜内为负的静息状态电位水平，这个过程为复极化。

在生理学上常把动作电位作为细胞兴奋的标志。因而兴奋也成了动作电位的同义词。所以，兴奋性就可理解为在接受刺激时产生动作电位的能力。

（3）神经纤维兴奋传导的速度。它主要受到两方面的影响，一是有无髓鞘，有髓鞘者传导快，无髓鞘者传导慢；二是神经纤维的粗细，直径大者传导快，直径小者传导慢。

①局部电流（学说）传递。一般是指无髓神经纤维某一点受到刺激而产生兴奋，即产生了动作电位，这个动作电位就会沿着无髓神经纤维一点一点地连续向两端传递，这就是兴奋在无髓神经纤维上的传递过程。

②跳跃式传递。有髓神经纤维的动作电位是沿着神经纤维从一个朗飞氏节跳到邻近的另一个朗飞氏节。这种传导方式，其传导兴奋的速度显然比无髓神经纤维或一般细胞的传导速度要快得多。

2. 神经纤维传递兴奋的一般特征

（1）神经纤维的完整性。神经纤维传导冲动时，首先要求神经纤维在结构上和生理功能上是完整的，如果神经纤维被切断，冲动就不能通过切口向下传递；如果神经纤维受压、局部低温或麻醉药等作用，冲动也会发生降低或阻滞。

（2）神经纤维的绝缘性。一条神经干内含有许多神经纤维，但是任何一条纤维的冲动，只能沿本身纤维传导，这样才能保证传递信息的准确性，使动物产生有效的反射活动。

（3）神经纤维的传导的双向性。刺激神经纤维的任何一点，所产生的冲动可沿纤维向两端同时传导，这就称为传导的双向性。

（4）相对不疲劳性。神经纤维始终保持其传导能力，具有相对的不疲劳性。

（5）神经纤维的传递冲动的不衰减性。就是神经纤维在传导神经冲动时，不论传导距离多远，其冲动的大小、数目和速度自始至终不变的特性。保证机体调节机能的及时、迅速和准确。

（二）反射中枢生理

中枢是指中枢神经系统内对某一特定生理机能具有调节作用的神经细胞群。

1. 突触与突触传递

（1）突触的概念。广义地说就是神经元之间或神经元与效应器之间传递信息的结构，是细胞间传递信息的主要形式。

（2）突触传递。分为兴奋性突触传递和抑制性突触传递。

①兴奋性突触传递过程。当动作电位传至轴突末梢时，使突触前膜兴奋，并释放兴奋性化学递质，递质经突触间隙扩散到突触后膜，与后膜的受体结合，使后膜对 Na^+、K^+，尤其是对 Na^+ 的通透性升高，Na^+ 内流，使后膜出现局部去极化，这种局部电位变化，称为兴奋性突触后电位。单个兴奋性突触产生的一次兴奋性突触后电位，所引起的去极化程度很小，不足以引发突触后神经元的动作电位。只有同一突触前末梢连续传来多个动作电位，或多个突触前末梢同时传来一排动作电位时，突触后神经元将许多兴奋性突触后电位叠加起来，使电位幅度加大。当达到阈电位时，便引起突触后神经元的轴突始段首先爆发动作电

位，然后产生扩布性的动作电位，并沿轴突传导，传至整个突触后神经元，表现为突触后神经元的兴奋，此过程称为兴奋性突触传递。

②抑制性突触传递过程。当抑制性中间神经元兴奋时，其末梢释放抑制性化学递质。递质扩散到后膜与后膜上的受体结合，使后膜对 K^+、Cl^-，尤其是对 Cl^- 的通透性升高，K^+ 外流和 Cl^- 内流，使后膜两侧的极化加深，即超极化，此超极化电位称为抑制性突触后电位，这个过程称为抑制性突触传递。

2. 反射活动 反射是神经系统活动的基本形式。所谓反射，是指机体感受器受到内、外环境的刺激，通过神经系统的活动而发生的反应。其结构基础是反射弧，由感受器、传入神经、中枢、传出神经、效应器等五部分组成。

中枢传递兴奋主要有以下几种特征：

（1）单向传递。在中枢神经系统中，冲动只能沿着特定的方向和途径传播，即感受器兴奋产生冲动通过传入神经传到中枢，中枢通过传出神经传到效应器，这种现象称为单向传递。中枢兴奋的单向传递，保证了神经系统的调节和整合活动能够有规律地进行。

（2）中枢延搁。从刺激作用于感受器起，到效应器发生反应所经历的时间，称为反射时间。其中兴奋通过突触时所经历的时间较长，即所谓突触延搁。兴奋在中枢内通过突触所发生的传导速度明显减慢的现象，称为兴奋的中枢延搁。

（3）总和。在突触传递过程中，突触前末梢的一次冲动引起释放的递质不多，只引起突触后膜的局部去极化，产生兴奋性的突触后电位。如果同一突触前末梢连续传来多个冲动，或多个突触前末梢同时传来一排冲动，则突触后神经元可将所产生的突触后电位总和起来，待达到阈电位水平时，就使突触后神经元兴奋，产生动作电位，前者称为时间总和，后者称为空间总和，二者都称为中枢内兴奋的总和。

（4）集中与扩散。由机体不同部位传入中枢的冲动，常最后集中传递到中枢同一部位。这种现象称为中枢兴奋的集中。例如饲喂时，由嗅觉、视觉和听觉器官传入中枢的冲动，可共同引起唾液分泌中枢的兴奋，从而导致唾液分泌。从机体某一部位传入中枢的冲动，常不限于中枢的某一局部，而往往可引起中枢其他部位发生兴奋，这种现象称为中枢的扩散。例如，当皮肤受到强烈伤害性刺激时，所产生的兴奋传到中枢后，引起机体的许多骨骼肌发生防御性收缩反应的同时，还出现心血管、呼吸、消化和排泄系统等活动的改变，这就是中枢兴奋扩散的结果。

（5）后放。在一个反射活动中，当刺激停止后，传出神经仍可在一定时间内连续发放冲动，使反射能延续一段时间，这种现象称为后放。

（6）对内环境变化的敏感性和易疲劳性。在反射活动中，突触是反射弧中最易疲劳的部位。因为在经历了长时间的突触传递后，突触小泡内的递质将大大减少，从而影响突触传递而发生疲劳。

（三）中枢神经系统的感觉机能

主要包括特异性传入系统、非特异性传入系统。

1. 特异性传入系统 从机体各种感受器传入的神经冲动进入中枢神经后（除嗅觉），均沿专一特定的传入通路到达丘脑，并在丘脑内更换神经元，再由丘脑发出上行纤维（投射纤维）达到大脑皮质的特定的区域引起特异性的感觉，称为特异性传入系统。

2. 非特异性传入系统　在特异性传导系统的纤维，途经脑干时发出侧支与脑干网状结构内的神经元发生突触联系，传入冲动到网状结构与很多神经元作用后，失去了各种感觉的特异性，然后抵达丘脑，从丘脑再发出纤维弥散地投射于大脑皮质，称为非特异传入系统。其生理作用是激动整个大脑皮质，维持和提高其兴奋性，使大脑处于觉醒状态。

特异性传导系统与非特异性传导系统两者互相影响，互相依存，引起大脑皮层产生感觉。

（四）中枢神经系统的运动机能

大脑皮层是中枢神经系统控制和调节骨骼肌活动的最高级中枢，它是通过锥体系统和锥体外系统来实现的。

1. 锥体系　皮质运动区内存在着许多大锥体细胞，这些细胞发出粗大的下行纤维组成锥体系统。其纤维一部分经脑干交叉到对侧，与脊髓的运动神经元相连，调节各小组骨骼肌参与的精细动作。如锥体系统受损坏，随意运动即消失。

2. 锥体外系统　除了大脑皮层运动区外，其他皮层运动区也能引起对侧或同侧躯体某部分的肌肉收缩。这些部分和皮质下神经结构发出的下行纤维，大部分组成锥体外系统。该系统调节肌肉群活动，主要是调节肌紧张，使躯体各部分协调一致。若锥体外系统受损伤，机体虽能产生运动，但动作不协调不准确。

（五）中枢神经系统对内脏活动的调节

1. 植物神经的机能　植物神经的机能在于调节平滑肌、心肌和腺体（消化腺、汗腺及内分泌腺）的活动。内脏器官一般是受交感神经和副交感神经的双重支配，这两种神经对同一内脏器官的调节作用既相反，又互相协调统一。

（1）交感神经。交感神经的机能活动一般比较广泛，主要作用在于促使机体适应环境的急骤变化（如剧烈运动，窒息和大失血等）。交感神经兴奋可使心脏活动加强加快，心率加快，皮肤与腹腔内脏血管收缩，促进大量的血液流向脑、心及骨骼肌；使肺活动加强、支气管扩张和肺通气量增大；使肾上腺素分泌增加；抑制消化及泌尿系统的活动。

（2）副交感神经。副交感神经活动比较局限，主要在于使机体休整，促进消化、贮存能量以及加强排泄，提高生殖系统功能。这些活动有利于营养物质的同化，增加能量物质在体内的积累，提高机体的储备力量。

2. 植物性神经末梢的兴奋传递

（1）植物性神经的化学递质。植物性神经末梢的兴奋传递与躯体运动神经末梢兴奋传递一样，都是通过神经末稍释放某些化学递质来实现的。副交感神经节的节后纤维末梢所释放的化学递质是乙酰胆碱。交感神经极少数释放乙酰胆碱，多数释放去甲肾上腺素。

胆碱能纤维就是能释放乙酰胆碱的神经纤维。主要包括副交感神经纤维、躯体运动神经纤维和少数的交感纤维。

肾上腺素能纤维就是能释放去甲肾上腺素的神经纤维。主要包括大部分交感神经纤维末梢。

（2）受体。凡是能与乙酰胆碱结合的受体称为胆碱能受体，主要分为毒蕈碱型受体（M）和烟碱型受体（N）。凡是能与去甲肾上腺素或肾上腺素结合的受体均称为肾上腺能受体，主要分为 α 型受体和 β 型受体等。

（3）递质的灭活。在正常情况下，从神经末梢释放的递质一方面作用于受体，另一方面又被各自相应的酶所破坏或移除。如乙酰胆碱在几毫秒内，即被组织中的胆碱酯酶所破坏。去甲肾上腺素大部分被重新吸收回轴浆中，小部分被组织中的儿茶酚胺氧位甲基移位酶破坏。其重新被吸收和破坏的速度比较缓慢，所以交感神经发挥效应的时间较长。

（六）皮层下各级中枢机能概述

1. 脊髓的机能

（1）传导机能。主要有传导感觉和运动冲动的机能。

（2）反射机能。能完成骨骼肌、内脏的简单的反射活动。如屈肌反射、牵张反射、排粪反射、排尿反射等。

2. 脑干的机能

（1）延髓。传导机能和反射机能，包括呼吸中枢、心血管运动中枢、吞咽中枢和消化腺分泌反射中枢，有"生命中枢"之称。

（2）脑桥。传导机能和反射机能，包括角膜反射、呼吸调整中枢等。

（3）中脑。传导机能和反射机能，包括协调机体运动、视觉和听觉的低级中枢。如姿势反射（翻正反射）、朝向反射（探究反射）。

（4）脑干网状结构。含有多种调节生命活动的中枢及传导机能。

①有调节内脏活动中枢，如心血管中枢、呼吸运动中枢。

②维持大脑皮层的兴奋水平，使大脑皮层保持醒觉状态。

③调节肌紧张。含有调节肌紧张的易化区及抑制区，具有调节运动平衡的作用。

3. 间脑的机能

（1）丘脑。有感觉冲动的第三级神经元（除嗅觉外），对传入的冲动有粗略的分析和综合。即有一定的感觉机能，并上传到大脑相应区域。

（2）下丘脑。

①有调节植物性神经、水的代谢、体温、摄食行为等功能。

②在性行为、生殖过程及情绪反应等方面起很重要作用。

③分泌各种释放因子和激素，从而间接影响内脏活动，是调节内脏活动的较高级中枢。

4. 小脑的机能

（1）调节肌紧张，维持躯体平衡（如小脑损伤时出现的共济失调）。

（2）使各种随意运动准确和协调。

5. 大脑皮层的机能 大脑皮层是主宰动物机体一切正常活动的最高级中枢。

（1）大脑皮层的主要机能分区。顶叶：躯体的感觉区；枕叶：视觉区；颞叶：听觉区；额叶：运动区；边缘叶：内脏感觉和运动协调区。

（2）条件反射。条件反射是大脑皮层在非条件反射基础上所形成的特有反射形式。一般把条件反射称为高级神经活动。

①条件反射的形成。条件反射是一个复杂的过程，动物采食时，食物入口引起唾液分泌，这是非条件反射。如食物在入口之前，给予哨声刺激，最初哨声和食物没有联系，只是作为一个无关的刺激而出现，哨声并不引起唾液分泌。但如果哨声与食物总是同时出现，经

过多次结合后，只给哨声刺激也可引起唾液分泌，便形成了条件反射，这时的哨声就不再是与吃食物无关的刺激了，而成为食物到来的信号。可见，形成条件反射的基本条件，就是条件刺激与非条件刺激在时间上的结合，这一结合过程称为强化。任何条件刺激与非条件刺激结合应用，都可以形成条件反射。

②影响条件反射建立的因素。

在刺激方面：首先是条件刺激与非条件刺激多次反复紧密的结合；条件刺激必须在非条件刺激之前出现；刺激的强度要适宜；已建立起来的条件反射必须用非条件刺激去强化巩固，否则条件反射会逐渐消退。

在机体方面：首先要求动物必须是健康的；大脑皮层是清醒的，有病或昏睡状态的动物不易形成条件反射；还应避免其他刺激对动物的干扰。

（3）条件反射与非条件反射的区别。

①非条件反射。非条件反射是先天遗传的，同种动物共有；有固定的反射弧，恒定；在大脑皮层以下各级中枢就能完成；非条件刺激引起，数量有限，适应性差。

②条件反射。后天获得的，在一定条件下形成，有个体差异；无固定反射弧，易变，不强化就消退；必须经过大脑皮层才能完成；条件刺激引起，数量无限，适应性强。

（4）家畜的行为。动物的"行为"一词，是指动物具有适应性意义的行动或活动状态。亦即动物机体对内在和外部的环境条件的改变，所做的调整性活动。

家畜主要有以下的功能性行为：

①摄食行为。包括采食、放牧和饮水行为。

②性行为。包括雌雄动物的性行为模式。

③母性行为。包括分娩、哺育、哺乳行为。

④群体行为或社会行为。包括依恋、争斗、优胜等级、领域和动物通讯等。

⑤应激状态。包括母子分离、断奶、畜群变动、拥挤、运输、圈禁以及屠宰等条件下的行为特征。

知识链接

感 觉 器 官

感觉器官主要包括触觉、嗅觉、味觉、视觉、听觉等器官。感觉器官能接受特定的刺激，并将刺激转化为冲动，通过特殊传导至中枢，经分析、综合而产生感觉。

（一）视觉器官——眼

眼由眼球、眼球的辅助装置构成。

1. 眼球　由眼球壁、折光装置构成。

（1）眼球壁。

①外膜（纤维膜）。由角膜、巩膜构成。角膜无色透明，富含感觉神经末梢，无血管。巩膜白色不透明，坚韧而厚，具有保护作用。

②中膜（血管膜）。富含血管和色素，有供给营养、吸收散光的作用。血管膜由虹膜、脉络膜、睫状体构成。虹膜位于眼球前部，形如圆盘，中央有圆孔为瞳孔；脉络膜紧贴于巩膜内面，是一层柔软而富含有血管、色素的膜；睫状体是血管膜增厚的部分，位于角膜与巩膜界处的内侧，由许多平滑肌构成。睫状体有产生房水、调节视力的作用。

③视网膜。由虹膜部、视部构成。虹膜部紧贴于虹膜，位于睫状体的内面，无感光作用，称为盲部。视部衬贴于脉络膜里面，含有感光细胞，有感光作用。感光细胞有两种：一种是视锥细胞，对强光、有色光敏感；另一种是视杆细胞，对弱光敏感。视网膜的神经细胞的轴突汇集于视乳头，形成视神经的起始部。

（2）折光装置。包括眼房水、晶状体、玻璃体。

①眼房水。为无色透明的液体，充满于眼房内。眼房是位于晶状体与角膜之间的腔隙，它被虹膜分为前房、后房，两房经瞳孔相通。

②晶状体。位于虹膜后方，形如双凸的透镜，无色透明而有弹性。其周围有睫状小带连于睫状体上，借睫状肌的收缩调节晶状体表面的曲度。

③玻璃体。无色透明的胶状物质，充满晶状体与视网膜之间，能曲折光线。

2. 眼球的辅助装置

（1）眼睑。俗称眼皮，为覆盖在眼球前方的皮肤褶，有保护作用。眼睑分为上、下眼睑，游离缘上具有睫毛。

（2）结膜。位于眼球与眼睑之间的一层薄膜，淡红色。分为睑结膜、球结膜，二者之间形成结膜囊。位于眼内角的结膜褶为第三眼睑（也称为瞬膜），呈半月形，常有色素，内有一片软骨。

（3）泪器。分为泪腺、泪道两部分。泪腺略呈卵圆形，位于眼球的背侧，有十余条泪道开口于结膜囊，分泌的泪液有湿润、清洁结膜的作用。多余的泪液经骨质的鼻泪孔而至鼻腔，随呼吸排出。

（4）眼肌。附着在眼球外面的一小块随意肌，使眼球多方向转动。眼肌具有丰富的血管、神经，活动灵活，不易疲劳。

（二）听觉器官——耳

耳分为外耳、中耳、内耳。外耳和中耳有收纳和传导声波的装置；内耳藏有听觉感受器、位平衡感受器。

1. 外耳 由耳郭、外耳道、鼓膜三部分构成。耳郭位于头部两则，以软骨为基础，被覆皮肤。外耳道为耳郭基部至鼓膜之间的管道，管道皮肤内有由汗腺演变来的耵聍腺，其分泌物称为耵聍（耳蜡）。

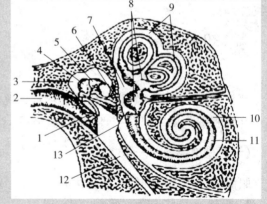

耳构造
1. 鼓膜 2. 外耳道 3. 鼓室 4. 锤骨 5. 砧骨
6. 镫骨及前庭窗 7. 前庭 8. 椭圆囊和球囊 9. 半规管
10. 耳蜗 11. 耳蜗管 12. 咽骨管 13. 耳蜗窗
（范作良，2001. 家畜解剖.）

鼓膜位于外耳与中耳之间，是一层坚韧而有弹性的薄膜。

2. 中耳 由鼓室、听小骨、咽鼓管构成。鼓室是位于颞骨内的一个含气的腔隙，内面被覆有黏膜。听小骨位于骨室内，由锤骨、砧骨、镫骨构成。咽鼓管是连接鼓室与咽的管道。

3. 内耳 位于颞骨内，由迷路、位听感受器构成。迷路是曲折迂回的双层套管结构，分为骨迷路和膜迷路。

骨迷路为骨质迷路，构成迷路的外层；膜迷路为一层膜性管，构成迷路的内层。在迷路内含有位觉器（前听器）、听觉器（螺旋器）。

思考题

1. 选择填空题。

（1）脊髓的背柱内有_____（感觉神经元；运动神经元；联合神经元）；腹根内有_____（感觉神经纤维；运动神经纤维）。

（2）脑脊液存在于_____（硬膜外腔；蛛网膜下腔）。

（3）_____（丘脑；下部；丘脑）是把除（视；嗅；味）觉以外的所有感觉传递到大脑皮层中的中转站。

（4）与交感神经相比，副交感神经节前纤维较_____（长；短），节后纤维较_____（长；短）。

（5）绝大多数的副交感神经纤维是经过_____（动眼神经；舌咽神经；迷走神经）抵达效应器的。

（6）由于_____（胆碱酯酶；单胺氧化酶）的作用，胆碱能纤维末梢积放的乙酰胆碱可以_____（持续存在；很快灭活）。

2. 组成神经系统的基本单位是什么？它们在中枢部和外周部分别构成了哪些神经结构？

3. 脊髓内神经元有几种？它们的功能及其传出纤维的去向有何不同？

4. 当家畜腰荐部脊髓发生挫伤时，受损以下部位的感觉和运动会发生什么变化？为什么？

5. 试述在腹侧壁做手术，如麻醉不好会引起家畜四肢骚动的全过程。

6. 植物性神经与躯体神经有哪些不同？

7. 说明支配下列器官的交感神经来自哪些神经节？副交感神经来自哪些神经节？头部器官、胸腔器官、腹腔器官和盆腔器官。

8. 交感神经与副交感神经的作用有何不同？它们的神经末梢分别积放何种化学递质？各怎样灭活？

9. 在饲养管理中，为什么应保持畜禽环境的安静，尤其不要吼吓他们？

10. 举例说明条件反射的形成及意义。

11. 填图。

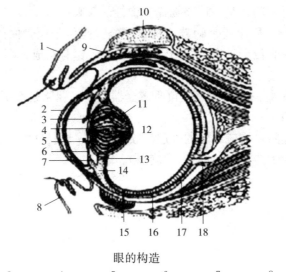

眼的构造

1.	2.	3.	4.	5.	6.	7.	8.	9.
10.	11.	12.	13.	14.	15.	16.	17.	18.

任务十一　识别牛（羊）内分泌系统

◆ 知识目标：

了解激素的概念。

了解牛体内主要内分泌腺的形态、位置、结构。

了解各内分泌腺分泌的激素及其作用。

内分泌器官构造特点

（一）概述

1. 内分泌的概念　畜体内的腺体分两类，一类有导管，称为外分泌腺，如消化腺、汗腺、乳腺等；另一类无导管，称为内分泌腺，其分泌物（激素）直接进入血液或淋巴，随血液循环到全身相应的器官和组织。内分泌系统就是由内分泌腺体、内分泌组织和分散的内分泌细胞组成，它与神经系统联系和配合，共同调节机体的各种生理功能。

畜体内的内分泌腺主要有脑垂体、甲状腺、甲状旁腺、肾上腺和松果体，此外还有存在于其他器官内具有内分泌功能的细胞群，如胰腺内的胰岛、睾丸内的间质细胞、卵巢内的卵泡细胞和黄体细胞等。

2. 激素的概念和种类　由内分泌腺或散在的内分泌细胞所分泌的高效能的生物活性物质为激素。激素经过细胞分泌后进入血液或淋巴，通过循环系统运到全身各处，调节细胞、组织或器官的生理活动。常把激素作用的细胞、组织或器官，分别称为靶细胞、靶组织或靶器官。

体内各种激素按其化学本质分为两大类：一类是多肽类激素，如脑垂体、甲状腺、甲状旁腺、胰岛和肾上腺髓质的分泌物。这类激素容易被胃肠道的消化酶分解破坏，因此不宜口服，应用时必须注射；另一类是类固醇激素，如肾上腺皮质和性腺所分泌的激素。这类激素可口服。目前许多激素已经能提纯或人工合成，并应用于畜牧生产和兽医治疗工作中。

3. 激素的作用特点

（1）激素本身不是营养物质，也不能被氧化分解提供能量，它的作用只是促进或抑制靶器官、靶组织或靶细胞原有的功能，使其加快或减慢。

（2）激素是一种高效能的生物活性物质，在体内含量很少，它们在血液的浓度一般在百分之几微克以下，但对机体的生长发育、新陈代谢都有着非常重要的调节作用。如千万分之一克（$0.1\mu g$）的肾上腺素就能使血压升高。

（3）各种激素的作用都有一定的特异性，即某一种激素只能对特定的细胞或器官产生调节作用，但一般没有种间的特异性。

（4）激素的分泌速度和发挥作用的快慢均不一致。如肾上腺素在数秒钟就能发生效应；胰岛素较慢，需数小时；甲状腺素则更慢，需几天。

（5）激素在体内通过水解、氧化、还原或结合等代谢过程，逐渐失去活性，不断从体内消失。

（二）内分泌腺

1. 脑垂体

（1）脑垂体的形态、位置和构造。脑垂体是体内最大的内分泌腺，位于脑底部的垂体窝内，呈上下稍扁的卵圆形，红褐色。

脑垂体可分为前叶、中叶和后叶。前叶和中叶由腺组织构成，又称为腺垂体；后叶由神经组织构成，又称为神经垂体。

（2）脑垂体的机能。

①腺垂体。腺垂体由许多不同类型的腺细胞组成，能分泌促甲状腺激素、促肾上腺皮质激素、促性腺激素（包括卵泡刺激素和黄体生成素）、促黑色素细胞激素、催乳素和生长激素。其中前三种分别促进甲状腺、肾上腺皮质和性腺的生长发育以及激素的分泌；促黑色素细胞激素能促进黑色素的合成以使皮肤和被毛颜色加深；催乳素促进乳腺发育生长并维持泌乳，刺激促黄体生成激素受体的形成；生长激素能促进骨骼和肌肉的生长，若分泌不足则生长停滞，体躯矮小，形成"侏儒症"。

②神经垂体。神经垂体由神经组织构成，本身不分泌激素。但丘脑下部的某些神经核（视上核和室旁核）分泌的加压素和催产素，沿神经纤维运送到神经垂体并贮存于该处，根据需要释放入血液，发挥其生理效应。

加压素主要生理作用是可促进肾的远曲小管、集合管对水分的重吸收，使尿量减少。由于加压素可使除脑、肾外的全身小动脉收缩而升高血压，故又称为加压素。但由于它也可使冠状动脉收缩，使心肌供血不足，临床上不用为升压药。

催产素（子宫收缩素）能促进妊娠末期子宫收缩，因而常用于催产和产后止血。此外，它还能引起乳腺导管平滑肌收缩，引起泌乳。

2. 甲状腺

（1）甲状腺的位置、形态和构造。甲状腺位于喉后方，气管前端两侧和腹面，红褐色。甲状腺分左右两侧叶和中间的峡部。甲状腺表面有一层薄的致密结缔组织被膜，并伸入腺体内将其分成许多小叶，在小叶中含有大小不一的圆形腺泡。腺泡周围由基膜和少量结缔组织围绕，并有丰富的毛细血管和淋巴管。甲状腺内还有内分泌细胞，称为滤泡旁细胞，常单个或成群分布于腺泡之间，能产生降钙素。

（2）甲状腺的生理机能。甲状腺能分泌甲状腺激素和降钙素。

①甲状腺激素。由腺泡分泌，主要作用是促进机体的新陈代谢及生长发育。

甲状腺激素可加速组织细胞内各种营养物质的氧化分解和合成，促进机体的新陈代谢和生长发育。特别影响幼畜的骨骼、神经和生殖器官的生长发育。实验证明，切除幼畜甲状腺，不但生长停滞，体躯矮小，而且反应迟钝，形成"呆小症"。

②降钙素。由甲状腺内滤泡旁细胞分泌，有增强成骨细胞活性，促进骨组织钙化和血钙降低的作用。

3. 甲状旁腺

（1）甲状旁腺的位置、形态。甲状旁腺多位于甲状腺附近，很小，呈圆形或椭圆形。

（2）甲状旁腺的生理机能。甲状旁腺分泌的甲状旁腺素，主要作用是调节血钙浓度。

甲状旁腺素在维生素 D 存在的情况下，可促进小肠对钙的吸收；刺激破骨细胞的活动，使骨骼中磷酸钙溶解并转入血液中，以补充血磷，提高血钙含量；促进肾小管对钙重吸收和磷的排泄，即"保钙排磷"，使血钙浓度升高，血磷降低。

甲状旁腺素升高血钙的作用与甲状腺滤泡旁细胞分泌的降钙素降低血钙的作用，有着密切的关系，二者分泌也都受着血钙浓度的调节。

4. 肾上腺

（1）肾上腺的位置、形态和构造。肾上腺是成对的红褐色腺体，位于肾的前内侧。其实质分为皮质和髓质两部分。皮质在外，结构致密，颜色较浅；髓质在内，颜色较深。肾上腺皮质按细胞排列状态，可分为三层：外层为多形区，细胞排列成团块和索状，此区的细胞能分泌盐皮质激素；中层为束状区，细胞排列成束，该区的细胞能分泌糖皮质激素；内层为网状区，细胞排列成网状，该区的细胞能分泌性激素。

髓质由排列不规则的细胞索和窦状隙组成，能分泌肾上腺素和去甲肾上腺素。

（2）肾上腺的生理机能。

①肾上腺皮质激素。包括盐皮质激素、糖皮质激素和性激素。

盐皮质激素：盐皮质激素以醛固酮为代表，这类激素主要参与体内水盐代谢的调节。它可促进肾小管对钠的重吸收和对钾的排泄，因此有"保钠排钾"的作用。

糖皮质激素：糖皮质激素主要是氢化可的松，其次有少量皮质酮。其主要作用是促进糖的代谢。一方面，它可促进糖的异生作用；另一方面，抑制组织细胞对血糖的利用。因此，糖皮质激素有升高血糖、对抗胰岛素的作用。同时糖皮质激素可促进脂肪的分解，促进肌肉等组织蛋白质的分解。所以，大量使用糖皮质激素，可引起生长缓慢、机体消瘦、皮肤变薄、骨质疏松、创伤愈合迟缓等现象。另外，糖皮质激素还有抗过敏、抗炎症、抗毒素的作用。

性激素：包括雄性激素和雌性激素，正常情况下分泌很少，不会对机体产生影响。

②肾上腺髓质激素。包括肾上腺素和去甲肾上腺素两种激素，它们的生理机能基本相同，均有类似交感神经兴奋的作用，但也有某些差别。

对心脏和血管的作用：肾上腺素和去甲肾上腺素都能使心跳加快、血管收缩和血压上升。在临床上，由于肾上腺素有较好的强心作用，所以常用为急救药物。去甲肾上腺素可使小动脉收缩，增加外周阻力使血压升高，因此是重要的升压药。

对平滑肌的作用：肾上腺素能使气管和消化道平滑肌舒张，胃肠运动减弱。此外，肾上腺素还可使瞳孔扩大及皮肤竖毛肌收缩，被毛竖立。去甲肾上腺素也有这些作用，但较弱。

对代谢的作用：两者均能促进肝和肌肉组织中糖原分解为葡萄糖，使血糖升高。能促进脂肪的分解。

对神经系统的作用：两者都能提高中枢神经系统的兴奋性，使机体处于警觉状态，以利于应付紧急情况。

5. 胰腺内的内分泌组织——胰岛　胰岛是分散于胰腺中大小不等的细胞群，主要有 A 和 B 细胞两种。A 细胞分泌胰高血糖素，B 细胞分泌胰岛素。

（1）胰岛素。胰岛素的作用主要有以下三方面：

①促进肝糖原生成和葡萄糖分解，以及促进糖转变为脂肪，从而使血糖降低。因此，胰岛素分泌不足时，血糖升高，当超过肾糖阈时，则大量的血糖从尿中排出，导致依赖性糖尿病；②促进脂肪的合成，抑制脂肪的分解，使血中游离脂肪酸减少。因此，胰岛素分泌不足时，脂肪即大量分解，血内脂肪酸增高，在肝内不能充分氧化而转化为酮体，出现酮血症并伴有酮尿，严重时可导致酸中毒和昏迷；③促进蛋白质合成，抑制蛋白质分解。

（2）胰高血糖素。胰高血糖素的作用与胰岛素相反。

①促进糖原分解，促进糖异生，升高血糖；②促进脂肪分解，促进脂肪酸氧化，使酮体增多。

6. 性腺内的内分泌组织　性腺是雄性的睾丸和雌性的卵巢的总称。睾丸可分泌雄性激素，卵巢可分泌雌性激素。性激素对于家畜的生长、发育、生殖和代谢等方面都起着十分重要的作用。

（1）雄激素。由睾丸间质细胞分泌，主要成分是睾丸酮，其主要机能是：

①促进雄性生殖器官（前列腺、精囊腺、尿道球腺、输精管、阴茎和阴囊）的生长发育，并维持其成熟状态；②刺激公畜产生性欲和性行为；③促进精子的发育成熟，并延长在附睾内精子的贮存时间；④促进雄性动物特征的出现，并维持其正常状态；⑤促进蛋白质的合成，使肌肉和骨骼比较发达，并使体内贮存脂肪减少；⑥促进公畜皮脂腺的分泌增强，特别是公羊和公猪比较明显。

（2）雌激素。由卵巢内卵泡细胞分泌，其中作用最强的是雌二醇。其主要生理作用是：

①促进母畜生殖器官的生长发育；②促进雌性动物特征的出现，并维持状态；③促进母畜发情；④刺激母畜发生性欲和性兴奋。

（3）孕激素。由排卵后的卵泡形成的妊娠黄体细胞所分泌，又称为孕酮。孕酮的主要机

能是:

①在雌激素作用的基础上,进一步促进排卵后子宫内膜的增厚(血管和腺体增生),腺体分泌子宫乳,为受精卵在子宫种植和发育准备条件;②抑制子宫平滑肌的活动,为胚胎创造安静环境,故有保胎作用;③在雌激素作用的基础上,进一步刺激乳腺腺泡的生长,使乳腺发育完全,准备泌乳。

(4)松弛素。由妊娠末期的黄体分泌,至分娩时大量出现,分娩后随即消失。松弛素的生理机能是扩张产道,使子宫和骨盆联合韧带松弛,便于分娩。

 **思考题**

1. 说明下列内分泌腺的位置:脑垂体、甲状腺、肾上腺、胰岛。

2. 说明下列激素是由哪些内分泌腺分泌的:胰岛素、雌激素、雄激素、催产素、甲状腺素、醛固酮、氢化可的松、生长素、抗利尿素、孕激素、肾上腺素。

3. 概述激素的作用特点。

4. 说明哪些激素参与血钙与血糖的调节。

5. 切除动物肾上腺皮质,若只给予正常剂量糖皮质激素,为什么动物不能适应环境的剧变?

6. 简述腺垂体的功能。

7. 哪些激素直接调节动物的生长发育?

8. 分别简述雄激素和雌激素的生理机能。

任务十二 牛(羊)体温及体温调节认知

 **学习目标**

◆ **知识目标:**

掌握牛的正常体温;了解体温调节的规律。

◆ **技能要求:**

能正确测量牛的体温。

子任务 羊的体温测量

【目的要求】掌握直肠温度的测定方法和温度计的使用方法。

【材料及设备】健康羊、兽用温度计。

【方法步骤】

(1)在羊活体上触摸耳梢、腋下和腹股沟的温度。

(2)将温度计的水银柱甩到刻度线以下,用酒精棉球对温度计表面消毒。

(3)将温度计缓慢插入羊的肛门,深度适当,然后将温度计尾部连接的夹子夹到体毛上固定好。

（4）3～5min 后取下温度计读出读数。

【技能考核】正确量出羊体温。

知识准备

体温及体温调节的基本知识

（一）正常体温

所谓体温就是机体的温度，它来源于机体在新陈代谢过程中所产生的热量。动物体各部分的温度并不是完全相同的。机体内部的温度一般比体表的温度高些，就是机体内各器官因机能不同温度也有差异。在实际工作中，一般都是以测量直肠的温度作为畜体深部的体温指标。反刍动物的正常体温（表 2-7）。

表 2-7 反刍动物的正常体温

畜别	黄牛	水牛	乳牛	绵羊	山羊
体温（℃）	37.5～39.0	37.5～39.5	38.0～39.3	38.5～40.5	37.6～40.0

除此之外，畜体的体温还因个体、品种、年龄、性别及环境温度、活动状况等因素的影响而有相当的差异。一般来讲，幼龄动物的体温比成年动物的高些；雄性动物比雌性动物的高，但雌性动物在发情、妊娠等时期的体温又比平常要高一些。正常情况下，畜体的温度一般白天比夜间高，而早晨最低。如牛的体温昼夜间的差异为 0.5℃左右，长期在外放牧的绵羊昼夜温差则为 1℃左右。

（二）体温相对恒定的意义

在正常情况下，畜体温度是相对恒定的。体温的相对恒定是保证畜体新陈代谢和各种功能活动正常进行的一个重要条件。因为代谢过程中都需要酶的参与，而最适宜酶活动的温度是 37～40℃。过高或过低的温度都会影响酶的活性，或使其活性丧失，致使机体的各种代谢发生紊乱，甚至危及生命。体温的变化对中枢神经系统的影响特别显著，如发高烧时，中枢神经的功能就会发生紊乱。所以在兽医临床上，体温往往作为畜体健康状况的一个重要标志。

（三）机体的产热过程和散热过程

家畜体温的相对恒定，是机本内产热与散热两个过程取得动态平衡的结果。

1. 产热 机体在新陈代谢过程中，一切组织和器官都在不断地产生着热量，但由于营养物质在不同组织器官中氧化分解的强度不同，因而产生的热量也就不同。在整个机体内，肌肉、肝、腺体产生的热量最多，特别是骨骼肌，动物在工作时肌肉的产热量占总产热量的 2/3 以上。剧烈运动时的产热量还要增加 4～5 倍。此外，草食动物的饲料在消化管内消化过程中也产生大量的热量，这也是体热的一个主要来源。一些外界因素，如热的饲料、饮温

水、外环境温度增高等，都可以成为体热的一部分来源。

2. 散热 机体在不断产生热量的同时，必须不断地将所产生的热量发散掉，这样才能维持体温的相对的恒定。

机体主要通过皮肤、呼吸道、排粪、排尿的途径来散热。其中以皮肤散热为主。机体通过皮肤散热的方式有 4 种：

（1）辐射。辐射是机体以红外线的方式直接将热量散放到环境中去的散热方式。体表的温度与周围的空气或环境物体之间的温度差异越大，辐射所能散发的热量就越多。因此，低温的空气及寒冷的地面，都可增加机体的辐射散热。反之，如环境温度超过体表温度，畜体不仅不能利用辐射散热，反而会吸收环境的热而使体温升高。

（2）传导。传导是机体靠与较冷物体接触而将体热传出的一种散热方式。动物本来就是热导体，体热是通过血液循环传导至皮肤表面的，然后再由皮肤传给所接触的物体。与皮肤接触的物体导热性越好，温度越低，传导所散失的热量就越多。

（3）对流。对流是机体靠周围环境的冷热空气的流动将体热散失的一种散热方式。动物体周围与体表接触的空气，由于受到体热的加温，空气密度变小而逐渐地上升，被较冷空气取而代之。这样冷热空气的不断对流就把动物的体热给带走了。影响这一散热方式的因素主要是空气的流动速度及其温度的高低。在一定限度内，对流速度（风速）越大，散热也就越快。

（4）蒸发。蒸发是当机体所处环境的温度等于体温或超过体温时，机体通过皮肤表面水分的蒸发和由呼吸道呼出水蒸气成为主要的散热方式。1g 水分在蒸发时，可以散失 2.43kJ 的热量，所以汗腺发达的家畜，出汗是一个很重要的散热途径。汗腺不发达的家畜则可通过呼吸道内水分的蒸发来散热。

当外界气温高于体表温度时，蒸发散热成为唯一的散热方式。

（四）体温的调节

畜体通过神经调节和体液调节，使体内的产热过程和散热过程保持着动态平衡，从而维持着体温的恒定。

1. 体温调节中枢 体温调节中枢在下丘脑。下丘脑前区和视前区存在着热敏感神经元和少数的冷敏感神经元。当热敏感神经元兴奋时，可使机体的散热量加强；而冷敏感神经元兴奋时，会引起机体的产热反应加强。这两种神经元共同构成了机体的体温调节中枢。

动物体的体温之所以能保持在一个稳定的范围内，还由于下丘脑的体温调节中枢存在着调定点，调定点的高低决定着体温的高低。视前区-下丘脑前区的热敏感觉神经元就起调定点的作用。热敏神经元对温热的感受有一定的阈值，这个阈值就称为该动物的体温稳定调定点。当中枢的温度升高时热敏感神经元冲动发放的频率就增加，使散热增加；反之则发出的冲动减少，产热增加。从而达到调节体温的作用，使体温保持了相对的恒定。

2. 体温调节的过程 正常情况下，当外界环境温度降低时，皮肤、内脏的温度感受器接受刺激发出神经冲动，并沿着传入神经到达下丘脑的热敏感神经元，或血液温度降低直接刺激热敏感神经元和冷敏感神经元，分别使其抑制或兴奋，从而共同作用于下丘脑的体温调节机构。此时，皮肤的血管收缩，减少皮肤的直接散热；全身骨骼肌紧张度增强，发生寒战，同时在中枢的支配下还能促进肾上腺素和甲状腺素分泌的增加，使机体的代谢增强，产热量增加。另外动物行为方面会表现出被毛竖立，采取蜷缩姿态等来减少散热。反之，当外界环境温度升高时，则可引起皮肤血管舒张、汗腺分泌增加，而增加散热。同时肌肉紧张度降低，物质代谢减弱，降低了产热过程。

思考题

1. 测量体温常用的方法有哪些？
2. 写出牛、羊、马、猪、犬、鸡等畜禽的正常体温的变动范围。
3. 体温恒定对动物机体有何意义？

变温动物

　　体温随着外界温度改变而改变的动物，称为变温动物。除鸟类和哺乳类外，其他动物都是变温动物。它们的体温是随着环境的改变而改变。此意并非说它们绝不能控制它们的体温，它们能通过寻找凉爽或温暖的环境来改变自己的体温，而不能直接地控制自己的体温，即它们缺乏维持一定体温的生理机能。

　　因为变温动物不需要用自己的能量来取暖或降温，相比恒温动物，同样重量的变温动物只需要 1/10～1/3 的能量过活，因此也只需要相对少的食物。因为它们比较容易积储足够的能量，变温动物繁殖期也比较短。冷血动物的优势在于它们可以在外界环境或食物供给情况变化较大的条件下存活。因为它们只需要较少的能量来维持体温和生理机能。食物中得来的能量可以更多的用于生长。因此冷血动物把食物转化为身体生长的效率比恒温动物高。

　　尽管同样的环境可以有 10 倍于温血动物的冷血动物存活，可是恒温动物大多时候可以把变温动物逼到绝灭，因为恒温动物可以找食物的时间比较多。

　　变温动物是没有体内调温系统的动物，自身体内不能恒温（不能恒定体温）要通过照射太阳等方式来保持体温的，或者以行动来调节体温。所以变温动物一般不在夜间活动。如蛇、鳄鱼等较大的冷血动物早上需要晒太阳以使体温升高，这样他们才能活动，因此它们几乎都是白天活动，夜间休息。

　　据报道人如果不吃食物，活不到两个月，而鳄鱼不进食却能活一年甚至更长时间，为什么呢？是什么造成如此大的区别呢？

　　变温动物由于体内所产生的内热比较少，因而它们的体温是随着自然界温度的变化而变化的。例如，当蛇类在河边晒太阳时，它们的体温就会比其在水中游动时要高出很多。又如，熊在冬眠时，它的体温会下降到接近周围环境的温度。

项目三 ···

家禽解剖生理结构识别

学习目标

◆ 知识目标：

了解家禽骨骼、肌肉、皮肤及皮肤衍生物的形态、结构特征。

了解家禽消化、呼吸、泌尿、生殖系统的构造特点和生理特点。

了解家禽的正常体温范围、体温调节特点及家禽的生活习性。

掌握家禽嗉囊、胃、肠、肝、胰、心、肺、肾、睾丸、卵巢、输卵管、法氏囊、胸腺、脾的形态、位置。

◆ 技能要求：

掌握鸡常用的采血技术。

任务一　鸡的采血

【目的要求】通过实习，学生掌握鸡的采血部位、采血方法。

【材料及设备】活鸡、酒精棉球、止血棉球、针头、注射器等。

【方法步骤】

1. 翼下静脉采血　将鸡保定好，用酒精棉球消毒翅膀内侧的采血部位，酒精干燥后用针头刺破翼下静脉，待血液流出后吸取。也可用细的针头刺入静脉内，让血液自由流入瓶内，采血后用干棉球压迫采血部位进行止血。

2. 静脉采血　将鸡固定，伸展翅膀，在翅膀内侧选一粗大静脉，小心拔去羽毛，用碘酒和酒精棉球消毒，再用左手食指、拇指压迫静脉心脏端使该血管怒张，针头由翼根部向翅膀方向沿静脉平行刺入血管。采血完毕，用碘酒或酒精棉球压迫针刺处止血。一般可采血 10～30mL。少量采血可从翅静脉采取，将翅静脉刺破以试管盛之，或用注射器采血。

3. 心脏采血　将鸡侧位固定，右侧在下，头向左侧固定。找出从胸骨走向肩胛部的皮下大静脉，心脏约在该静脉分支下侧，或由肱骨头、股骨头、胸骨前端三点所形成三角形中心稍偏前方的部位。用酒精棉球消毒后在选定部位垂直进针，如刺入心脏可感到心脏跳动，稍回抽针栓可见回血，否则应将针头稍拔出，再更换一个角度刺入，直至抽出血液。

【技能考核】选取上述采血方法中的任何一种，正确地在鸡体上进行采血。

任务二 鸡的解剖特征识别

【目的要求】掌握家禽消化、呼吸、泌尿和生殖系统各个器官的形态构造及位置关系；学习禽体解剖的基本技能。

【材料及设备】活公鸡、母鸡、解剖刀、剪刀、骨钳、镊子、手术台、棉线绳等。

【方法步骤】

（1）将禽从颈动脉（不可断头）放血致死，置于解剖板上，用水将全身羽毛刷湿。也可放血致死后，用70～80℃温水浸泡脱毛，观察各器官的效果更好。

（2）将禽仰卧，由喙腹侧开始，沿颈、胸、腹正中直至泄殖孔附近把皮肤剪开。向两侧剥皮至翼根和腹股沟部。

（3）自胸骨后端至泄殖孔剪开腹壁，再从此切口沿胸骨两侧剪断胸肋骨至锁骨，小心地剪断心、肝与胸骨间的系膜，将胸骨翻向前方。

（4）由喉口插入细胶管，慢慢吹气并用棉线绳结扎气管，观察各气囊的位置与形状，然后剪除胸骨。

（5）内脏器官的观察。

消化系统：观察喙、腭裂、舌、食管、鸡嗉囊、腺胃和肌胃并注意腺胃乳头、类角质膜、胃黏膜、肌层和外膜以及幽门；确认十二指肠袢、肝、胰、空肠、回肠、两条盲肠、直肠和泄殖腔并注意区别粪道、泄殖道和肛道，注意腔上囊和盲肠扁桃体的所在位置；注意脾的位置、形态。

呼吸系统：观察鼻孔、喉口、气管黏膜、鸣管、支气管和肺，注意肺的颜色、位置。

泌尿系统：观察左右两肾和左右输尿管，注意肾位置、颜色和分叶。

生殖系统：观察公禽的睾丸、输精管，注意其位置、颜色，注意输精管起止端。观察母禽的卵巢和输卵管，注意卵巢形态和各期卵泡，输卵管五段的区分及各部黏膜面，输卵管伞、腹腔口及输卵管与泄殖腔的连通关系。

（6）心和坐骨神经观察。观察心和心包，注意其位置及心腔结构；翻开股二头肌，观察坐骨神经，注意位置关系及该神经的颜色和粗细均匀情况。

【技能考核】在鸡体上能正确识别消化器官、呼吸器官、泌尿器官、生殖器官。

知识准备

一、运动系统和被皮系统

家禽属于鸟类，主要包括鸡、鸭、鹅、火鸡、珍珠鸡、鸽、鹌鹑等，其解剖生理与家畜在许多地方不尽相同。家禽最突出的特征是飞翔，因此，其形态构造和机体活动规律上均发生了适宜飞翔的重大变化。

（一）运动系统

1. 骨骼 家禽骨中含丰富的钙质，骨密质更致密坚硬，有极好的承重性。成禽除翼和后肢下段外，大部分骨的骨髓被吸收而填充空气（为气骨），既保持外形又减轻重量。禽头部和胸腰荐部的骨发生愈合现象，各骨界限不易分辨，以适应飞翔（图 3-1）。

（1）头部骨骼。头骨呈圆锥形，由眼眶为界分为颅骨和面骨，各骨间普遍愈合，不易分辨。头部活动关节是下颌关节，但下颌骨不直接与颅骨连接成关节，中间还有一块特殊的方骨，这种结构使家禽的喙张的很大。在眼眶下方有一个大腔隙，称为眶下窦。

（2）躯干骨骼。躯干骨包括椎骨、肋和胸骨。颈椎数目较多，鸡有 13～14 枚，鸭有 14～15 枚，鹅有 17～18 枚，静止时，全段颈椎均形成"乙"状弯曲。这种结构使颈部伸展转动灵活。

胸椎数目较少，鸡有 7 枚，鸭鹅各有 9 枚，且大部分胸椎互相愈合。肋的对数与胸椎数目一致，除第 1、2 对和末肋不与胸骨相连外，其余均连接胸骨。大部分肋有钩状突，可加固胸廓。胸骨特别发达，构成胸腔底壁和大部分腹底壁，其腹面有龙骨嵴，可增大胸肌附着面积和保护内脏。

腰荐椎数目较多，它们与相邻的胸椎、第一尾椎和髋骨愈合成一个整体，称为腰荐部，无活动性。

尾椎较少，家禽的最后一个尾椎形状特别，体积也大，呈两侧压扁的三角形，称为尾综骨，是尾羽和尾脂腺的支架。

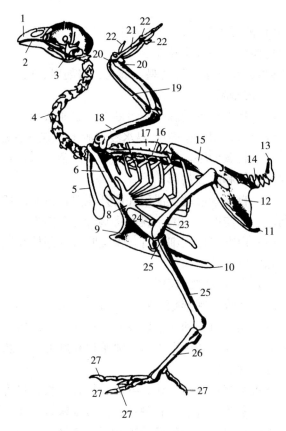

图 3-1 鸡的全身骨骼
1. 颌前骨　2. 下颌骨　3. 方骨　4. 颈椎　5. 锁骨
6. 乌喙骨　7. 肋骨　8. 胸骨　9. 胸嵴　10. 中突　11. 耻骨
12. 坐骨　13. 尾综骨　14. 尾椎　15. 髋骨　16. 肩胛骨
17. 胸椎　18. 臂骨　19. 前臂骨　20. 腕骨　21. 掌骨　22. 指骨
23. 股骨　24. 膝盖骨　25. 小腿骨　26. 跗跖骨　27. 趾骨
[山东省畜牧兽医学校，2000. 家畜解剖生理（第三版）.]

（3）前肢骨骼。禽类前肢为了适应飞翔而演变成翼，分肩带部和游离部。

①肩带部。由肩胛骨、乌喙骨和锁骨构成肩带，用以支持游离部。

②游离部。由臂骨、前臂骨、腕骨、掌骨和指骨构成翼部，静止时，翼的三段折叠成 Z 形，紧贴胸廓。其中，臂骨近端与肩胛骨、乌喙骨形成肩关节，远端与桡骨、尺骨共同构成肘关节。

（4）后肢骨骼。禽类的后肢骨发达，其中髋骨、坐骨和耻骨愈合成盆带，两侧坐骨和耻骨不形成骨盆联合（鸵鸟例外），为开放式骨盆，便于产蛋。股骨、膝盖骨、小腿骨、跗跖骨和趾骨构成腿部，骨块强壮，坚实，关节活动灵活。

家禽一般有四趾，乌骨鸡和贵妃鸡有五趾。

2. 肌肉　肌纤维较细。肌肉内无脂肪沉积。可分为红肌和白肌两类，红肌耐久性好，白肌爆发力强。皮肌极薄但分布面较广。禽胸肌特别发达，位于胸嵴两侧，其重量约占全身肌肉的 1/2，以适应飞翔的需要。腿部肌肉发达，但胫跗关节以下转为肌腱并稍有骨化，是行走和游泳的主要肌肉。鸡的耻骨肌，以细长的肌腱向下绕过膝关节外侧面和小腿后面，下端并入趾浅屈肌，当腿部屈曲时可使趾关节机械性屈曲，栖息时能牢牢抓住栖架，并不费劲，睡眠时也不会跌落。禽颈部肌和尾部肌相对发达，能引起颈、尾灵活运动，尾肌中的泄殖腔括约肌有协助交配、产蛋和排泄的功能，其他尾肌通过支配尾羽起控制飞行方向的功能。腹壁肌分 4 层，可协助胸壁肌引起呼吸运动。禽膈肌不发达，是一层极薄的腱样膜，贴于肺的腹面。

（二）被皮

家禽的背皮系统由皮肤和皮肤衍生物组成，是禽体的屏障，具有保护机体内部器官、调节体温、排除废物以及感觉外界刺激等作用。

1. 皮肤　禽类的皮肤具有如下特点：

①皮肤薄而柔软，皮下毛细血管丰富，利于散热。

②翼部皮肤褶构成前后翼膜，可扩大羽面。

③鸭、鹅等水禽趾间皮肤褶构成足蹼，以利于飞翔或划水。

④皮肤中无汗腺和皮脂腺，仅有一对尾脂腺。禽常用喙汲取尾脂腺分泌物涂润羽毛，使羽毛润泽，不易被水浸湿。尾脂腺分泌物含麦角固醇，经日光紫外线照射可转为维生素 D，被皮肤吸收。

⑤皮肤大部分区域着生羽毛，称为羽区。翼下、胸下和腹下倾吐面等特殊小区域不生羽毛，称为裸区，有调节体温和孵卵的功能。

2. 皮肤衍生物　包括羽毛、肉冠、肉髯、耳垂、喙、爪、距和鳞片。

羽毛是禽特有的皮肤衍生物，可分为被羽、绒羽和纤羽。被羽又分翼羽、尾舵羽和冠羽。羽毛根基有环形皱襞称为羽囊，季节性换羽时，总有新羽从原来的羽囊中长出，以顶替旧羽。被羽主要有抵御气流，使禽体升翔的作用。绒羽主要有保暖作用。

头部的冠、肉髯和耳垂，都是皮肤的衍生物。冠的表皮薄，真皮厚，含丰富的血管。肉髯和耳垂的构造与冠基本相似。脚上的鳞片和爪以及距，均是由表皮角质层加厚所形成的。

二、家禽的内脏器官

（一）消化系统

1. 消化系统的构造特点　家禽的消化器官包括消化管和消化腺（图 3-2）。

（1）口咽。禽类无软腭，口腔和咽之间无明显界限。口腔构造简单，缺唇、颊和齿，但具有特殊采食器官——喙。鸡喙呈圆锥体，前端锐尖，适于啄取细小粒料，也可撕裂食物。鸭鹅喙呈扁长的铲状，前端钝圆，喙缘有许多横褶状角质裂缺，适于贴地面铲食，在水中采食时，能将水漏出。家禽主要靠视觉和触觉寻觅食物，很少依靠嗅觉和味觉。舌呈长三角形（鸡）或长条形（鸭、鹅），舌黏膜分布极少的味蕾和其他感受器，味觉较差，但对饮水温度感觉敏锐。禽不喜欢饮高于气温的水，却不拒绝饮冰冷的水。鸡饮水时有明显的抬头咽水动作。禽类无颊，口可以张得更大，便于吞食。禽口腔无齿，采食不经咀嚼便可吞咽。

唾液腺由许多细小腺体组成，分布于口咽黏膜深层，开口于口咽腔中。唾液呈弱酸性反应，含少量淀粉酶。因饲料在口咽部停留短暂，所以唾液在消化中不起重要作用。

咽部黏膜下有丰富的血管，气温过高时禽有张口呼吸的生理表现，以加强散热。

（2）食管和嗉囊。食管较长较宽且易于扩张。始端有宽大的食管口，末端在肝的脏面变细后与腺胃相连。鸡食管入胸腔前形成扩大的嗉囊。鸭鹅无真正的嗉囊，仅有简单的纺锤形食管膨大。嗉囊壁较薄，有黏液腺和平滑肌结构，外膜表面还分布有菲薄的皮肌。

嗉囊的主要作用是贮存、湿润和软化饲料。同时嗉囊还繁衍有少量乳酸杆菌，可使糖类发酵产生乳酸。细菌是随饲料进入嗉囊的。

嗉囊蠕动比较明显。鸡吞咽时即出现反射性嗉囊蠕动，蠕动波顺食管方向波及胃。胃充满时，食物大部分停留于嗉囊中。胃空虚时，食物直接进入胃中。刚吃饱时，嗉囊停止蠕动。胃排空后，嗉囊开始蠕动。由于嗉囊受胃的反馈式影响，蠕动也表现为阵发性，能分批向胃中输送食物。

（3）胃。家禽胃分为前部的腺胃和后部的肌胃（图3-3）。

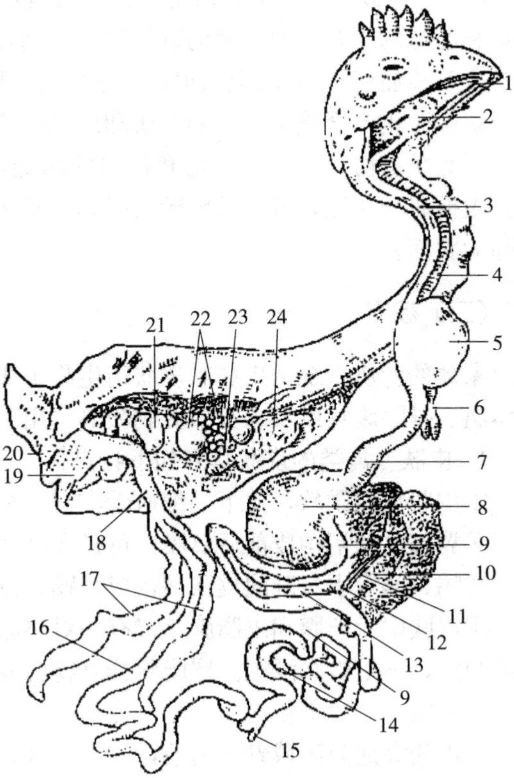

①腺胃。呈纺锤形，位于肝的两叶之间，腺胃黏膜内有很多腺体，开口于腺胃乳头。腺胃乳头呈火山口状。鸡有30～40个腺胃乳头，鸭、鹅更多，但较细小。鸡瘟时常见腺胃乳头出血。

图 3-2　鸡的消化器官
1. 口腔　2. 咽　3. 食管　4. 气管　5. 嗉囊
6. 鸣管　7. 腺胃　8. 肌胃　9. 十二指肠　10. 胆囊
11. 肝管　12. 胰管　13. 胰　14. 空肠　15. 卵黄囊憩室
16. 回肠　17. 盲肠　18. 直肠　19. 泄殖腔　20. 肛门
21. 输卵管　22. 卵巢　23. 心　24. 肺
[山东省畜牧兽医学校，2000. 家畜解剖生理（第三版）.]

②肌胃。又称为砂囊，呈质地坚实的扁圆形肌质器官，位于腹腔左下部，通腺胃的峡口与通十二指肠的幽门相距很近，呈上下关系。禽类肌胃具有如下特征：

A. 肌胃黏膜有许多小腺体，其分泌物与脱落上皮细胞在酸性环境下凝结成淡黄色坚硬的类角质膜，膜上有搓板棱状皱褶（俗称"鸡内金"），可保护肌胃黏膜，并与胃内砂砾一同磨碎饲料。

B. 胃壁内有发达的平滑肌层，能进行有力的收缩。

C. 幽门有过滤性黏膜崤，可阻止大颗粒食物和沙砾进入十二指肠。

D. 胃外表面有致密而闪光的腱镜。

（4）肠。家禽的肠分小肠和大肠两段，肠管较短，小肠和大肠壁均有肠腺和肠绒毛。

①小肠。禽小肠包括十二指肠、空肠和回肠。十二指肠起于幽门，形成U形肠袢，止于十二指肠起始部相对处。空肠形成许多肠袢，由肠系膜悬挂于腹腔右侧。回肠短而直，以

系膜与两侧的盲肠相联系。

小肠黏膜含丰富的小肠腺（禽无十二指肠腺），可反射性分泌小肠液。小肠液呈弱酸或弱碱性，主要含蛋白酶、脂肪酶、淀粉酶和多种糖类分解酶。

小肠运动主要是蠕动和分节运动，逆蠕动也时有发生。分节运动促使食糜与消化液充分接触，利于化学性消化和肠绒毛对营养的吸收。蠕动促使食糜向后推进。逆蠕动与蠕动交替发生，使食糜在小肠中前后移动，以延长消化和吸收的时间。

小肠不仅是禽类主要的消化部位，还是主要的营养吸收部位。禽类小肠绒毛无中央乳糜管，脂肪及其他各种可吸收物质主要由黏膜上皮直接吸收进入血液中。母禽产蛋期间，小肠吸收钙的作用增强，但仍需维生素 D 做保障。

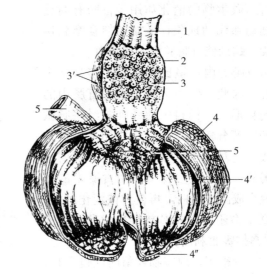

图 3-3　鸡的胃（纵剖开）
1. 食管　2. 腺胃　3. 乳头及前胃深腺开口　3′. 深腺小叶
4. 肌胃的厚肌　4′. 肌胃角质层　4″. 肌胃后囊的薄肌　5. 幽门
［马仲华，2002. 家畜解剖学及组织胚胎学（第三版）.］

②大肠。大肠分为盲肠和直肠，没有明显的结肠。回肠、盲肠和直肠交界处称为回盲直结合部。盲肠有 2 条，位于第 7 腰荐椎腹侧。整条盲肠可分为基部、体部和尖部。基部呈淡红色，管径小，肠壁厚，壁内的淋巴组织特别发达，形成盲肠扁桃体。某些疾病可使盲肠扁桃体明显肿大。体部呈灰绿色，管径大而薄。尖部短而色淡。直肠呈直形管状，淡灰绿色，前接回盲直接合部，后接泄殖腔。

禽大肠黏膜除盲肠尖部以外均有肠绒毛，但比小肠绒毛短而少。

（5）肝和胰。禽肝较大，位于腹腔前下部，分左右两叶。右叶脏面有胆囊。家禽有两条输胆管共同开口于十二指肠。禽胰为长条分叶形的腺体，淡黄色，位于十二指肠祥内，分为背叶、腹叶和中间叶（又称为脾叶）。有 2~3 条胰管通入十二指肠末端。

肝和胰分别连续性分泌胆汁和胰液。胆汁呈酸性，主要含胆酸盐和少量淀粉酶。胰液呈弱碱性，主要含胰蛋白分解酶、胰脂肪酶、胰淀粉酶和其他糖类分解酶，还含重碳酸盐。胆汁和胰液的作用与哺乳动物的很相似。

（6）泄殖腔。泄殖腔为直肠末端与泄殖孔之间的分室状膨大管腔，是消化、泌尿和生殖 3 个系统末端的共用通道。由前向后分为粪道、泄殖道和肛道。粪道承接直肠，以增厚的环形肌作为分界。泄殖道以前端的环形皱襞和后端的半月形皱襞分别与粪道和肛道相分界。肛道后端以横向的泄殖孔开口体外。粪道腔室最大，泄殖道较小，肛道最狭窄。在泄殖道壁上有 1 对输尿管和 1 对输精管（公禽）或 1 条输卵管（母禽）的开口。在肛道背侧壁上有 1 个腔上囊的开口。肛道腹侧壁上有公禽（鸭鹅）的交配器官——阴茎（图 3-4）。

2. 家禽消化生理的特点　小肠中的食糜经消化吸收后，一部分进入盲肠，其余部分进入直肠。由于直肠发生逆向蠕动又使食糜进入盲肠。此时位于回肠、盲肠和直肠结合部的回盲瓣呈紧闭状态，因而直肠食糜不会逆流返回回肠。进入盲肠的食糜一般要停留 6~8h，以接受盲肠微生物的消化作用。盲肠有明显的逆蠕动和蠕动现象，逆蠕动使食糜到达盲肠尖，蠕动使盲肠粪排入直肠中。

禽盲肠的内环境比较适宜于多种微生物生存，因此，生物学消化成为盲肠内的主要消化形式。饲料中的纤维素经盲肠微生物的发酵分解可产生低级脂肪酸，被盲肠吸收。这对食草食菜的鹅和鸡有重要意义。另外，盲肠微生物可利用食糜中的非蛋白氮合成菌体蛋白，再被禽体消化利用。盲肠微生物还可合成 B 族维生素和维生素 K，供禽体吸收利用。

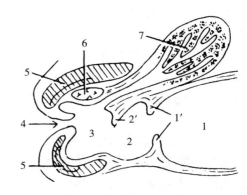

图 3-4 泄殖腔正中矢状面

1. 粪道 1′. 粪道泄殖道壁 2. 泄殖道 2′. 泄殖道肛道壁 3. 肛道 4. 肛门 5. 括约肌 6. 肛腺 7. 腔上囊
[马仲华，2002. 家畜解剖学及组织胚胎学（第三版）.]

禽直肠很短，内容物停留时间也不长，因而消化作用不大，主要是吸收部分水和盐分，形成粪便。鸡粪便中含部分未消化吸收的营养，因此养禽业中鸡粪可经杀菌及除臭处理后喂猪，以提高饲料消化利用率和降低饲养成本。

（二）呼吸系统

1. 家禽呼吸系统的构造特点 禽类的呼吸系统由鼻腔、咽、喉、器官、支气管、肺和气囊构成。

（1）鼻腔。禽鼻腔狭短。鼻孔位于上喙基部，有膜质鼻瓣（鸡）或柔软的蜡膜（鸭鹅）。鸭鹅鼻中隔在前端两侧互通，鸡的不通。鼻腔后部以一个鼻后孔通入口咽顶壁的狭缝状腭裂。上颌两外侧和眼球前下方有膜质的上颌窦（又称为眶下窦）与鼻腔相通。禽患传染性呼吸道疾病时，此处常有病变。

（2）喉和气管。喉位于咽后底壁，舌根的后方。喉仅由环状软骨和杓状软骨作为支架，黏膜上无声带。喉口呈裂缝状，由两个发达的黏膜褶围成，吞咽时喉门因喉肌收缩而关闭，可防止食物误入喉中。

禽气管很长，由许多无缺口的软骨环作为支架，软骨环随年龄增长而逐渐骨化，相邻的软骨环相套叠，可以伸缩，以适应颈部的灵活运动。气管与食管相伴行，在颈下半部偏至右侧，入胸腔前又转至颈腹侧。在心基上方分叉，形成鸣管和左右支气管。鸣管是禽的发音器官，又称为后喉，由几枚气管和支气管环以及鸣骨作为支架，在鸣骨支架上有对称的内、外鸣膜，呼吸时气流振动鸣膜而发音。公鸭鸣管向左侧形成膨大的骨质鸣泡，有共鸣作用（图3-5）。

（3）肺。禽肺较小，呈鲜红

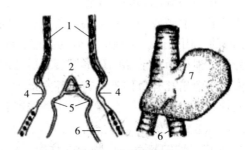

图 3-5 禽鸣管结构

1. 气管 2. 鸣腔 3. 鸣骨 4. 外鸣膜 5. 内鸣膜 6. 支气管 7. 鸣泡
[山东省畜牧兽医学校，2000. 家畜解剖生理（第三版）.]

色，质地柔软。肺一般不分叶，紧贴于胸腔背侧面。并嵌入肋骨间隙，表面形成数条肋沟。肺腹侧面稍前方有肺门，是支气管和肺部血管出入肺的门户。

支气管入肺后，纵贯全肺，称为初级支气管，其后端出肺连通腹气囊。从初级支气管上分出四群次级支气管，次级支气管上再分出众多的三级支气管。三级支气管呈袢状，又返回到次级支气管。禽肺不形成支气管树，而是形成大量连通的袢状管道。一支三级支气管就形成一个肺小叶的中心，其管壁上又分出许多辐射状的呼吸性毛细小管，相当于家畜的肺泡。毛细小管壁极薄，壁外围绕丰富的毛细血管，二者间有良好的气体通透性，亦称为呼吸膜，是进行气体交换的地方。

（4）气囊。气囊是禽特有的肺部衍生器官。囊壁极薄，囊腔大部分与含气骨腔相通。禽有9个气囊，1个锁骨间气囊、1对颈气囊、1对前胸气囊、1对后胸气囊和1对腹气囊。气囊有贮存空气、减轻体重、调节体温和适于游水或飞翔的作用（图3-6）。

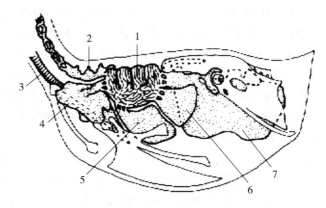

图 3-6　禽气囊分布
1. 肺　2. 颈气囊　3. 气管　4. 锁骨间气囊
5. 前胸气囊　6. 后胸气囊　7. 腹气囊
［马仲华，2002. 家畜解剖学及组织胚胎学（第三版）.］

2. 家禽呼吸生理具备下列三个特点

（1）呼吸运动主要靠肋骨的运动。家禽膈不完整且为膜质，基本没有收缩机能。肺深嵌于肋骨之间且弹性较小，肺只能随着肋骨做相应活动。当肋间外肌收缩时，椎骨肋与胸骨肋之间的角度就会增大，使胸骨下降，体腔容积增加，肺和气囊内压下降，引起吸气。当肋间内肌收缩时，体腔容积减小，肺和气囊内压上升，便引起呼气。

（2）肺换气效率很高。禽肺虽小且无肺泡，但具有发达的三级支气管和丰富的呼吸性毛细小管，它们与围绕的毛细血管共同构成换气性结构。呼吸膜两侧存在显著的氧分压差和二氧化碳分压差。肺初级支气管和次级支气管连通9个气囊。上述特殊性使禽在吸气和呼气时均能发生高效率的肺部气体交换，以适应禽体高水平新陈代谢的需要。

（3）腹壁肌参与平时的呼吸运动。由于腹壁肌平时参与呼吸，与胸壁肌协同作用，家禽正常的呼吸式即为胸腹式呼吸。

（三）泌尿系统

1. 禽类泌尿系统构造的特点　禽泌尿系统构造简单，仅有肾和输尿管，无膀胱和尿道。

（1）肾。体积较大，形状狭长，位于腰荐骨和髋骨腹面的肾窝内。每侧肾分为前、中、后三叶，无肾脂肪囊，无肾门，无肾盂，肾内的收集管汇集尿液后直接注入输尿管，从肾表面离开肾。

肾实质由许多肾小叶构成，从肾表面即可看出，每一肾小叶中拥有众多的肾单位。家禽肾小体的毛细血管袢仅有2～3条，肾小管的髓袢较少，肾小管细胞内常集结有尿酸盐颗粒。

禽新陈代谢比较旺盛，然而皮肤中没有汗腺。因此，代谢废物的排泄更集中地通过肾的泌尿过程来完成。禽尿生成的过程与家畜的基本相似，但有以下特点：①原尿生成量比较少。禽肾小球的有效滤过压较低，肾小球的滤过量没有家畜的多。②肾小管的分泌和排泄作用强，重吸收作用也强。原尿流过肾小管时，绝大部分水、全部的葡萄糖、部分氯、钠、碳酸氢盐等有用成分被重吸收。同时，肾小管壁细胞能将较多的自身代谢产物（如 H^+、K^+、NH_3 等）分泌到尿中，还能把管壁外血管中的某些物质（如青霉素、尿胆素等）转移式地排泄到尿中，使尿的废物浓度变得更高。③排泄尿酸。禽类蛋白质代谢的终产物主要是尿酸，而不是尿素，大部分尿酸经肾小管的分泌排泄作用进入尿中。

（2）输尿管。两条输尿管分别从两肾中部表面走出，它汇集了由收集管注入的少量高浓度尿液，经末端在泄殖道顶壁两侧的开口将尿排入泄殖腔中。通常尿液与粪便在泄殖腔内混合后，经泄殖孔一同排出体外。输尿管壁较薄，常因管内尿液含较浓的尿酸盐而显白色。如图 3-7 公鸡泌尿生殖器官。

2. 禽尿与尿生成的特点　禽尿生成与家畜相似，但具有以下特点：

（1）禽肾小球不发达，滤过面积较小，有效滤过压较低，原尿生成量较少。

（2）肾小管具有较强的重吸收作用，能够重吸收绝大部分的水、全部的葡萄糖、部分氯、钠、碳酸氢钠等有用成分。

（四）生殖系统

1. 公禽生殖器官（图 3-7）　包括睾丸、附睾、输精管和交配器官。

（1）睾丸和附睾。1 对睾丸，位于腹腔内，被较短的系膜悬挂于肾前叶腹面，其体表投影在最后两肋骨的上端。睾丸的大小和颜色随年龄和性活动期而有很大变化。雏禽睾丸很小呈黄色，性成熟后特别在配种时节，睾丸可发育很大，颜色转为乳白色。睾丸内部无纵隔，小梁也很少，也未形成睾丸小叶，但有丰富的曲细精管和直细精管。曲细精管是精子发育的场所。直细精管可以分泌精清。精液呈弱碱性，pH 为 7.0～7.6，每次射精量较少，但精子浓度较高。精液质量受年龄、营养、交配次数、气温、光照及内分泌因素的影响。鸡 12 周龄开始生成精子，但到 22 周龄才有受精率较高的精液。一般说来，1～2 岁公禽的精液质量最佳。维生素 A、维生素 E 缺乏，可引起少精、死精、畸形精子和丧失受精能力。公禽体重骤减 15%～25% 时，可引起少精和受精

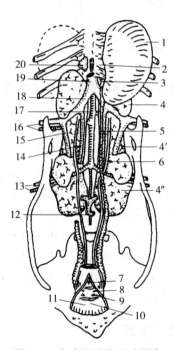

图 3-7　公鸡泌尿及生殖器官

（腹侧观，右侧睾丸和部分输精管切除，泄殖腔从腹侧剖开）

1. 睾丸　2. 睾丸系膜　3. 附睾　4. 肾前部　4′. 肾中部
4″. 肾后部　5. 输精管　6. 输尿管　7. 粪道　8. 输尿管口
9. 输精管乳头　10. 泄殖道　11. 肛道　12. 肠系膜后静脉
13. 坐骨血管　14. 肾后静脉　15. 肾门后静脉　16. 股血管
17. 主动脉　18. 髂总静脉　19. 后腔静脉　20. 肾上腺
［马仲华，2002. 家畜解剖学及组织胚胎学（第三版）.］

率下降。公鸡在繁殖季节每天交配次数可达 20 次甚至更多，随着频繁的射精，精液质量连续下降。气温高于 30℃或低于 5℃，可降低精液质量并影响公禽性活动。公禽配种季节每天应至少接受 12h 光照，否则会降低精液质量。肾上腺素的分泌会降低精液质量，促卵泡素可刺激睾丸生长，促进精子发育。

禽附睾很小，附着于睾丸背内侧缘，由附睾管等导管系统组成。具有贮存、运输精子和分泌精清的功能。

禽睾丸和附睾紧邻于大血管，阉割时要特别注意。

（2）输精管。输精管是两条弯曲的细管，与输尿管伴行，末端形成射精管，呈乳头状突入泄殖道中。输精管在繁殖季节加长增粗，因贮存精子而呈白色。输精管具有分泌精清和输送精液的功能。

（3）交配器官。公鸡交配器官不发达，位于泄殖腔肛道底部，为一小隆起，称为阴茎乳头，刚孵出的雏鸡较明显，可用来鉴别雌雄。

公鸭和公鹅的交配器较发达，称为阴茎。表面有螺旋状精沟，交配时可闭合成管，将精液导入母禽泄殖道中。

禽类的交配是两性泄殖孔对接，阴茎伸入及颤抖式射精的组合动作，腹部的接触性刺激是引起射精的重要条件。因此，人工采精时，术者除抚摩公禽背鞍引起初步性兴奋外，还要对腹部施以迅速的颤抖式触摸，方可加强性兴奋，促使射精。

2. 母禽生殖器官（图 3-8）　仅包括左卵巢和左输卵管。右侧生殖器官在早期个体发育中已退化。

（1）卵巢。位于左肾前部下方，以卵巢系膜悬挂于腹腔背侧壁左侧。幼禽卵巢为扁平的椭圆形，表面有许多细小的卵泡。成禽卵巢的卵泡连续性生长，形成一群大小不等的葡萄状结构，分别以细柄与卵巢相连。成熟卵泡含大量卵黄，沉于下方，构成植物极，卵核浮于上方，构成动物极。卵泡壁富有小血管，排卵时卵泡壁破裂。禽卵细胞俗称"蛋黄"。

（2）输卵管。输卵管是一条长而宽阔的弯曲管道，产蛋期间格外发达。前端接近卵巢，后端通入泄殖道，整个输卵管由系膜悬挂在腹腔左侧顶壁。根据构造和机能，输卵管依次分为漏斗部、蛋白分泌部、峡部、子宫部和阴道部。

漏斗部位于卵巢后方。其前端扩展成薄膜状漏斗，游离的边缘为输卵管伞，中央的通道口为输卵管腹腔口，再后是弯曲狭窄的漏斗颈。漏斗部有摄取卵子（卵黄）的功能，也是卵子和精子进行受精的部位。

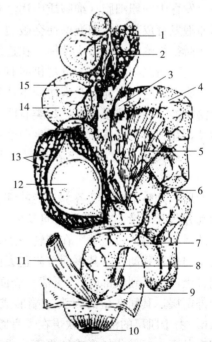

图 3-8　母鸡生殖器官

1. 卵巢　2. 排卵后的卵泡膜　3. 漏斗　4. 膨大部
5. 输卵管腹侧韧带　6. 背侧韧带　7. 峡　8. 子宫
9. 阴道　10. 肛道　11. 直肠　12. 在膨大部中的卵
13. 黏膜褶　14. 卵泡斑　15. 成熟卵泡

［马仲华，2002. 家畜解剖学及组织胚胎学（第三版）.］

蛋白分泌部是输卵管中最长且弯曲最大的部分。管壁较厚，黏膜内有能大量分泌"蛋清"的腺体，肌层中有引起管道蠕动或逆蠕动的平滑肌。在产蛋期间，此段特别发达，壁很肥厚，呈乳白色。蛋白分泌部可分泌蛋白，能使"蛋清"包裹在"蛋黄"之外，此段分泌蛋白的能力直接影响蛋重。

峡部介于蛋白分泌部与子宫部之间，较短、较细并有弯曲。管壁较薄，黏膜内有分泌角蛋白的腺体。峡部能使蛋清外表包裹两层蛋白和纤维性的卵壳膜。

子宫部是峡部之后膨大的部分，卵在这里停留时间最长。经常保持扩张状态。管壁较厚，黏膜内有分泌钙质、角质和色素的壳腺，肌层中分布螺旋状的平滑肌纤维。子宫部的作用是使旋转中的"软蛋"外表包裹硬蛋壳和形成蛋壳表面的色素。此段分泌钙质和角质的能力直接影响蛋壳的厚度，色素与蛋壳色泽有关。

阴道部是子宫部后上方变窄的管段，形状呈S形，末端从左侧通入泄殖道中。阴道部黏膜含有阴道腺。在交配后阴道部可贮存部分精子，以后在一定时期内陆续释放，使受精作用能持续进行。此外，当蛋通过阴道产出时，在卵壳上被覆一层薄的透明角质。

3. 母禽的生殖生理

（1）母禽生殖活动特点。主要表现在没有发情周期，胚胎不在母体内发育，而在体外孵化；没有妊娠过程；在一个产蛋周期中，能连续产卵；卵泡排卵后，不形成黄体；卵内含有大量的卵黄，卵的外面包有坚硬的壳。

（2）蛋的形成和产蛋。处于性活动期的卵巢，含有许多不同发育阶段的卵泡。每个卵泡中有一个发育中的卵细胞（细胞质中逐渐积累卵黄物质）。

当卵泡发育成熟时，卵泡壁便会破裂，其中的卵细胞得以排放，这一过程称为排卵。卵泡在排卵后很快萎缩，不形成黄体。在连续产蛋时期，鸡鸭一般在产蛋后约0.5h又发生下次排卵，这种情况与脑垂体的分泌机能有关。脑垂体一般在卵巢排卵前6～9h周期性地释放促黄体生成素，它在促卵泡激素协同下诱发卵巢排卵。光照可通过刺激下丘脑而影响脑垂体的内分泌机能。在自然条件下，禽类有明显的生殖季节，一般都在春季光照逐渐增长时进行生殖活动，在秋季光照逐渐缩短时生殖活动减退。养禽业中可运用人工延长光照的办法来提高产蛋率。家禽由于长期驯化和选育，生殖季节越来越不明显，有些良种母禽整年均可排卵。

蛋的形成是整个输卵管各部功能的综合结果。当母禽即将排卵时，输卵管漏斗部出现波浪式运动并张开伞缘。"蛋黄"一旦从卵巢排出，输卵管伞便将其捕获，然后伞缘收缩再加漏斗壁的活动，迫使"蛋黄"在旋转中进入输卵管腹腔口。"蛋黄"进入蛋白分泌部后继续在旋转中向后方移动，使其表面首先包裹两层浓稠蛋白，旋轴两端扭转形成系带，稍后又包裹大量稀蛋白。蛋到峡部时，"蛋清"表面形成柔韧的卵壳膜（此时的蛋俗称为软蛋）。卵壳膜分内外两层，其间在蛋的大头一端形成气室。软蛋进入子宫部后存留时间很长，一般为18～21h。由于肌层的活动使软蛋在子宫腔中反复转动，卵壳膜表面便均匀地沉积钙质、角质和特有色素，经硬化便形成硬蛋壳。蛋壳形成的末期及蛋通过阴道部时，硬壳外表又附着薄层透明角质，称为角护膜或壳上膜，有防止蛋内水分蒸发、阻止蛋外微生物侵入和润滑阴道部等作用。

（3）抱窝性。又称为就巢性，属于家禽的母性行为。当母禽经一段产蛋后，便渐渐停产，经常俯卧于蛋上，开始孵蛋。在此前后，母禽还热衷于护育幼雏。抱窝后停止产蛋。抱窝性的出现与催产素分泌有关。养禽业中可用注射雌激素法或冷水浸腹法使母禽醒抱，以恢复正常产蛋。

三、心血管和免疫系统

（一）心血管系统

心血管系统由心脏、血管和血液构成。

1. 心脏　家禽心脏比较发达，呈圆锥形，位于胸腔前部，与胸骨、肺和肝接触，其基本构造与家畜的相似，具有 2 个心房和 2 个心室。特点在于右房室孔无三尖瓣，而被肌肉膜代替，心外面有发达的心包。

2. 血管　家禽的循环分为肺循环和体循环两个循环途径，每个途径均由动脉、毛细血管和静脉构成。家禽血管分布的特点：①具有两条前腔静脉；②具有两套门静脉系统（肝门静脉系统和肾门静脉系统）；③颅底颈静脉间横向吻合成桥静脉。

3. 血液　禽血液成分与家畜的相似，主要特点是红细胞呈卵圆形，有细胞核，体积比家畜的大，数量比家畜的多。白细胞分五类：中性粒细胞、嗜碱性粒细胞、嗜酸性粒细胞、淋巴细胞和单核细胞，数量比家畜的多。无血小板，凝血细胞为有核的卵圆形细胞。血浆中的免疫球蛋白种类与家畜的不同。

家禽的心血管生理和血液生理与家畜相似，主要特点是心率很快。鸡心率为 120～200 次/min、鸭为 140～200 次/min、鹅为 120～160 次/min。

（二）免疫系统

包括淋巴器官和淋巴组织、单核巨噬细胞系统和非细胞性免疫物质。

1. 淋巴器官和淋巴组织

（1）腔上囊。又称为法氏囊，位于泄殖腔肛道背侧，有开口向下与肛道相通。鸡腔上囊呈球形，鸭、鹅的呈椭圆形。腔上囊的大小随年龄有显著变化。性成熟前腔上囊逐渐增大，性成熟后则逐渐退化和消失。鸡在 4～5 月龄时最发达，到 12 月龄时退化的几乎不见遗迹。鸭、鹅腔上囊在再晚些时完全消失。鸡腔上囊内部有 12～14 个菊花瓣状黏膜褶，鸭、鹅的仅有两个黏膜褶。腔上囊的固有膜中有大量淋巴小结。腔上囊主要功能是产生囊依赖淋巴细胞，参与禽体的体液免疫反应。

（2）脾。位于腺胃右侧，鸡脾呈球形，鸭、鹅脾呈钝三角形。禽脾组织构造与家畜的相似。脾的功能除了造血、贮血、调节血量，破坏衰老的血细胞和吞噬进入脾内的细菌和异物外，主要是产生抗体，参与禽体的免疫反应。

（3）胸腺。位于气管两侧，延伸于整个颈部。鸡有 7 对，鸭、鹅有 5 对。随年龄增长，胸腺由前向后逐步退化，成禽只剩残迹。胸腺的作用除分泌胸腺素、调节钙磷代谢外，主要是将来自骨髓、脾和其他淋巴组织的原始淋巴细胞诱导分化成具有免疫作用的淋巴细胞，能接受各种抗原物质的刺激，产生细胞免疫反应，发挥免疫作用。

（4）淋巴结。仅见于鸭鹅等水禽，有颈胸淋巴结和腰淋巴结两对。前者位于颈静脉基部，后者在生殖腺附近并常被肾前部掩盖。淋巴结的主要作用是产生淋巴细胞，吞噬进入淋巴结内的细菌和异物，参与免疫活动。

（5）盲肠扁桃体。位于盲肠基部的固有膜和黏膜下层，从外表观察仅见基部盲肠壁稍有膨大和增厚。盲肠扁桃体主要由许多较大的生发中心和弥散性淋巴组织构成。其主要功能是对肠道内的细菌和其他抗原性物质起局部免疫作用。

（6）回肠淋巴集结。位于回肠后段管壁内，外观可见有直径约 1cm 的弥散淋巴团。其功能是参与回肠局部免疫活动。

2. 单核巨噬细胞系统　家禽单核巨噬细胞系统的组成与家畜的基本相同。该系统的主要功能是不断清除禽体中的衰老、死亡细胞，当病原菌和异物侵入禽体时，发挥出强大的吞噬性能，并清除病灶区域的坏死组织和细胞。该系统的免疫能力可因禽体状况的好坏而相应增强或削弱。养禽业中，应尽量避免对禽体免疫产生不利的各种因素，注意增强禽体抵抗疾病的内在能力。

3. 非细胞性免疫物质　家禽血浆和多种分泌物中包含有多种免疫活性物质，它们时常被具体地称为干扰素、溶解素、调理素、沉淀素、凝集素等。这些物质的主要成分是球蛋白（或称为抗体），它们可与抗原（致病的微生物和寄生虫等）结合，出现多种免疫应答反应。家禽体内的免疫球蛋白与家畜的不同，仅包括 IgA、IgG、IgM。

四、内分泌和神经系统

（一）内分泌

1. 脑垂体　禽脑垂体借漏斗柄连于丘脑下部，分为前叶和后叶。前叶分泌生长激素、促甲状腺素、促肾上腺皮质激素、促卵泡激素、排卵激素和催乳激素。前四种激素的生理作用与家畜的相同，后两种激素分别有促进卵泡成熟、诱发排卵、刺激睾丸间质细胞分泌雄性激素和促进抱窝和促进换羽等功能。后叶分泌催产素，可激发子宫收缩，引起产蛋。

2. 腮后腺　位于甲状腺后方，可分泌降钙素，其作用是调节禽体内的钙的代谢。产蛋期间降钙素分泌量减少，血钙水平增加。

3. 甲状腺　位于胸腔入口处的气管两旁，可分泌甲状腺素。其作用是促进禽体的新陈代谢和生长发育以及促进正常的周期性换羽。

4. 甲状旁腺　很小的两对腺体，位于甲状腺后方，可分泌甲状旁腺素，它能调节钙、磷代谢，维持血钙和血磷浓度的相对稳定。

5. 肾上腺　位于两肾前部附近，分为皮质和髓质，但分界不清。皮质主要分泌糖皮质激素，髓质主要分泌肾上腺素和去甲肾上腺素。上述激素的作用基本与家畜的相同。

6. 胰岛　胰岛是分散在胰腺中大小不等的细胞群，可分泌胰岛素和胰高血糖素。胰岛素能降低血糖浓度，胰高血糖素能升高血糖浓度，二者相互协同共同调节禽的糖代谢。

7. 性腺　性腺是指雄性的睾丸和雌性的卵巢，它们除产生精子和卵子外，还分泌性激素。

（1）雄性激素。睾丸间质细胞可分泌雄性激素，其作用是促进公禽生殖器官发育，促进精子发育成熟，促进公禽第二性征出现。

（2）雌性激素。禽的卵巢可分泌雌激素和孕酮。雌激素的作用是促进输卵管发育，促使耻骨分离，促使母禽第二性征出现以及配合蛋在体内的形成过程。孕酮的作用是引起排卵。

（二）神经系统

中枢神经和外周神经以及感觉器官的特点 家禽脊髓较长，一直延伸到尾部，不形成马尾。禽大脑表面光滑，皮质层较薄，不形成沟和回。小脑有发达的蚓部。中脑由二叠体和大脑脚构成。

臂神经丛分出桡神经和正中神经支配翼部。腰神经丛分出坐骨神经支配腿部。三叉神经发达，支配喙部。迷走神经特别发达，广泛支配体腔内的器官及头颈部的腺体。荐部副交感神经由第31～34对脊神经发出，支配泄殖腔和泌尿生殖器官。内脏器官和腺体受到交感神经和副交感神经的双重支配。交感神经兴奋时可引起禽体的"应激样反应"，对生长和发育多有不利，也会降低禽体免疫水平。副交感神经兴奋时可引起禽体的"生息样反应"，能促进内脏机能。

禽感觉器官特殊。眼较大，视觉发达（家禽多有夜盲现象），第三眼睑能将眼球前面完全遮盖。家禽无外耳郭。

五、体温和体温调节特点

家禽体温显著高于家畜，成禽正常的直肠温如下：鸡 39.6～43.6℃、鸭 41～42.5℃、鹅 40.0～41.3℃。

家禽喙部和胸腹部有温度感受器，丘脑下部有体温调节中枢，皮肤裸区和咽部黏膜面有较好的散热功能。当气温过高时，家禽表现站立、翅下垂、热性喘息、咽喉颤动等超常表现，以加强散热。当气温过低时，家禽出现互相拥挤、争相下钻、单腿站立、坐伏、头藏于翅下、肌肉寒战、羽毛蓬松等表现以减少散热和加强产热。幼禽体温调节功能还不健全，刚出壳的雏禽绒毛未干时，体温不足30℃，直到第2～3周时方能达到正常体温范围。育雏工作中应特别注意人工控温。家禽的耐寒能力一般比耐热能力稍强些。

思考题

1. 名词解释。

　　开放式骨盆　泄殖腔　砂囊　气囊　法氏囊　盲肠扁桃体　抱窝性

2. 为什么较小的禽肺能适应较强的新陈代谢？
3. 影响公禽生殖能力的因素有哪些？
4. 说明蛋的形成过程。
5. 影响母禽生殖能力的因素有哪些？
6. 禽免疫机能是怎样产生的？哪些因素会降低禽免疫机能？
7. 家禽生长、生殖和换羽分别受哪些激素的影响？
8. 家禽是如何调节体温的？
9. 分别绘出禽输卵管和泄殖腔示意图。

项目四

猪解剖生理结构识别

学习目标

◆ **知识目标：**

了解猪的消化、呼吸、泌尿系统的组成和生理特点。

掌握猪的胃、肠、肺、肾、膀胱、睾丸、卵巢、子宫等器官的形态、位置和构造特点。

掌握猪常检淋巴结的形态和位置；了解猪的生活习性。

任务　猪的主要器官及淋巴结的识别

【目的要求】掌握猪主要器官及主要淋巴结的形态、结构和位置。

【材料及设备】猪的离体器官标本或新鲜的猪尸体、常用解剖器械。

【方法步骤】

（1）将猪致死，剥皮，识别下列淋巴结：下颌淋巴结、肩胛前淋巴结、腋淋巴结、股前（膝上）淋巴结、腹股沟浅淋巴结、腹股沟深淋巴结、腘淋巴结。注意观察各淋巴结的形态、位置、大小和颜色。

（2）剖开猪的胸腔与腹腔，识别下列器官：肝、心、肺、胃、小肠（十二指肠、空肠、回肠）、大肠（盲肠、结肠、直肠）、肾、睾丸、卵巢、子宫及纵隔淋巴结、肺门淋巴结、肠系膜淋巴结。

注意观察上述器官的形态、位置和解剖构造，并注意各器官之间的相互位置关系。

【技能考核】在新鲜的猪尸体上找出上述器官及淋巴。

知识准备

一、猪骨骼、肌肉与被皮的认知

（一）骨骼

猪的全身骨骼包括：头部骨骼、躯干骨骼、前肢骨骼和后肢骨骼（图4-1）。

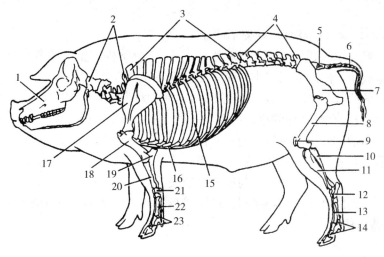

图 4-1 猪的骨骼

1.头骨 2.颈椎 3.胸椎 4.腰椎 5.荐椎 6.尾椎 7.髋骨 8.股骨
9.髌骨 10.腓骨 11.胫骨 12.跗骨 13.跖骨 14.趾骨 15.肋骨 16.胸骨
17.肩胛骨 18.臂骨 19.尺骨 20.桡骨 21.腕骨 22.掌骨 23.指骨

[马仲华，2002.家畜解剖学与组织胚胎学（第三版）.]

1. 头部骨骼的特征 猪的头部骨骼近似楔形，背侧面后缘的枕嵴是头骨的最高点，顶额部由此向前下倾斜。与草食动物相比，猪的头骨后缘相对较高。鼻骨狭而平或微凹，其前端尖，附有吻骨。吻骨为一块三面棱形的小骨，由鼻中隔软骨前端两个骨化点形成，为猪头部特有的骨，是吻突的骨质基础。颞窝完全位于头骨的侧面，其前缘额骨的眶上突较短，与颧弓之间有一宽的空隙，由眶韧带连接。上颌骨纵凹，使上颌部变窄。下颌骨强大(图 4-2)。

2. 躯干骨骼的特征

（1）脊柱。猪的脊柱由 50～58 枚椎骨组成。

①颈椎。7 枚。第 3～6 颈椎的椎体短而宽，腹侧嵴不明显，椎头和椎窝不发达。横突越向后越大，分为两支，背侧支向外向后方倾斜，短而厚；腹侧支向下倾斜，呈较宽的梯形薄板。前后相邻的腹侧支重叠，与对侧腹侧支间形成深而宽的腹侧沟。第 7 颈椎的棘突最高，横突不分支。与草食动物相比，猪寰椎的背侧弓和腹侧弓较大，但寰椎翼较小。枢椎较小，棘突发达，向后上方倾斜。

②胸椎。一般为 14～16 枚，偶有17 枚。椎弓根部有独立的椎外侧孔。

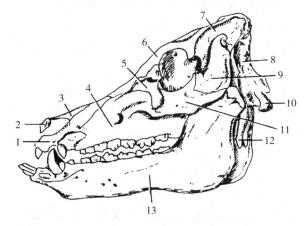

图 4-2 猪头骨（侧面）

1.切齿骨 2.吻骨 3.鼻骨 4.上颌骨
5.泪骨 6.额骨 7.顶骨 8.枕骨 9.颞骨
10.枕骨髁 11.颧骨 12.颈静脉突 13.下颌骨

[马仲华，2002.家畜解剖学与组织胚胎学（第三版）.]

除最后胸椎外，椎体正下方无腹侧棘。最后胸椎的椎外侧孔消失，而出现深凹的椎后切迹。

③腰椎。6 或 7 枚。除最后腰椎外，腹侧面有明显的腹侧棘，且中段腰椎腹侧棘特别

发达。

④荐椎。4枚。愈合成荐骨。棘突不明显。

⑤尾椎。一般有 20～23 枚，偶见 25 枚。前 4～5 枚结构完整，关节突互成关节。横突在前部的尾椎呈板状，向后逐渐变小。第 1 尾椎常与荐骨愈合。

（2）肋。猪的肋有 14 或 15 对，偶见 17 对。前 7 对为真肋（偶见 6 对或 8 对），后 7 对为假肋（偶见 8 对）。有些品种的猪，最后 1 对肋骨不参与形成肋弓，称为浮肋。

（3）胸骨。猪的胸骨呈前高后低的长三棱形，由 6 节胸骨片组成。第 1 节为胸骨柄，左右压扁，前端有柄状软骨。胸骨体由第 2 到第 6 胸骨片构成，上下压扁，向后逐渐变宽。剑状软骨短而小。在胸骨侧方有肋凹，与肋软骨成关节。

（4）胸廓。猪的胸廓较长，略呈斜底的圆锥形，其前口呈尖顶向下的等腰三角形。

3. 四肢骨骼的特征

（1）前肢骨骼（图 4-3）。

①肩胛骨。短而宽。肩胛冈呈三角形，中部向后弯，冈结节明显。

②臂骨。三角肌粗隆不明显，缺大圆肌粗隆。近端外侧结节特别发达，分前、后两部，前部大，弯向内侧。

③前臂骨。尺骨较桡骨发达。桡骨短，稍向前弓。尺骨长，其近端膨大，突出于桡骨的上方；远端细，与尺腕骨和副腕骨成关节。

④腕骨。有 8 枚，分为两列。近列 4 枚，由内向外依次为桡腕骨、中间腕骨、尺腕骨及副腕骨。远列也是 4 枚，由内向外依次为第 1、第 2、第 3 及第 4 腕骨。

⑤掌骨。有 4 枚，第 1 掌骨消失，第 3 和第 4 掌骨发达，呈三棱形，为大掌骨；第 2 和第 5 掌骨较细而短，为小掌骨。

⑥指骨和籽骨。猪有 4 指。第 3 和第 4 指为主指，上接第 3 和第 4 掌骨。每一主指有 3 个指节骨、2 个近籽骨和 1 个远籽骨。第 2 和第 5 指为悬指，较小，上接第 2 和第 5 掌骨。每一悬指有 3 个指节骨和 2 个近籽骨，无远籽骨。

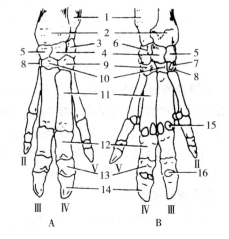

图 4-3　猪的前脚骨（左）

A. 背侧　B. 掌侧

1. 尺骨　2. 桡骨　3. 尺腕骨　4. 中间腕骨　5. 桡腕骨
6. 副腕骨　7. 第 1 腕骨　8. 第 2 腕骨　9. 第 4 腕骨
10. 第 3 腕骨　11. 掌骨　12. 系骨　13. 冠骨
14. 蹄骨　15. 近籽骨　16. 远籽骨　Ⅱ. 第 2 指
Ⅲ. 第 3 指　Ⅳ. 第 4 指　Ⅴ. 第 5 指

[马仲华，2002. 家畜解剖学与组织胚胎学（第三版）.]

（2）后肢骨骼。

①髋骨。长而狭，与牛的相似。左右髂骨和坐骨的上部几乎平行。坐骨棘特别发达，坐骨弓深而窄。骨盆底壁的后部低而平，有利于猪的分娩。

②股骨。无第三转子，小转子亦不明显，大转子与股骨头同高。股骨远端前面的滑车关节面较小。

③膝盖骨。较狭长。

④小腿骨。腓骨与胫骨几乎等长。胫骨强大，远端内侧突出部为内侧踝。腓骨细，近端粗而远端细，两端均与胫骨相结合，中间有明显的小腿骨间隙。远端的外侧突出部为外侧踝。

⑤跗骨。有7枚，分3列。近列2枚，即距骨和跟骨，跟骨的跟结节非常发达。中列1枚，即中央跗骨。远列4枚，即第1、第2、第3及第4跗骨，第四跗骨内侧面与中央跗骨成关节。

⑥跖骨、趾骨和籽骨。与前肢的掌骨、指骨和籽骨相似，但稍长一些（图4-4）。

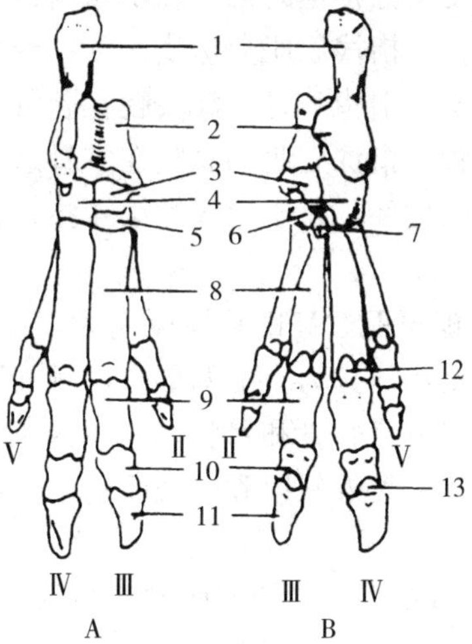

（二）肌肉（图4-5）

1. 皮肌 与牛相比，猪的颈皮肌较发达，可分为深浅两部。

2. 前肢肌 猪的前肢肌基本上与牛的相似。但猪有发育完全的四指，指部肌肉有下列特点：比牛多一条走向第二指的第二指伸肌。指总伸肌分三个肌腹：内侧肌腹（指内侧伸肌）在第3掌骨近端分为两支，分别走向第2和第3指；中间肌腹的腱在第3、4掌骨远端

图4-4 猪的后脚骨
A. 背侧面 B. 跖侧面
1. 跟骨 2. 距骨 3. 中央跗骨 4. 第4跗骨
5. 第3跗骨 6. 第2跗骨 7. 第1跗骨 8. 跖骨
9. 系骨 10. 冠骨 11. 蹄骨 12. 近籽骨 13. 远籽骨
Ⅱ. 第2趾 Ⅲ. 第3趾 Ⅳ. 第4趾 Ⅴ. 第5趾
[马仲华，2002. 家畜解剖学与组织胚胎学（第三版）.]

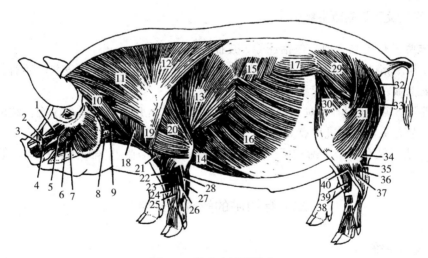

图4-5 猪全身浅层肌肉

1. 上唇固有提肌 2. 鼻孔外侧开肌 3. 鼻唇提肌 4. 口轮匝肌 5. 吻突降肌 6. 颧肌 7. 下唇降肌
8. 胸骨舌骨肌 9. 胸头肌 10. 臂头肌 11. 颈斜方肌 12. 胸斜方肌 13. 臂阔肌 14. 胸深后肌
15. 后上锯肌 16. 腹外斜肌 17. 腰髂肋肌 18. 冈上肌 19. 三角肌 20. 臂三头肌 21. 臂肌
22、23. 腕桡侧伸肌 24. 腕斜伸肌 25. 指总伸肌 26. 第五指伸肌 27. 指浅屈肌 28. 腕外侧屈肌
29. 臂中肌 30. 阔筋膜张肌 31. 臂股二头肌 32. 平滑肌 33. 半腱肌 34. 腓肠肌 35. 趾深屈肌
36. 第五趾伸肌 37. 第四趾深肌 38. 趾长伸肌 39. 第三腓骨肌 40. 腓骨长肌

[马仲华，2002. 家畜解剖学与组织胚胎学（第三版）.]

分为两支，分别走向第3和第4指；外侧肌腹走向第5指。指外侧伸肌分为两支，走向第4和第5指。指浅屈肌分深浅两部，浅头腱在腕管的后面下行，于掌指关节处形成腱环后，止于第4指的中指节骨；深头腱在腕管内下行，于掌指关节的后方形成腱环后，止于第3指的中指节骨。指深屈肌的总腱在掌骨远端分为四支，中间的两支大，分别通过指浅屈肌深、浅腱形成的腱环，止于第3和第4指；较小的内、外侧支走向第2和第5指。第3和第4骨间肌发达。

3. 躯干肌 猪的夹肌厚而大，位于颈侧上部，其中段向前分为三支，各呈扁梭形。头半棘肌发达，分为上下两部分。棘间肌和横突间肌均发达。胸骨甲状肌和胸骨舌骨肌均由第一肋走向甲状软骨和舌骨。肋间内肌在肋软骨间特别发达。膈的中心腱质部较马的圆。腹黄膜不发达。腹外斜肌和腹横肌的肉质部发达。腹直肌厚而发达，两端窄，中间宽，有7～10条腱划。

4. 后肢肌 猪的臀肌群与牛的相似，但臀深肌较大。股二头肌和半腱肌均有坐骨头和椎骨头，而半膜肌仅有坐骨头。猪有四趾，趾部多一条走向第2趾的趾长伸肌。趾长伸肌和趾外侧伸肌与前肢的指总伸肌和指外侧伸肌相似。

趾浅屈肌、趾深屈肌和骨间肌与前肢的指浅屈肌、指深屈肌和骨间肌相似。跗部和跖部背侧还有相当发达的趾短伸肌。

5. 头部肌 猪的上唇固有提肌可使吻突向上，亦称为吻突提肌。上唇降肌位于上颌骨前方，起于面嵴，以一强腱止于鼻骨下方的吻部皮下。并在此处与对侧同肌腱会合，可降吻突和收缩鼻孔，亦称为吻突降肌。吻突提肌和降肌交替收缩时，使吻突上下活动。一侧的犬齿肌交替收缩时，使吻突向左、右侧活动。这些肌肉同时收缩时，可固定吻突。

（三）皮肤及皮肤的衍生物

1. 皮肤腺 位于真皮内，包括汗腺、皮脂腺和乳腺等。

（1）汗腺。猪的汗腺较发达，且蹄间分布最集中。在腕的内侧面皮肤内还有腕腺。

（2）皮脂腺。猪的皮脂腺不发达。

（3）乳腺。常构成5～8对（少数品种猪有10对）乳房，成对排列于腹白线的两侧。每个乳房有1个乳头，每个乳头有2～3个乳头管。

2. 蹄 猪每肢有两个主蹄和两个悬蹄。主蹄的构造与牛（羊）主蹄相似，但蹄球更发达，蹄底显得较小。

二、猪内脏的解剖生理特征

（一）消化系统

1. 猪消化系统的构造特点 （图4-6）

（1）口腔。猪口腔较长，但因品种不同而有较大差异。

①口唇。猪上唇较宽厚，与鼻端共同形成吻突，主要起掘地觅食作用。吻突前部有短而细的毛，侧面中后部有缺刻，与犬齿相对，此处唇薄且向上方突起，形成皱褶。公猪犬齿即在此处外突；母猪此处上下唇常闭合不严。下唇小而尖，颏部皮肤有小隆起，称为颏器，内有颏腺。口裂长，口角与第3～4前臼齿相对。

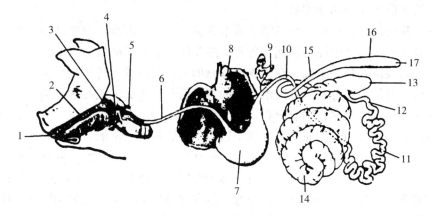

图 4-6　猪的消化系统

1. 舌尖　2. 口腔　3. 咽　4. 喉　5. 咽憩室　6. 食管　7. 胃　8. 肝　9. 胰　10. 十二指肠
11. 空肠　12. 回肠　13. 盲肠　14. 结肠旋袢　15. 结肠终袢　16. 直肠　17. 肛门

（周其虎，2008. 动物解剖生理.）

②颊。黏膜平滑，内有颊腺。在与第 4～5 臼齿相对的颊黏膜上有腮腺管的开口。

③腭。猪硬腭狭而长，构成固有口腔的顶壁。沿正中线形成沟状腭缝，两侧有二十多条腭褶。其前端为切齿乳头，两侧各有一小孔，为鼻腭管的开口。软腭（或称为腭帆）较短而厚，向后达会厌背侧的中部。软腭口腔面沿中线有一浅沟，沟两侧的黏膜里有发达的腭帆扁桃体，呈卵圆形，黏膜表面有许多扁桃体隐窝。此外，猪软腭内还有发达的腭腺，其排泄管开口于软腭表面。

④口腔底和舌。猪口腔底部的舌下肉阜不明显。在舌体与齿龈之间的舌下隐窝黏膜上，有多个纵行排列的舌下腺管的开口。舌窄而长，舌尖较薄，腹侧面与口腔底间形成两条舌系带。舌背黏膜上分布有下列乳头：丝状乳头细而柔软，密排于舌背；圆锥乳头斜向后上方，主要位于舌根部；菌状乳头散在，以舌两侧较多；轮廓乳头有 2～3 个，位于舌根背侧面的前部；叶状乳头有一对，位于舌根两侧。

⑤齿。猪齿除犬齿是长冠齿外，其他均为短冠齿。齿冠、齿颈和齿根三部分区别明显。上、下切齿各有 3 对，即门齿、中间齿和边齿。上切齿较小，方向较垂直，相邻两齿间有间隙。下切齿方向较水平，边齿和中间齿紧密相邻。

公猪的犬齿发达，呈弯曲的三棱形。上犬齿向外向上弯曲，下犬齿特别长，向外向上向后弯曲，露出于口裂外。母猪的犬齿不发达。犬齿与切齿和前臼齿之间均形成较宽的齿间隙。臼齿每侧有 7 个，由前向后逐渐增大。前臼齿 4 个，属于切型齿；后臼齿 3 个，属于丘型齿。

⑥唾液腺。包括腮腺、下颌腺和舌下腺。

腮腺：很发达，呈三角形，位于下颌支的后方，表面有筋膜、耳肌等覆盖。腮腺开口于与第四或五上臼齿相对的颊黏膜上。猪腮腺为浆液型腺。

下颌腺：较小，呈扁圆形，位于下颌支的内侧和后方，腮腺深面。下颌腺管在下颌骨内侧向前延伸，开口于舌系带两侧口腔底的黏膜上。猪下颌腺为混合型腺。

舌下腺：呈扁平长带形，在三对唾液腺中最小，红黄色，分为前、后两部。前部较大，为多口舌下腺，开口于舌体两侧的口腔底黏膜上。后部为单口舌下腺，开口于下颌腺管开口的附近。猪舌下腺主要为黏液型腺。

（2）咽。狭而长，向后可延伸到第 2 颈椎腹侧，分为鼻咽部、口咽部和喉咽部。鼻咽部有鼻中隔延续而形成的咽中隔，两侧壁各有一漏斗状的咽鼓管咽口。口咽部较短。喉咽部的底壁两侧有一对较深的梨状隐窝，在食管口背侧形成短的盲管，称为咽憩室。

（3）食管。食管短而直，其颈段沿气管的背侧后行。食管的始端和末端管径较大，中部较细。食管腺发达，整个黏膜均有分布，但向后逐渐减少。黏膜固有层中淋巴组织多。肌肉在颈段为横纹肌，胸段为骨骼肌和平滑肌交错排列，腹段为平滑肌。

（4）胃。猪胃容积相对较大，属单室胃，形状与马胃相似。胃的左侧部大而圆，下方的凸曲部称为胃大弯。在近贲门处有一盲突，称为胃憩室。猪胃贲门与幽门距离较近，两门之间的凹曲部称为胃小弯。在幽门处有自小弯一侧向内突出的一个纵长鞍形隆起，称为幽门圆枕，与其对侧的唇形隆起相对，有关闭幽门的作用。

猪胃横卧于腹前部，大部分在左季肋部，小部分在剑状软骨部，仅幽门端位于右季肋部。前与膈、肝接触，后与大网膜、肠、肠系膜及胰接触（图 4-7）。

胃黏膜分为无腺部和有腺部。无腺部面积小，位于贲门周围，黏膜表面上皮角化而粗糙，色苍白。其余为有腺部，黏膜上皮为单层柱状上皮，黏膜表面有许多小窝，称为胃小凹，是胃腺的开口。有腺部又分为 3 个腺区：贲门腺区最大，呈淡黄色，占胃的左半部；胃底腺区次之，色棕红，位于贲门腺区的右侧，沿胃大弯分布；幽门腺区最小，色淡，位于幽门部，黏膜常形成不规整的暂时性皱褶。胃底腺是分泌胃液的主要腺体，其主细胞分泌胃蛋白酶原和凝乳酶，壁细胞分泌盐酸。

胃的肌膜分为纵层、环层和斜行纤维。纵层分布于胃大弯、小弯和幽门部的浅层。环层分布于胃底和幽门部。斜行纤维分深、浅两层，外斜纤维分布于无腺部和贲门部；内斜纤维分布于贲门附近，并参与形成贲门括约肌。

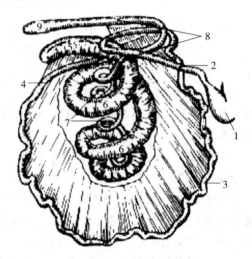

图 4-7　猪的肠

1. 胃　2. 十二指肠　3. 空肠　4. 回肠　5. 盲肠
6. 结肠圆锥向心回　7. 结肠圆锥离心回
8. 结肠终袢　9. 直肠

[马仲华，2002. 家畜解剖学及组织胚胎学（第三版）.]

胃在小弯处以小网膜与肝相联系，在大弯处以大网膜与横结肠和脾等相联系。大网膜发达，浅、深两层间形成网膜囊。营养良好的个体的网膜因含丰富的脂肪而呈网格状。

（5）肠。分为小肠和大肠。

①小肠。分十二指肠、空肠和回肠三段。

十二指肠：位于右季肋部和腰部，肠系膜短，位置较固定。十二指肠起始段形成"乙"状弯曲，后段有胆管、胰管的开口。

空肠：形成许多肠袢，以较宽的空肠系膜与总肠系膜相连。空肠大部分位于腹腔右半部，在结肠圆锥与肝、胃之间，与右髂部腹壁和腹底壁后部相接触。

回肠：回肠短而直，以回肠口开口于盲肠与结肠交界处，末端斜向突入盲肠腔内，形成发达的回肠乳头。猪回肠固有膜和黏膜下层内的淋巴集结特别明显，呈长带状，分布于肠系膜附着缘对侧的肠壁内。

②大肠。直径比小肠粗，各段形成数目不等的纵肌带和肠袋。

盲肠：短而粗，呈圆筒状，盲端钝圆。肠壁形成三条纵肌带和三列肠袋。猪盲肠位于左髂部，在左肾后端腹侧起始于回肠口，向后下方延伸到结肠圆锥后方，盲端位于盆腔入口与脐之间的腹底壁上。

结肠：与盲肠相接，二者以回肠口为界。起始部的直径与盲肠相似，此后逐渐变细。结肠分为前部的旋襻和后部的终襻。旋襻最长，呈螺旋状卷曲成结肠圆锥。圆锥的底朝向背侧，附着于腰部和左髂部；圆锥的顶伸向脐部。结肠圆锥包裹于结肠系膜内，由向心回和离心回组成。向心回位于结肠圆锥的外周，管径较粗，有两条明显的纵带和两列肠袋；离心回按逆时针方向盘绕至圆锥底部，延续为终襻。

直肠：直肠位于盆腔内，沿脊柱下方和生殖器官背侧向后延伸至肛门，周围常有大量脂肪组织。猪直肠在肛门前方形成明显的直肠壶腹。

（6）肝。猪肝比牛肝发达，呈红褐色，中部厚而边缘薄。肝壁面隆凸，与膈及腹腔侧壁相贴，并有后腔静脉通过；脏面凹，形成一些内脏器官的压迹。猪肝分叶明显，以三个深的切迹分为左外叶、左内叶、右内叶和右外叶。右内叶的内侧有不发达的中叶，又以肝门为界分为背侧的尾叶和腹侧的方叶。猪肝的小叶间结缔组织发达，肝小叶分界清楚，肉眼可见呈暗色小粒。

猪肝位于腹腔最前部，以左、右三角韧带和左、右冠状韧带附着在膈的后面。大部分位于右季肋部，小部分位于左季肋部和剑状软骨部。

胆囊位于肝右叶与方叶之间的胆囊窝内。肝管在肝门处与胆囊管汇合成胆总管，开口于十二指肠。

（7）胰。猪胰呈灰黄色，近似三角形，位于十二指肠前部和胃小弯附近。胰管开口于十二指肠。

2. 猪的消化生理特点 猪属于杂食动物，虽然在大肠中也有大量微生物，并参与食物的消化过程，但缺乏牛、羊等复胃动物那样体积很大的前胃。所以，猪在一般饲养管理条件下，主要依靠机械和化学性消化，生物学消化不占重要地位。

（1）口腔内消化。猪有坚硬的吻突，可以掘地觅食，并靠尖形的下唇将食物送进口腔内。猪饮水或饮取液体食物时，主要靠口腔形成的负压来吸引。猪的口裂较大且靠后，闭合不严，饮水时往往发出特殊的声响。猪咀嚼食物较细致，咀嚼时下颌多做上下运动，横向运动较少。咀嚼时有气流自口角进出，因而随着下颌上下运动，发出咀嚼所特有的响声。

猪唾液由唾液腺分泌，为无色透明的黏液。密度为 $1.007g/cm^3$ 左右，pH 约为 7.4。唾液中为含有淀粉酶、黏蛋白和各种无机盐离子，能将淀粉分解为糊精和麦芽糖。猪一昼夜分泌唾液约 15L。腮腺分泌能力最强，但仅在采食时分泌。

（2）胃内消化。胃液由胃腺分泌，为无色透明的酸性液体，pH 为 0.5～1.5，由水、有机物、无机盐和盐酸组成。

有机物中主要是各种消化酶，包括胃蛋白酶、胃脂肪酶和凝乳酶。猪胃内容物不易完全排空，所以胃液是连续分泌的，采食时分泌增加。成年猪一昼夜胃液的总分泌量可达6～8L。

猪的胃腺细胞不产生水解糖类的酶，但在胃内也存在糖的消化过程。这主要是依靠唾液淀粉酶和植物性饲料含有的酶来完成的。猪胃内容物除在幽门部可混合外，其他大部分饲料分层排列，胃液不易迅速浸透饲料。混有唾液的饲料在其中心和无腺部保持较长时间的中性、弱酸性环境，给唾液淀粉酶形成适宜的消化环境。此外，仔猪在出生初期，胃液内不含盐酸，胃液中的胃蛋白酶的含量也很低，这对仔猪消化蛋白质有一定的影响，也是仔猪容易腹泻的原因之一。

（3）小肠内消化。小肠的消化主要是在胰液、胆汁和小肠液的作用下完成。胰液由胰腺组织中的消化腺细胞分泌，经胰管排入十二指肠。胰液是无色透明的碱性液体，pH 为7.8～8.4。猪胰液是连续分泌的，采食时分泌增加。猪胆汁的分泌量较大。猪小肠液中起消化作用的酶主要有 3 种：一是小肠液中游离存在的酶；二是存在于脱落的小肠上皮细胞中的酶；三是肠黏膜上皮内的酶。上述各种酶可将蛋白质、脂肪和糖类分解为可被吸收利用的营养物质。

（4）大肠内消化。猪的大肠具有相对大的容积，大肠内食糜的酸碱度接近中性，又保持无氧状态，温度和湿度等也适宜，具备与草食动物相似的微生物繁殖条件。猪在饲喂大量植物性饲料的条件下，大肠内的微生物消化作用就显得尤为重要。猪饲料中的部分纤维素、淀粉和其他糖类被细菌等微生物发酵后，产生的乳酸、乙酸、丙酸等低级脂肪酸，可被大肠黏膜吸收，供机体利用。猪大肠内的细菌也能分解蛋白质、氨基酸等含氮物质，其分解产物氨、胺类等有害物质随粪便排出，故猪的粪便具特有的恶臭味。此外，猪大肠内的微生物还能合成 B 族维生素。

（二）呼吸系统

1. 猪呼吸系统的构造特点

（1）鼻。

①外鼻。鼻尖与上唇一起形成特殊的吻突，前面为盘状的吻镜，分布有短而稀的触毛。皮肤表面有小沟，沟的深处有吻腺腺管的开口和丰富的触觉感受器。鼻孔小，卵圆形，位于吻突前面。

②鼻腔。较狭长，左右鼻腔在后部下方彼此相通。上鼻甲狭长，中部卷曲成上鼻甲窦；下鼻甲较宽，形成背侧和腹侧两个卷曲，与中鼻道和下鼻道相通，其后部形成下鼻甲窦。

③鼻旁窦。上颌窦位于上颌骨内，老龄猪可扩展入腭骨和颧骨。额窦很发达，沿颅顶一直向后扩展到枕部，可分为后额窦、前外侧额窦和前内侧额窦，分别以小孔通中鼻道和筛鼻道。

（2）喉。喉较长。环状软骨弓的前缘呈波浪形，后缘倾斜向后，与气管的第一软骨环之间有环状气管膜连接。甲状软骨长，软骨板宽阔，后部较高。杓状软骨的小角突发达，末端呈分叉状，左、右两软骨在此互相连接。两块杓状软骨与环状软骨间有小的杓间软骨。会厌软骨呈圆形，较宽，与甲状软骨前缘疏松相连。喉前庭较宽、较长，不形成前庭襞。喉室将声襞及声韧带分为前、后两部，并向前外侧突出形成盲囊。声门下腔较窄。

（3）气管和支气管。猪气管呈圆筒形，气管软骨有 32～36 个。在相当于第 4 或 5 肋处，气管分叉为两支主支气管，分叉前还于第三肋的上 1/3 处直接分出一支支气管到右肺前叶。

（4）肺。猪肺叶间裂很深，肺分叶明显。右肺以深的叶间裂分为尖叶、心叶、膈叶和副叶。左肺分为心叶、尖叶和膈叶，尖叶又以心切迹为界分为前部和后部。肺内间质发达，猪肺小叶明显。

2. 猪的呼吸生理特点　猪与其他家畜相似，健康时常表现为胸腹式呼吸。安静时的呼吸频率为每分钟 15～24 次。

（三）泌尿系统

1. 猪泌尿系统的构造特点

（1）肾。猪左、右肾均呈上下压扁的长椭圆形，棕黄色，对称地位于前四个腰椎横突腹侧。肾脂肪囊很发达。猪肾为平滑多乳头肾，表面平滑。在切面上，髓质形成明显的肾锥体和若干肾乳头。输尿管在肾窦内扩大成漏斗状的肾盂，向前、后分出两支肾大盏，由其上再分出 8～12 个肾小盏，每一小盏包围一个肾乳头。猪肾的皮质较厚，髓质只有皮质厚度的 1/2～2/3。

（2）输尿管。猪输尿管由肾门呈直角折转向后，途中略呈弯曲状。起始段较宽，向后管径逐渐变细。

（3）膀胱。猪膀胱扩张性强，充满时大部分位于腹腔内。背侧面几乎全部被覆浆膜，腹侧面仅前部被覆浆膜。

（4）尿道。母猪尿道平滑肌的环形肌较发达，纵肌不发达。尿道外口下有小的尿道下憩室。

2. 猪的泌尿生理特点　一般情况下，猪的尿液呈透明的水样，密度为 1.01～1.05g/cm^3，其酸碱度常因食物性状而异。猪每昼夜的排尿量为 2～4L。

（四）生殖系统

1. 雄性生殖系统

（1）公猪生殖系统的构造特点。

①睾丸和附睾。猪睾丸较大，椭圆形，位于靠近肛门下方的阴囊内，长轴由前下方向后上方倾斜。睾丸间质形成发达的纵隔和小隔，因此睾丸小叶较明显。附睾发达，附睾头由 14～21 条睾丸输出管组成，附睾管较粗，附睾尾呈钝的圆锥体。

②阴囊。较大，位于肛门下方，与周围的界限不明显。因距离肛门很近，会阴部较小。小猪阴囊皮肤柔软而有毛，大猪粗糙且少毛或无毛。肉膜和睾外提肌都很发达。

③精索和输精管。精索呈扁圆锥形，较长。由睾丸斜向前，经股部之间和阴茎两侧到腹股沟管，通过鞘膜管和鞘环进入腹腔。输精管随精索行走，开口于精阜，末端不形成壶腹。

④尿生殖道。尿生殖道盆部较长。尿道肌发达，呈半环状包住尿道盆部的腹侧和两侧，在背侧以腱组织相连。

⑤副性腺。很发达，去势公猪则显著萎缩。

精囊腺：1 对，十分发达，呈锥体形，淡红色，为柔软的多叶腺。位于膀胱颈和尿道起始部的背侧。每侧腺体有一导管，开口于精阜。

前列腺：分为体部和扩散部。体部位于膀胱颈与尿道移行处的背侧，较小，以许多排出管开口于精阜的外侧；扩散部很发达，位于尿生殖道骨盆部的尿道肌与黏膜之间的海绵层内，以许多导管开口于尿生殖道骨盆部管壁背侧的黏膜上。

尿道球腺：1 对，发达，呈圆柱形，部分被球腺肌覆盖。位于尿生殖道骨盆部后 2/3 部的两侧。每侧腺体有一导管，较粗，从腺的后端走出，开口于由半月形黏膜褶围成的盲囊处。

⑥阴茎和包皮。猪阴茎细而长，与反刍动物相似。阴茎根由 1 对阴茎脚和阴茎球构成。阴茎体呈圆柱形，后部形成"乙"状弯曲，位于阴囊和精索的前方。阴茎头扭曲成螺旋状，在勃起时特别明显。尿道外口为一狭缝，位于阴茎头的腹外侧面。猪包皮形成较长的包皮腔，以环形褶分为较宽的前部和较狭的后部。在前部背侧有一盲囊，称为包皮憩室，以宽约一至二指的圆孔与包皮腔相通。包皮憩室呈椭圆形，囊内常积有腐败的余尿和脱落上皮，有特殊腥臭味。包皮口狭，周围有硬毛。

(2) 公猪的生殖生理特点。公猪的性成熟一般较其他家畜要早一些，3～8 月龄，有些品种的公猪更早一些。

①公猪的性行为。公猪的交配要经过一系列的反射动作才得以完成，而这些性动作是按一定的先后次序出现的。大体上分为求偶与勃起反射、爬跨和抽动反射、射精反射，交配结束。

公猪为分段射精，而且持续时间长，常需 5～10min，甚至可长达 20min。射精时精液直接射入子宫内。

②精液。猪的射精量很大，一般为 150～500mL。精液中精子的密度较小，在每毫升精液中有 10 万～30 万个精子。

公猪在射精的不同阶段，精液组成成分不相同。开始射精时射出的是缺乏精子的水样液体，其容量占射精量的 5%～20%。人工采精时，这部分常不收集。随之射出的是含有大量精子的精液，容量占射精量的 30%～50%，这是采精时应收集的部分。最后是含精子较少、以胶状凝团为主的部分，这部分占射精量的 40%～60%。

2. 雌性生殖系统

(1) 母猪生殖系统的构造特点。

①卵巢。猪卵巢的形状、大小、位置和内部结构，因发育程度和机能状态不同而有明显差异。4 月龄以前性未成熟的小母猪，卵巢呈椭圆形，表面平滑，淡红色，多位于荐骨岬两旁腹侧面的稍后方，腰小肌腱附近。5～6 月龄的小母猪，卵巢表面因有突出的小卵泡而呈桑葚形，大小约 2cm×1.5cm，位置稍移向前下方，位于髋结节前缘横切面上部。性成熟后和经产的母猪，卵巢长约 5cm，因有许多较成熟的卵泡而使表面呈起伏不平的结节状。卵巢前端与输卵管伞相连，后端以卵巢固有韧带与子宫角相连。卵巢系膜与卵巢固有韧带间由输卵管系膜形成宽大的卵巢囊，性成熟时卵巢大部分藏于囊内。

②输卵管。前端形成宽大的输卵管漏斗，可包住整个卵巢。输卵管的前段弯曲而粗，无明显的输卵管壶腹。后段直而细，称为峡部，连于子宫角，与子宫角之间无明显分界。

③子宫。属双角子宫。子宫角特别长，弯曲如小肠。子宫体很短，子宫颈长。子宫颈为

子宫体的 3 倍，是子宫最狭窄的部分。其黏膜褶在两旁集拢形成两行半球形隆起，称为子宫颈枕。子宫枕交错相嵌，使子宫颈管呈曲折状。猪子宫颈与阴道无明显分界，也不形成子宫颈阴道部。子宫系膜发达，含有大量平滑肌纤维。

④阴道。较狭，前端不形成阴道穹隆，后端与阴道前庭相接。阴道与阴道前庭以腹侧壁的尿道外口为界。在尿道外口紧前方有环形的阴瓣，幼猪稍发达。

⑤阴道前庭。黏膜形成两对纵褶，纵褶间有两行前庭小腺的开口。

⑥阴门。阴唇皮肤有稀疏的毛。背侧连合钝圆，腹侧连合呈锐角，并垂向下方。阴蒂体位于前庭底壁内，略弯曲，末端形成不发达的阴蒂头突出于阴蒂窝内。

(2) 母猪的生殖生理特点。母猪的性成熟期一般为 5～8 月龄，有些南方早熟品种则更早一些。

①发情周期。母猪全年都能发情，发情周期为 19～23d，平均 21d。在一个发情周期中，不仅母猪的卵巢和生殖道出现一系列的变化，而且神经系统、性欲等也会发生变化。因此，根据体内的一系列生理变化，通常把一个发情周期分为四个期，即发情前期、发情期、发情后期和间情期。母猪的发情期一般为 2～3d。

②排卵。母猪在一次发情中排出卵子的数量是相当恒定的，一般为 10～25 个。卵子通过输卵管的时间约为 50h。其中卵子到达壶腹部的时间仅为 6～12h，而卵子保持受精能力的最长时间约为 12h。通常卵子到达输卵管峡部时，会降低受精能力，到达子宫后就完全不能受精。

③受精。猪子宫颈管开放的程度较大，精液可直接射入子宫。约 2h，大部分精子就到达子宫和输卵管连接处，并在 24h 内不断向输卵管运动。最先到达输卵管壶腹的精子只需15～20min。

④妊娠。受精后，受精卵在输卵管内发生卵裂，并沿输卵管向子宫移动。一般经过3～4d 才到达子宫。猪胚泡在子宫并不立即附植，而要在子宫内游离 4～7d 后才开始附植。各胚泡间的距离相等，附植在子宫壁上的位置相对固定。此外，猪胚胎在两侧子宫角内大都趋于平均分布。母猪的妊娠期比较稳定，平均为 114d。不同品种的猪稍有差异。

⑤分娩。母猪的分娩过程一般可分为：开口期、胎儿排出期和胎衣排出期。母猪每努责1～4 次可产出一仔，两仔之间的间隔为 5～20min。母猪在全部胎儿产出后，经过数分钟的短暂安静，子宫肌重新开始收缩，在产后 10～60min，两侧子宫角排出胎衣。

三、猪免疫系统特征

(一) 淋巴结

1. 猪淋巴结的构造特点　猪淋巴结的结构比较特殊。在淋巴门处，被膜较厚，结缔组织由此伸入内部形成粗大的小梁。小梁分支成网，并与周围的被膜相连。在小梁周围和被膜下的淋巴窦分别称为小梁淋巴窦和被膜下淋巴窦。幼龄猪淋巴结"皮质"和"髓质"的位置恰好和其他动物相反。淋巴小结位于淋巴结的中央区域，淋巴小结之间为弥散淋巴组织。而位于被膜下的组织，网状纤维细而密集，着色浅，淋巴窦小而不明显，淋巴细胞数量不多，称为周围组织。成年猪淋巴小结常沿深层的小梁淋巴窦分布，也有淋巴小结位于被膜下的周围组织中。输入淋巴管从门部进入被膜，一直穿行到中央，汇入小梁淋巴窦,后经周围组织中的淋巴窦到被膜下淋巴窦,最后汇集成几支输出淋巴管,从被膜的不同部位出淋巴结。

2. 猪全身主要淋巴结

(1)头部的淋巴结。

①腮腺淋巴结。位于下颌关节的下方,下颌骨支及咬肌的后缘,部分或完全为腮腺所覆盖,常有2~3个。

②下颌淋巴结。位于下颌间隙中,在下颌骨支后内侧,胸骨舌骨肌外侧、下颌腺的前方,常有1~2个。

③下颌副淋巴结。位于下颌腺的后方,腮腺后下角的内侧,有2~4个。

④咽后淋巴结。分两组。一组称为咽后外侧淋巴结,位于腮腺淋巴结的后方,腮腺的后上缘,部分或完全为腮腺覆盖,有1~2个;另一组称为咽后内侧淋巴结,位于咽肌的背外侧,在颈总动脉和迷走交感干的上方,胸头肌的深面,被胸腺和脂肪覆盖,常有数个。

(2)颈部淋巴结。

①颈浅淋巴结。分为两组,一组称为颈浅背侧淋巴结(又称肩前淋巴结),位于肩关节的前上方,颈斜方肌和肩胛横突肌之间的深面,有1~2个;另一组称为颈浅腹侧淋巴结,位于臂头肌下缘表面,有3~5个,组成长的淋巴结链。

②颈深淋巴结。分为两组。一组称为颈深前淋巴结,较小,位于喉和甲状腺之间的气管腹外侧,有1~5个;另一组称为颈深后淋巴结,位于甲状腺的后方,气管的腹侧,较小,有3~8个。

(3)前肢淋巴结。无肘淋巴结和腋固有淋巴结,只有第一肋腋淋巴结,位于锁骨下肌的深面,第一肋的前方,腋静脉的腹侧。

(4)后肢淋巴结。

①腘淋巴结。分为深、浅两组。一组称为腘浅淋巴结,位于腓肠肌外侧头起始部的后上方,臀股二头肌和半腱肌之间的沟内脂肪中,一般有一大一小,有时缺无;另一组称为腘深淋巴结,位于腘浅淋巴结的前上方,臀股二头肌和半腱肌之间的腓肠肌上,有1~3个。

②髂股淋巴结。位于髂外侧动脉起始部的稍后方,有的还伸延到股深动脉的起始部,俗称为腹股沟深淋巴结。为一较重要的淋巴结群,在兽医卫生检验中是重点检查的淋巴结。

(5)腹壁和骨盆壁的淋巴结。

①腰主动脉淋巴结。散布于腹主动脉和后腔静脉的腹外侧,有8~20个。

②髂内侧淋巴结。位于旋髂深动脉的起始部,髂外侧动脉的内外侧,有4~9个。

③髂外侧淋巴结。位于旋髂深动脉前、后支之间或前支的前方,埋在髂腰肌腹外侧的脂肪中,有1~3个。

(6)腹壁和骨盆壁的淋巴结。

①腰主动脉淋巴结。散布于腹主动脉和后腔静脉的腹外侧,有8~20个。

②髂内侧淋巴结。位于旋髂深动脉的起始部,髂外侧动脉的内外侧,有4~9个。

③髂外侧淋巴结。位于旋髂深动脉前、后支之间或前支的前方,埋在髂腰肌腹外侧的脂

肪中，有1～3个。

④荐淋巴结。位于左、右髂内动脉起始部之间，有1～3个。

⑤髂下淋巴结。又称为股前淋巴结或膝上淋巴结。位于髋结节和膝关节之间，阔筋膜张肌前缘中点的皮下脂肪组织中，为数个淋巴结组成的淋巴结团块。

⑥腹股沟浅淋巴结。母猪的腹股沟浅淋巴结位于最后乳房的后外缘，称为乳房淋巴结，是由数个淋巴结组成的淋巴结群。公猪的位于腹股沟管外皮下环的前方，阴茎的外侧，称为阴囊淋巴结，是由数个淋巴结组成的淋巴结链。

⑦肾淋巴结。位于肾门附近的肾血管附近，有1～4个。

⑧肛门直肠淋巴结。位于直肠腹膜后部的背外侧，有2～10个。

⑨坐骨淋巴结。位于荐结节阔韧带外侧面前部、臀中肌深层。

⑩臀淋巴结。位于荐结节阔韧带外侧后部、臀后动脉上方。

（7）腹腔内脏的淋巴结。

①腹腔淋巴结。位于腹腔动脉的根部和胰左叶的前方，有2～4个。

②胃淋巴结。通常有两组：一组位于胃小弯的肠面，胃左动脉的表面，胰体和胰左叶的腹侧；另一组位于胃贲门附近，有1～5个，不易与腹腔淋巴结清楚区分。

③肝淋巴结。发达，位于肝门附近的门静脉上，有2～7个。

④脾淋巴结。位于脾门的最上部，脾动脉进入脾门处，有2～8个。

⑤胰十二指肠淋巴结。位于胰和十二指肠之间，有5～10个。

⑥肠系膜淋巴结。位于肠系膜动脉起始部和肠系膜中，数量较多，依其所在部位区分为肠系膜前淋巴结、空肠淋巴结、回盲结肠淋巴结、结肠淋巴结、肠系膜后淋巴结。

（8）胸腔淋巴结。

①胸背侧淋巴结。主要有胸主动脉淋巴结，位于第六胸椎的后方，胸主动脉和胸椎之间，有2～8个。

②胸腹侧淋巴结。主要有胸骨前淋巴结，位于前腔静脉的腹侧，胸骨背侧第1肋处的胸内血管附近，有数个。

③纵隔淋巴结。位于纵隔中，根据其所在的位置可分为纵隔前淋巴结、纵隔中淋巴结、纵隔后淋巴结。

④气管支气管淋巴结。位于支气管分叉附近，根据其所在的位置可分为下列四群：气管支气管左淋巴结、气管支气管右淋巴结、气管支气管前淋巴结、气管支气管中淋巴结。

气管淋巴干与右前肢的淋巴管汇合，长约2cm，注入颈总静脉或臂头静脉。

（二）脾

猪脾长而狭窄，质较硬，呈暗红色，位于胃大弯的左侧，随胃大弯的弯曲而呈弧形。脾的大小因含血量的不同而不同。脾借助胃脾韧带与胃疏松相连。

（三）胸腺

幼猪的胸腺发达，呈粉红色，分颈胸两部。胸部胸腺位于心前纵隔中，前腔静脉下方。左、右颈部胸腺分别沿左、右颈总动脉向前伸至枕骨的颈突。性成熟后颈部胸腺先退化，以后胸部胸腺退化。

 思考题

1. 名词解释。

吻骨　胃小凹　包皮憩室

2. 猪前、后脚骨与牛相比有何不同点?

3. 写出猪的恒齿式。

4. 简述猪的胃、肠、肝、胰的形态结构特点。

5. 淀粉类饲料在猪体内是如何被消化的?

6. 绘出猪肺的分叶模式图。

7. 简述猪肾的形态结构特点。

8. 公猪的副性腺与其他家畜相比有何特点?

9. 简述母猪生殖器官的结构特点。

10. 为何在人工采精时,猪开始射精时的精液常不收集?

11. 简述母猪生殖生理特点。

12. 猪淋巴结的组织结构与其他家畜相比有何特点?

13. 简述猪体浅表主要淋巴结的位置。

14. 填图。

(1)

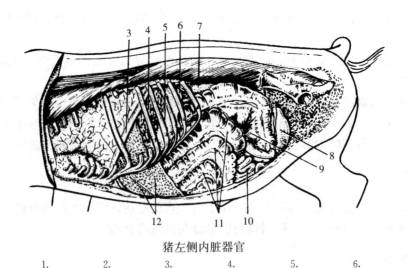

猪左侧内脏器官

| 1. | 2. | 3. | 4. | 5. | 6. |
| 7. | 8. | 9. | 10. | 11. | 12. |

（2）

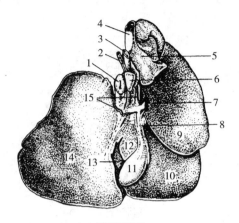

猪肝脏面

1.　　　　2.　　　　3.　　　　4.　　　　5.

6.　　　　7.　　　　8.　　　　9.　　　　10.

11.　　　12.　　　13.　　　14.　　　15.

（3）

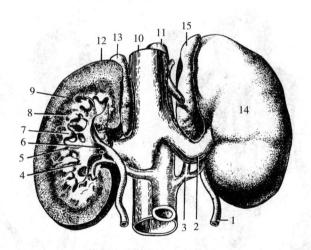

猪肾（腹侧面，右肾切开）

1.　　　2.　　　3.　　　4.　　　5.　　　6.　　　7.　　　8.

9.　　　10.　　　11.　　　12.　　　13.　　　14.　　　15.

（4）

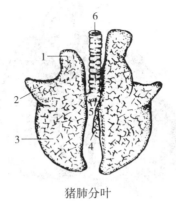

猪肺分叶

1. 　　　2. 　　　3. 　　　4. 　　　5. 　　　6.

（5）

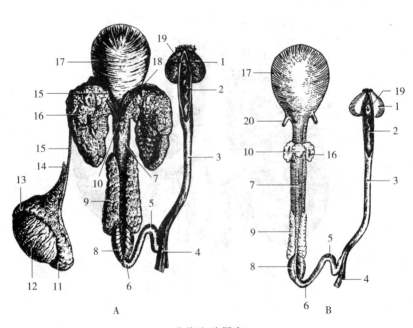

A   B

公猪生殖器官
A. 成年猪　　B. 去势猪

1. 　　2. 　　3. 　　4. 　　5. 　　6. 　　7. 　　8. 　　9. 　　10.
11. 　12. 　13. 　14. 　15. 　16. 　17. 　18. 　19. 　20.

（6）

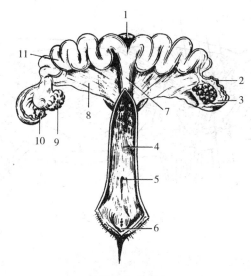

母猪的生殖器官

1.　　2.　　3.　　4.　　5.　　6.

7.　　8.　　9.　　10.　　11.

（7）

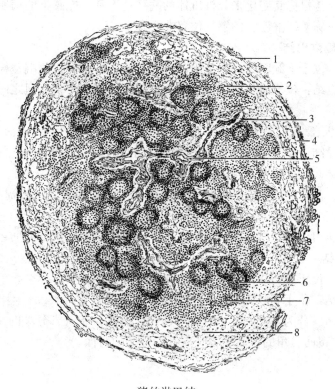

猪的淋巴结

1.　　2.　　3.　　4.　　5.　　6.　　7.　　8.

（8）

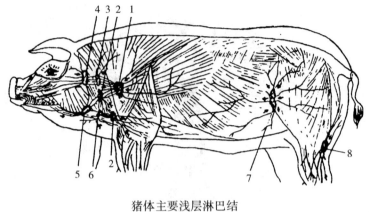

猪体主要浅层淋巴结

1.　　　2.　　　3.　　　4.　　　5.　　　6.　　　7.　　　8.

生猪宰后检疫常检淋巴结的位置

淋巴结是机体免疫和防御的器官，当机体受到病原侵害，会呈现不同的病理变化，在屠宰检疫过程中，常根据其变化来分析机体的病变情况和可能感染的病原性质、病变范围和程度。因此，正确掌握淋巴结的解剖位置非常重要。

1. 头部及体躯淋巴结

颌下淋巴结：位于下颌间隙、颌下腺的前面，被耳下腺的口侧端覆盖着。

颈浅背侧淋巴结：位于肩关节的前上方、在斜方肌和肩胛横突肌之间的深面和颈腹侧肌之间。

腹股沟浅淋巴结：位于下腹壁皮下脂肪内、最后一个乳头后上方。

腹股沟深淋巴结：位于髂外动脉分出旋髂深动脉后，进入股管以前的一段血管旁，有时靠近旋髂深动脉起始处，甚至与髂内淋巴结连在一起。

髂下淋巴结：又称股前淋巴结或膝上淋巴结，位于膝前皱襞内、阔筋膜张肌的前缘、膝关节与髋结节连线的中点。

腘淋巴结：浅组位于跟腱后的皮下、股二头肌和半腱肌之间的脂肪组织内。

2. 内脏淋巴结

肝门淋巴结：位于肝门周围、紧靠胰，为脂肪组织所包裹。

肠系膜淋巴结：位于小肠系膜上，沿小肠分布如串索状。

支气管淋巴结：分为左、右、中、尖叶四组，分别位于气管分叉的左方背面（被主动脉弓覆盖）、右方腹面、角的背面和尖叶支气管分叉的腹面。

项目五

犬、猫解剖生理结构识别

◆ **知识目标：**

了解犬、猫骨骼、肌肉与被皮的特点。

掌握犬、猫消化、呼吸、泌尿、生殖系统的组成，主要内脏器官的形态构造和机能。

掌握犬、猫消化和生殖生理特征。

了解犬、猫的生理常数和生活习性。

◆ **技能要求：**

能识别各种动物内脏器官的形态、位置和结构。

任务 犬、猫内脏器官观察

【**目的要求**】了解当地经济动物骨骼、肌肉与被皮的形态构造特点，掌握犬、猫内脏（消化、呼吸、泌尿、生殖系统）各系统的组成、构造特点和生理特性。

【**材料及设备**】犬、猫骨骼标本、肌肉标本、内脏浸制标本及解剖器械等。

【**方法步骤**】

（1）仔细观察各种标本，并注意其特征及区别。

（2）仔细解剖消化系统、呼吸系统、泌尿系统、生殖系统，了解各器官的形态、位置及其与畜禽的区别。

教师边解剖边讲解、示范，有条件的可让学生分组进行解剖。

【**技能考核**】将犬或猫完整内脏（消化、呼吸、泌尿、生殖器官）取出，识别各器官的形态构造。

一、犬的解剖生理特征

犬属肉食动物，但经人类长期驯养后，变成了以肉食为主的杂食动物。目前世界上有50多个品种，850多个品系。

犬的汗腺很不发达，主要靠呼吸调节散热。犬对环境的适应能力很强，能耐受寒冷的气候。犬具有猛烈攻击与胆怯多疑的双重性，易于驯服。

犬的神经系统比较发达，聪明，能较快地建立条件反射。犬嗅觉和听觉特别敏锐，比人灵敏16倍；视觉不发达，远视能力有限，但对移动物体极灵敏；味觉比较差。犬喜欢与人为伴，对主人非常忠贞，是常见的伴侣和观赏动物。

（一）犬的骨骼、肌肉与被皮

1. 骨骼 犬的全身骨骼分为躯干骨、头骨、前肢骨和后肢骨（图 5-1）。

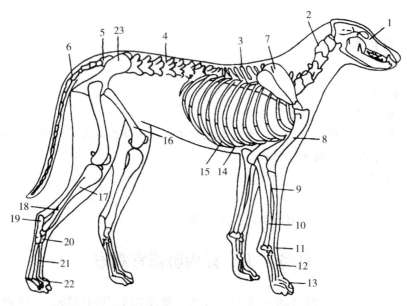

图 5-1　犬全身骨骼

1. 头骨　2. 颈椎　3. 胸椎　4. 腰椎　5. 荐椎　6. 尾椎　7. 肩胛骨
8. 臂骨（肱骨）　9. 桡骨　10. 尺骨　11. 腕骨　12. 掌骨　13. 指骨
14. 胸骨　15. 肋骨　16. 股骨　17. 胫骨　18. 腓骨　19. 跟突　20. 跗骨
21. 跖骨　22. 趾骨　23. 髋骨

（董常生，2001. 家畜解剖学.）

（1）躯干骨。颈椎7块，相对长度比牛长，其中寰椎翼宽大，枢椎椎体长。第3～6颈椎的椎体长度依次变短，棘突逐渐增高。胸椎椎体宽，上下扁。腰椎发达，是脊柱中最强大的椎骨。荐骨由3枚荐椎愈合而成，近似短宽的方形，棘突顶端常分离。尾椎椎骨短小。

肋有13对，其9对真肋，4对假肋，最后1对为浮肋。肋骨较牛的窄而弯曲，肋间隙较宽。胸廓呈圆筒状，背腹径稍大于左右径。

胸骨有8片，胸骨柄较钝，最后胸骨节的剑状突前宽后窄，后接剑状软骨。

（2）头骨。犬的头骨外形与品种密切相关。长头型品种面骨较长，颅部较窄；短头型品种面骨很短，颅部较宽。

（3）前肢骨。肩带部除有肩胛骨外，还有埋在肌肉中的锁骨，呈规则的三角形薄骨片或软骨片。游离部包括臂骨、前臂骨（桡骨和尺骨）、前脚骨（腕骨、掌骨、指骨和籽骨）。桡骨与尺骨斜行交叉，尺骨较长。腕骨有7块，近列3块，其中桡腕骨已与中央腕骨愈合；远列为第1、2、3、4腕骨。掌骨有5块。犬有5指，第1指由2块指节骨组成，行走时不着地。其余各指均着地，有3块指节骨。远指节骨短，末端有爪突，又称为爪骨。

（4）后肢骨。后肢骨的组成与兔相似。腓骨与胫骨等长。跗骨有7块，分为3列。近列为距骨和跟骨，中列为中央跗骨，远列为第1、2、3、4跗骨。跖骨5块，第1跖骨小。犬有4个趾，第1趾退化。

2. 肌肉 犬的皮肌十分发达，几乎覆盖全身。颈皮肌发达又称为颈阔肌，可分为浅、深两层；肩臂皮肌为膜状，缺肌纤维；躯干皮肌十分发达，几乎覆盖整个胸、腹部，并与后肢筋膜相延续。全身肌肉发达，耐久性好。

3. 犬皮肤的特点 汗腺不发达，只在趾球及趾间的皮肤上有汗腺，故犬通过皮肤散热的能力较差。毛分为被毛和触毛，颜色多种多样。被毛按长短可分为长毛、中毛、短毛、最短毛四种；按毛质度可分为直毛、直立毛、波状毛、刚毛、针毛等。尾毛形状分为卷尾、鼠尾、钩状尾、直立尾、螺旋尾、剑状尾等。

（二）犬内脏解剖生理特征（图5-2）

1. 消化系统

（1）口腔。犬口裂大，唇薄而灵活，有触毛，下唇常松弛。上唇与鼻端间形成光滑湿润的暗褐色无毛区，称为鼻镜。颊部松弛，颊黏膜光滑并常有色素。硬腭前部有切齿乳头，软腭较厚。舌呈长条状，前部薄而灵活，后部厚，有明显的舌背正中沟。

恒齿齿式：长头犬 $2 \times \begin{bmatrix} 3 & 1 & 4 & 2 \\ 3 & 1 & 4 & 3 \end{bmatrix} = 42$

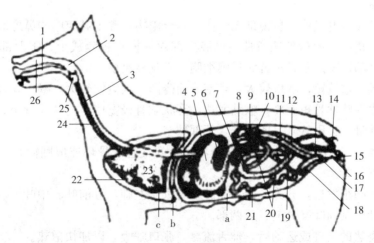

图5-2 犬内脏

1. 口腔 2. 咽 3. 食管 4. 肝 5. 胃 6. 胆总管和胆囊 7. 十二指肠 8. 肾 9. 胰和胰管
10. 卵巢 11. 盲肠 12. 子宫 13. 直肠 14. 肛门 15. 阴门 16. 阴道前庭 17. 阴道
18. 膀胱 19. 回肠 20. 结肠 21. 空肠 22. 心脏 23. 肺 24. 气管 25. 喉 26. 鼻腔

a. 腹腔 b. 膈 c. 胸腔

（董常生，2001. 家畜解剖学.）

$$短头犬\ 2 \times \begin{bmatrix} 3 & 1 & 4 & 1 \\ 3 & 1 & 4 & 2 \end{bmatrix} = 38$$

犬的齿尖而锋利，第4上臼齿与第1下后臼齿特别发达，称为裂齿，具有强有力的撕裂食物的能力。犬齿大而尖锐并弯曲成圆锥形，上犬齿与隔齿间有明显的间隙，正好容受闭嘴时的下犬齿。犬的臼齿数目常有变动。唾液腺发达，包括腮腺、颌下腺、舌下腺和眶腺。眶腺又称为颧腺，位于翼腭窝前部。

(2) 咽和食管。咽腔狭窄，咽壁黏膜向咽腔凸出。食管起始端狭窄，称为食管峡，该部黏膜隆起，内有黏液腺。颈后段食管偏于气管左侧。食管肌层全部为横纹肌。

(3) 胃。犬胃属于单室有腺胃，容积较大，呈长而弯曲的梨形。左侧胃底部和贲门部大，为圆囊形，位于左季肋部；右侧幽门部比较细，为圆管形，位于右季肋部。两者之间为胃体。犬胃的贲门腺区小，呈环带状，位于贲门稍后的内壁；胃底腺区大，占胃黏膜面积的2/3，黏膜很厚；幽门腺区黏膜较薄。大网膜特别发达，从腹面完全覆盖肠管。

(4) 肠。肠管比较短，小肠长约4m，大肠60～75cm，由总肠系膜悬吊于腰、荐椎腹面。十二指肠腺位于幽门附近，后段有胆管和胰腺大管的开口。空肠形成6～8个肠袢。回肠短，末端有较小的回盲瓣。盲肠退化，呈S形，位于右髂部，盲尖向后。结肠呈U形袢，可分为升结肠、横结肠和降结肠。升结肠位于右髂部，横结肠接近胃幽门部，降结肠位于左髂部和左腹股沟部。直肠壶腹宽大，肛管两侧有肛门囊，内有肛门腺，分泌物有难闻的异味。

(5) 肝和胰。肝体积较大，明显分为六叶，即左外叶、左内叶、右内叶、右外叶、方叶和尾叶，尾叶除尾状突外，有明显的乳头突。胆囊隐藏在脏面的左外叶和右内叶之间。

胰位于十二指肠、胃和横结肠之间，呈V形。胰通常有大小两个腺管，分别开口于十二指肠。

2. 呼吸系统

(1) 鼻。鼻孔呈逗点状，鼻镜部无腺体，其分泌物来源于鼻腔内的鼻外侧腺。鼻腔宽广部接近鼻中隔，狭窄部向后外侧弯曲。鼻腔后部由一横行板隔成上、下两部，上部为嗅觉部，下部为呼吸部。嗅区黏膜富含大量嗅细胞，嗅觉极灵敏。

(2) 咽和喉。喉较短，喉口较大，声带大而隆凸。喉侧室较大，喉小囊较广阔，喉肌较发达。喉软骨中甲状软骨短而高，喉结发达，环状软骨极宽广，杓状软骨小。左右杓状软骨间有小的杓间软骨。会厌软骨呈四边形，下部狭窄。

(3) 气管和支气管。气管由40～45个不闭合的气管软骨环连成圆筒状，末端在心基上方分为左、右支气管。

(4) 肺。犬肺很发达，分为7叶。右肺显著大于左肺，分前叶、中叶、后叶和副叶；左肺分前叶和后叶，其前叶又分前、后两部。

犬在夏季炎热的天气或运动后，伸舌流涎，张口呼吸，以加快散热。

3. 泌尿系统

(1) 肾。犬肾属于光滑单乳头肾，呈豆形，较大。右肾位于前3个腰椎横突的下方，左肾系膜松弛，受胃充满程度的影响其位置常有变动。

(2) 输尿管、膀胱和尿道。右输尿管略长于左输尿管。犬膀胱较大，尿充盈时顶端可达脐部，空虚时全部退入骨盆腔内。雄性犬尿道细长，雌性犬尿道较短。

4. 生殖系统

（1）公犬生殖器官（图 5-3）。

①睾丸和附睾。睾丸体积较小，呈卵圆形，睾丸纵隔很发达。附睾较大，紧附于睾丸背外侧。

②输精管和精索。输精管起始端在附睾外侧下方，先沿附睾体伸至附睾头部，又穿行于精索中，进入腹腔后形成较细的壶腹，末端开口于尿道起始部背侧。精索较长，斜行于阴茎两侧，呈扁圆锥形，精索上端无鞘膜环。

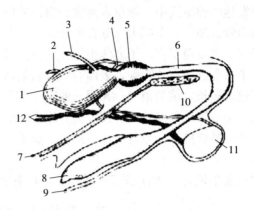

图 5-3　公犬生殖器官

1. 膀胱　2. 右输尿管　3. 左输尿管　4. 输精管　5. 前列腺　6. 尿道
7. 腹壁　8. 阴茎头　9. 包皮　10. 耻骨　11. 睾丸　12. 精索内动脉
（董常生，2001. 家畜解剖学.）

③副性腺。犬无精囊腺和尿道球腺，有发达的前列腺。前列腺位于耻骨前缘，呈黄色的坚实球状，环绕在膀胱颈及尿道起始部。老龄犬的前列腺常增大。

④尿生殖道。尿生殖道骨盆部比较长，其前部包藏于前列腺中（当前列腺膨大时会影响排尿）。坐骨弓处的尿生殖道特别发达，称为尿道球。该部有发达的尿道海绵体和尿道肌。

⑤阴茎。阴茎后部有一对海绵体，正中由阴茎中隔隔开，中隔前方有棒状的阴茎骨。阴茎头很长，包在整个阴茎骨的表面，其前端有龟头球和龟头突。龟头球在交配时迅速勃起，但交配后需很长时间才能萎缩。包皮呈圆筒状，内有淋巴小结。

⑥阴囊。位于两股间的后部，常有色素并生有细毛，阴囊缝不甚明显。

（2）母犬生殖器官（图 5-4）。

①卵巢。较小，呈扁平的长卵圆形，位于肾后，在第 3～4 腰椎横突的下方。在非发情期，卵

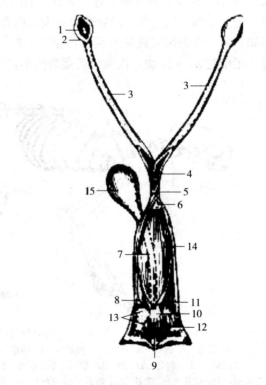

图 5-4　母犬生殖器官

1. 卵巢　2. 卵巢囊　3. 子宫角　4. 子宫体
5. 子宫颈　6. 子宫颈阴道部　7. 尿道　8. 阴瓣
9. 阴蒂　10. 阴道前庭　11. 尿道外口
12、13. 前庭小腺开口　14. 阴道　15. 膀胱
（董常生，2001. 家畜解剖学.）

巢隐藏于发达的卵巢囊中。卵巢表面常有突出的卵泡。

②输卵管。细小，伞端大部分在卵巢囊内。其腹腔口较大，子宫口很小。

③子宫。属双角子宫，子宫体很短，子宫角细而长，无弯曲。子宫颈很短且与子宫体界限不清。子宫黏膜内有子宫腺，表面有短管状陷窝。

④阴道。较长，前端稍细，无明显的穹隆。黏膜表面有纵行皱襞。

⑤尿生殖前庭。前庭较宽，前腹壁有尿道外口。侧壁黏膜有前庭小腺。

雌犬 8 月龄成熟，一般每年发情两次，属季节性一次发情动物。多在春、秋两季发情，持续时间一般为 4～12d。妊娠期 59～65d。

犬的正常生理值：体温 37.5～39.5℃，心率 80～120 次/min，呼吸数 15～30 次/min。

二、猫的解剖生理特征

猫是肉食动物，喜孤独而自由的生活，除在发情交配和哺乳期外很少群栖，且以食物来源而居，基本上无特定的主人和永久栖息地。喜爱明亮干燥的环境，有较强的适应性。

（一）猫的骨骼、肌肉和被皮

1. 骨骼 猫的全身骨骼分为躯干骨、头骨、前肢骨和后肢骨（图 5-5）。

（1）躯干骨。颈椎 7 块。寰椎的寰椎翼宽大，前有翼切迹；枢椎较长，椎体的前端形成一尖锥，形如三角，称为齿突或牙状突。胸椎 13 块。腰椎 7 块，椎体较大。荐椎有 3 块，愈合为荐骨。尾椎有 21～23 块，由前向后逐渐变小，失去了椎体的特征结构。

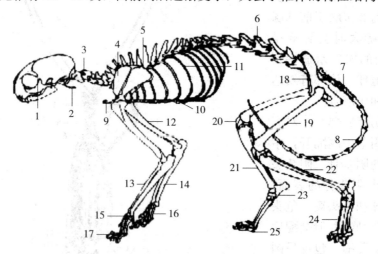

图 5-5　猫的全身骨骼

1. 头骨　2. 舌骨　3. 颈椎　4. 肩胛骨　5. 胸椎　6. 腰椎　7. 荐椎　8. 尾椎
9. 锁骨　10. 胸骨　11. 肋　12. 臂骨　13. 桡骨　14. 尺骨　15. 腕骨　16. 掌骨
17. 指骨　18. 髋骨　19. 股骨　20. 髌骨　21. 胫骨　22. 腓骨　23. 跗骨　24. 跖骨　25. 趾骨

（鲁子惠，1979. 猫的解剖.）

肋骨共有 13 对，前 9 对为真肋，后 4 对为假肋，其中最后一对为浮肋。肋骨从前向后长度逐渐增长，第 9、10 对肋最长，以后又逐渐缩短。胸骨有 8 块骨片，由前向后分为胸骨柄、胸骨体和剑突三部分。

（2）头骨。由颅骨和面骨组成。头骨背面光滑而凸，后边最宽，眶缘不完整。

（3）前肢骨。猫的前肢骨包括肩胛骨、锁骨、臂骨、前臂骨、腕骨、掌骨和指骨。其中锁骨仅是一条弧形的骨棒，埋在肩部肌肉内。前臂骨包括桡骨和尺骨，尺骨是一细长的骨，两骨斜行交叉。腕骨有 7 块，排成两列。猫有 5 指，第 1 指有 2 节，其余各指有 3 节。

（4）后肢骨。猫的后肢较长，由髋骨、股骨、膝盖骨、小腿骨、跗骨、跖骨和趾骨组成。跗骨 7 块。跖骨 5 块，与掌骨相似。有 4 趾，每趾有 3 节。

猫的每只脚掌下生有很厚的肉垫，每个脚趾又有小的趾垫，它起着极好的缓冲作用。每个脚趾上长有锋利的三角形尖爪，尖爪平时蜷缩隐藏在球套及趾毛中，只有在摄取食物、捕捉猎物、搏斗、刨土、攀登时才伸出来。猫爪生长较快，为保持爪的锋利，防止爪过长影响行走和刺伤肉垫，常进行磨爪。

2. 肌肉　猫的皮肌发达，几乎覆盖全身。全身肌肉共有 500 多块，收缩力很强，尤其是后肢和颈部肌肉。所以猫行动快速，灵活敏捷。

3. 被皮　皮肤和被毛不仅构成了猫漂亮的外貌，还有十分重要的生理功能。皮肤和被毛是猫的一道坚固的屏障，保护机体免受有害因素的损伤。在寒冷的冬天，具有良好的保温性能；在夏天，又是一个大散热器，起到降低体温的作用。猫的被毛很稠密，可分为针毛和绒毛两种。

猫皮脂腺发达，其分泌物能润泽皮肤，使被毛变得光亮。猫汗腺不发达，只分布于鼻尖和脚垫。猫散热主要通过皮肤辐射散热或呼吸散热。所以，猫虽喜暖，但又怕热。

（二）猫内脏解剖生理特征

1. 消化系统（图 5-6）

（1）口腔。猫的口腔较窄，上唇中央有一条深沟直至鼻中隔，沟内有一系带连着上颌。下唇中央也有一系带连着下颌。上唇两侧有长的触毛，是猫特殊的感觉器官，其长度与身体的宽度一致。

猫舌薄而灵活，中间有一条纵向浅沟，表面有许多粗糙的乳头，尖端向后，主要分布在舌中部。乳头非常坚固，似锉刀样，可舔食附着在骨上的肌肉。

乳齿齿式：$2 \times \begin{bmatrix} 3 & 1 & 3 & 0 \\ 3 & 1 & 2 & 0 \end{bmatrix} = 26$

恒齿齿式：$2 \times \begin{bmatrix} 3 & 1 & 3 & 1 \\ 3 & 1 & 2 & 1 \end{bmatrix} = 30$

猫齿齿冠很尖锐，特别是前白齿，其齿磨面上有 4 个齿尖，有撕裂食物的作用。其中上颌第 2 和下颌第 1 前白齿齿尖较大而尖锐，可撕裂猎物皮肉，又称为裂齿。猫的牙齿没有磨碎功能，因此对付骨类食物较困难，它只能将食物切割成小碎块。唾液腺特别发达，有腮腺、颌下腺、舌下腺、白齿腺和眶下腺。

（2）食管。为一肌性直管，位于气管的背侧。猫食管可反向蠕动，能将囫囵吞下的大块骨头和有害物呕吐出来。

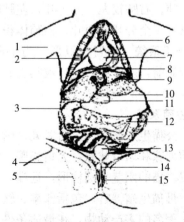

图 5-6　猫内脏
1. 前肢　2. 肋骨　3. 升结肠　4. 后肢　5. 盆骨
6. 肺　7. 心脏　8. 膈 9. 肝　10. 胃　11. 胆囊
12. 空肠　13. 膀胱　14. 输尿管　15. 阴茎
（鲁子惠，1979. 猫的解剖.）

（3）胃。胃呈弯曲的囊状，左端大，右端窄。位于腹前部，大部分偏于左侧，在肝和膈之后。胃以贲门与食管相接，以幽门与十二指肠相通。幽门处黏膜突入肠腔形成幽门瓣，它是环形肌增厚形成的括约肌。猫胃为单室有腺胃，胃腺十分发达，分泌盐酸和胃蛋白酶，能消化吞食的肉和骨头。

（4）肠。小肠较短，约 100cm，总长度是体长的 3 倍。小肠分为十二指肠，空肠和回肠。十二指肠形成 U 形肠袢，中间夹有胰腺。

大肠分为盲肠、结肠和直肠，长度是体长的一半。猫盲肠不发达，长 1.5～1.8cm，突出于结肠前端，上有一锥形的突出，是阑尾的遗迹。结肠可分为升结肠、横结肠和降结肠，后端接直肠，之间无明显的分界。在肛门两边有两个大的肛门腺，开口于肛门。

（5）肝和胰。肝较大，呈红棕色，有胆囊，位于腹腔的前部，紧贴于膈的后方。

胰腺是扁平、不规则分叶的腺体，浅粉色。位于十二指肠 U 形弯曲之间，有大胰管和副胰管开口于十二指肠。

（6）网膜。猫的网膜非常发达，从胃大弯连到十二指肠，脾、胰均连在大网膜上。大网膜如被套一样覆盖在大、小肠上，并将小肠包裹，起固定和保护内脏的作用。

猫的消化完全同犬，具有肉食动物的消化特征。猫具有定时定点排粪的习性，其排粪次数、粪便形状、数量、气味、色泽都是很稳定的。

2. 呼吸系统

（1）鼻腔。由中隔分成两部分，鼻甲和筛骨迷路充满了鼻腔。鼻中隔的前端有一条沟，将上唇分为两半。鼻黏膜内有大量的嗅细胞，嗅觉灵敏。

（2）喉。喉腔内有前后两对皱褶，前面一对即前庭褶，较犬等动物宽松，又称假声带。空气进出时振动假声带，使猫不断地发出低沉的"呼噜呼噜"的声音；后一对为声褶，与声韧带、声带肌共同构成真正的声带，是猫的发音器官。

（3）气管和支气管。是呼吸的通道，气管由不完全的软骨环组成，末端分为左、右支气管。

（4）肺。右肺较大，分 4 叶；左肺较小，分 3 叶，其中前两叶基部部分地连在一起，所以左肺只有完全分开的两叶。猫肺体积较小，不适宜长时间剧烈运动。

3. 泌尿系统　猫肾呈豆形，为平滑单乳头肾。位于腰椎横突下方，在第 3～5 腰椎腹侧，右肾靠前，左肾靠后。肾被膜上有丰富的被膜静脉，这是猫肾所独有的特点。猫一昼夜排尿量为 100～200mL。

4. 生殖系统

（1）公猫生殖器官。包括睾丸、附睾、副性腺、输精管、尿道、阴囊和阴茎。猫的副性腺只有前列腺和尿道球腺，无精囊腺。猫的阴囊位于肛门的腹面，中间有一条沟，为阴囊中隔的位置。猫的阴茎呈圆柱形，远端有一块阴茎骨。

（2）母猫生殖器官。包括卵巢、输卵管、子宫和阴道。子宫属双角子宫，呈 Y 形。

猫是著名的多产动物，在最适条件下，母猫在 6～8 个月就能达到性成熟。母猫的发情表现为发出连续不断的叫声，声大而粗。猫一般一年四季均可发情，但在我国的大部分地区，气候较热季节发情少或不发情。猫的性周期一般是 14d，发情期可持续 3～7d。猫为刺激性排卵动物，受到交配刺激后约 24h 排卵。母猫妊娠期 60～63d。

猫的正常生理值：体温 38.0～39.5℃，心率 120～140 次/min，呼吸数 24～42 次/min。

 **思考题**

1. 简述犬和猫雄性生殖器官的构造特点。
2. 简述猫大网膜的生理意义。
3. 填图。

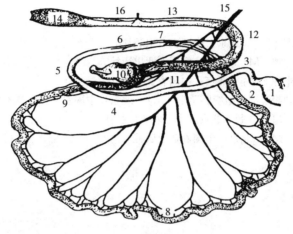

犬肠结构

1.	2.	3.	4.	5.	6.	7.	8.
9.	10.	11.	12.	13.	14.	15.	16.

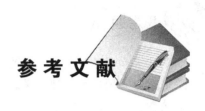

参考文献

李静，2009. 宠物解剖生理［M］. 北京：中国农业出版社.

周其虎，2001. 畜禽解剖生理［M］. 北京：中国农业出版社.

周其虎，2008. 动物解剖生理［M］. 北京：中国农业出版社.

翟向和，金光明，2012. 动物解剖与组织胚胎学［M］. 北京：中国农业科学技术出版社.

董常生，2009. 家畜解剖［M］.3版. 北京：中国农业出版社.

范作良，2001. 家畜解剖［M］. 北京：中国农业出版社.

图书在版编目（CIP）数据

动物解剖生理：中高职贯通/钟登科，魏建超主编．
—北京：中国农业出版社，2017.2（2023.7重印）
上海市特色高等职业院校建设项目成果
ISBN 978-7-109-21734-8

Ⅰ.①动…　Ⅱ.①钟…②魏…　Ⅲ.①动物解剖学－
高等职业教育－教材②动物学－生理学－高等职业教育－
教材　Ⅳ.①Q954.5②Q4

中国版本图书馆 CIP 数据核字（2016）第 116140 号

中国农业出版社出版
（北京市朝阳区麦子店街 18 号楼）
（邮政编码 100125）
责任编辑　徐　芳
文字编辑　弓建芳

中农印务有限公司印刷　新华书店北京发行所发行
2017 年 2 月第 1 版　2023 年 7 月北京第 4 次印刷

开本：787mm×1092mm 1/16　印张：13
字数：308 千字
定价：42.00 元
（凡本版图书出现印刷、装订错误，请向出版社发行部调换）